"十三五"国家重点出版物出版规划项目
高分辨率对地观测前沿技术丛书
主编 王礼恒

高分辨率星载 SAR 系统建模与仿真技术

李春升 王鹏波 李景文 等编著

国防工业出版社

·北京·

内 容 简 介

本书在介绍星载 SAR 发展历程和 SAR 原理的基础上,解析了星载 SAR 的空间几何关系,建立了多模式星载 SAR 回波信号的数学模型,系统构建了涵盖卫星平台、雷达载荷、大气传输链路、地面成像处理等在内的全链路仿真模型,详细阐述了全链路各环节对雷达系统成像性能的影响。

本书合理吸收了作者及其所在单位相关工作的系列研究成果和工程实践经验,既可作为高等院校相关专业的本科生、研究生的教学参考书,也可作为从事雷达探测、微波遥感等相关领域的科研人员的参考用书。

图书在版编目(CIP)数据

高分辨率星载 SAR 系统建模与仿真技术/李春升等编著. —北京:国防工业出版社,2021.7
(高分辨率对地观测前沿技术丛书)
ISBN 978 – 7 – 118 – 12371 – 5

Ⅰ.①高… Ⅱ.①李… Ⅲ.①高分辨率雷达—卫星载雷达—合成孔径雷达—计算机仿真—系统建模 Ⅳ.①TN959.74

中国版本图书馆 CIP 数据核字(2021)第 150126 号

※

国防工業出版社出版发行
(北京市海淀区紫竹院南路23号 邮政编码100048)
雅迪云印(天津)科技有限公司印刷
新华书店经售

开本 710×1000 1/16 插页 12 印张 18¾ 字数 304 千字
2021 年 7 月第 1 版第 1 次印刷 印数 1—2000 册 定价 148.00 元

(本书如有印装错误,我社负责调换)

国防书店:(010)88540777　　书店传真:(010)88540776
发行业务:(010)88540717　　发行传真:(010)88540762

丛书学术委员会

主　　任　王礼恒

副 主 任　李德仁　艾长春　吴炜琦　樊士伟

执行主任　彭守诚　顾逸东　吴一戎　江碧涛　胡　莘

委　　员　（按姓氏拼音排序）

　　　　　　白鹤峰　曹喜滨　陈小前　崔卫平　丁赤飚　段宝岩
　　　　　　樊邦奎　房建成　付　琨　龚惠兴　龚健雅　姜景山
　　　　　　姜卫星　李春升　陆伟宁　罗　俊　宁　辉　宋君强
　　　　　　孙　聪　唐长红　王家骐　王家耀　王任享　王晓军
　　　　　　文江平　吴曼青　相里斌　徐福祥　尤　政　于登云
　　　　　　岳　涛　曾　澜　张　军　赵　斐　周　彬　周志鑫

丛书编审委员会

主　编　王礼恒

副主编　冉承其　吴一戎　顾逸东　龚健雅　艾长春

　　　　彭守诚　江碧涛　胡　莘

委　员　（按姓氏拼音排序）

　　　　白鹤峰　曹喜滨　邓　泳　丁赤飚　丁亚林　樊邦奎
　　　　樊士伟　方　勇　房建成　付　琨　苟玉君　韩　喻
　　　　贺仁杰　胡学成　贾　鹏　江碧涛　姜鲁华　李春升
　　　　李道京　李劲东　李　林　林幼权　刘　高　刘　华
　　　　龙　腾　鲁加国　陆伟宁　邵晓巍　宋笔锋　王光远
　　　　王慧林　王跃明　文江平　巫震宇　许西安　颜　军
　　　　杨洪涛　杨宇明　原民辉　曾　澜　张庆君　张　伟
　　　　张寅生　赵　斐　赵海涛　赵　键　郑　浩

秘　书　潘　洁　张　萌　王京涛　田秀岩

序　言

高分辨率对地观测系统工程是《国家中长期科学和技术发展规划纲要（2006—2020年）》部署的16个重大专项之一，它具有创新引领并形成工程能力的特征，2010年5月开始实施。高分辨率对地观测系统工程实施十年来，成绩斐然，我国已形成全天时、全天候、全球覆盖的对地观测能力，对于引领空间信息与应用技术发展，提升自主创新能力，强化行业应用效能，服务国民经济建设和社会发展，保障国家安全具有重要战略意义。

在高分辨率对地观测系统工程全面建成之际，高分辨率对地观测工程管理办公室、中国科学院高分重大专项管理办公室和国防工业出版社联合组织了《高分辨率对地观测前沿技术》丛书的编著出版工作。丛书见证了我国高分辨率对地观测系统建设发展的光辉历程，极大丰富并促进了我国该领域知识的积累与传承，必将有力推动高分辨率对地观测技术的创新发展。

丛书具有3个特点。一是系统性。丛书整体架构分为系统平台、数据获取、信息处理、运行管控及专项技术5大部分，各分册既体现整体性又各有侧重，有助于从各专业方向上准确理解高分辨率对地观测领域相关的理论方法和工程技术，同时又相互衔接，形成完整体系，有助于提高读者对高分辨率对地观测系统的认识，拓展读者的学术视野。二是创新性。丛书涉及国内外高分辨率对地观测领域基础研究、关键技术攻关和工程研制的全新成果及宝贵经验，吸纳了近年来该领域数百项国内外专利、上千篇学术论文成果，对后续理论研究、科研攻关和技术创新具有指导意义。三是实践性。丛书是在已有专项建设实践成果基础上的创新总结，分册作者均有主持或参与高分专项及其他相关国家重大科技项目的经历，科研功底深厚，实践经验丰富。

丛书5大部分具体内容如下：**系统平台部分**主要介绍了快响卫星、分布式卫星编队与组网、敏捷卫星、高轨微波成像系统、平流层飞艇等新型对地观测平台和系统的工作原理与设计方法，同时从系统总体角度阐述和归纳了我国卫星遥感的现状及其在 6 大典型领域的应用模式和方法。**数据获取部分**主要介绍了新型的星载/机载合成孔径雷达、面阵/线阵测绘相机、低照度可见光相机、成像光谱仪、合成孔径激光成像雷达等载荷的技术体系及发展方向。**信息处理部分**主要介绍了光学、微波等多源遥感数据处理、信息提取等方面的新技术以及地理空间大数据处理、分析与应用的体系架构和应用案例。**运行管控部分**主要介绍了系统需求统筹分析、星地任务协同、接收测控等运控技术及卫星智能化任务规划,并对异构多星多任务综合规划等前沿技术进行了深入探讨和展望。**专项技术部分**主要介绍了平流层飞艇所涉及的能源、囊体结构及材料、推进系统以及位置姿态测量系统等技术,高分辨率光学遥感卫星微振动抑制技术、高分辨率 SAR 有源阵列天线等技术。

丛书的出版作为建党 100 周年的一项献礼工程,凝聚了每一位科研和管理工作者的辛勤付出和劳动,见证了十年来专项建设的每一次进展、技术上的每一次突破、应用上的每一次创新。丛书涉及 30 余个单位,100 多位参编人员,自始至终得到了军委机关、国家部委的关怀和支持。在这里,谨向所有关心和支持丛书出版的领导、专家、作者及相关单位表示衷心的感谢!

高分十年,逐梦十载,在全球变化监测、自然资源调查、生态环境保护、智慧城市建设、灾害应急响应、国防安全建设等方面硕果累累。我相信,随着高分辨率对地观测技术的不断进步,以及与其他学科的交叉融合发展,必将涌现出更广阔的应用前景。高分辨率对地观测系统工程将极大地改变人们的生活,为我们创造更加美好的未来!

2021 年 3 月

前 言

星载合成孔径雷达(Synthetic Aperture Radar,SAR)是一种主动的天基微波成像雷达,其通过向地面目标发射电磁波信号,并接收来自目标的后向散射信号,经过复杂的成像处理得到雷达图像,获取目标的微波散射特性和空间几何特性,具备全天时、全天候的工作能力,不受日照和天气条件的限制,且具有一定的地物穿透能力,能够有效识别伪装、穿透掩盖物。历经了半个多世纪的发展,星载SAR技术经历了早期的孕育期、成长期,到目前的蓬勃期,整个发展趋势已经从传统的单项技术突破转变为概念体制的更新,各种面向不同应用需求的先进星载SAR系统不断出现,已被广泛应用于军事侦察、地形测绘、灾害检测、环境监控、国土勘测、资源普查、海况监视、大气探测、空间探测等,以及军事、陆地、海洋和空间的各个方面。

星载SAR仿真技术在SAR研究和研制过程中起着十分重要的作用。一方面能够弥补由于技术和经济等原因所造成的SAR系统特性验证性试验较少的不足;另一方面可以用来验证和评价各种SAR成像处理算法的性能。因此,自从星载SAR技术诞生以来,建立完善的星载SAR仿真模型就成为学术界的研究热点。本书作者长期从事微波成像雷达的系统设计、建模仿真、成像处理、图像处理与应用等方面的研究工作。本书合理吸收了作者及其所在单位相关工作的系列性研究成果和工程实践经验,在介绍星载SAR系统工作原理基础上,解析了星载SAR的空间几何关系,建立了多模式星载SAR回波信号的数学模型,系统构建了涵盖卫星平台、雷达载荷、大气传输链路、地面成像处理等在内的全链路仿真模型,并详细阐述了全链路各环节对雷达系统成像性能的影响。

全书共分7章。第1章介绍了SAR的概念、星载SAR的发展概况、星载SAR仿真技术的发展概况;第2章首先介绍了线性调频信号脉冲压缩技术和合成孔径的概念,在此基础上介绍了SAR的工作原理,同时结合机载平台与星载平台的特点,分析了机载SAR与星载SAR的差异;第3章解析了SAR卫星的轨道动力学关系,构建了星载 SAR 的空间几何模型,并针对目前常用的等效距离模型进行介绍;第 4 章构建了多模式星载 SAR 回波信号的统一数学模型,以此为基础,详细阐述了基于回波生成过程的星载 SAR 回波信号仿真方法和基于成像处理逆过程的星载 SAR 回波信号仿真方法,并针对模糊区域目标及三维场景目标回波信号仿真进行介绍;第 5 章结合星载 SAR 回波信号的生成过程,从平台系统特性、载荷系统特性、天线系统特性、大气传输特性入手,分析各环节因素对接收信号的影响,并构建各环节因素的仿真模型;第 6 章构建了星载 SAR 成像处理模型,分类总结了目前常用的各种成像处理方法,提出了适用于星载 SAR 各种工作模式的三步聚焦成像策略及基于高阶距离模型和三步成像策略的高精度成像处理方法,并介绍了多普勒参数的估算方法和估计方法;第 7 章介绍了星载 SAR 图像质量指标及各图像质量指标的评估方法,并介绍了星载 SAR 图像质量评估软件的设计与实现。

本书的第 1 章、第 2 章、第 5 章由王鹏波副教授编写,第 3 章由陈杰教授编写,第 4 章由李景文教授编写,第 6 章由杨威副教授编写,第 7 章由孙兵副教授编写,全书由李春升教授统稿。李威博士参与了第 5 章部分内容的编写工作,博士生周新凯和郭亚男参与了第 6 章部分内容的编写工作。

由于作者水平有限,书中难免存在不妥甚至错误之处,恳请各位读者批评指正。

作 者

2021 年 2 月

目 录

第1章 概论 ··· 1

1.1 SAR 简介 ·· 1

1.2 星载 SAR 的发展概况 ·· 2

    1.2.1 美国的 SAR 卫星 ·· 3

    1.2.2 俄罗斯的 SAR 卫星 ··· 4

    1.2.3 欧洲的 SAR 卫星 ·· 5

    1.2.4 其他国家的雷达卫星 ·· 8

1.3 星载 SAR 仿真技术的发展概况 ···································· 12

    1.3.1 星载 SAR 仿真技术的发展现状 ··························· 12

    1.3.2 星载 SAR 仿真技术的分类 ································· 15

第2章 SAR 原理 ·· 19

2.1 线性调频信号脉冲压缩 ··· 19

    2.1.1 线性调频信号 ·· 19

    2.1.2 脉冲压缩原理 ·· 23

2.2 合成孔径的概念 ·· 27

2.3 SAR 的工作原理 ·· 30

    2.3.1 距离向脉冲压缩处理 ··· 32

    2.3.2 方位向合成孔径处理 ··· 34

    2.3.3 模糊效应 ··· 36

2.4 星载 SAR 与机载 SAR 的区别 ···································· 39

    2.4.1 模糊效应的约束 ·· 39

    2.4.2 成像处理的约束 ·· 40

第3章 星载SAR空间几何关系 ········ 43

3.1 星载SAR动力学方程 ········ 43
3.1.1 星载SAR轨道方程 ········ 43
3.1.2 轨道要素与位置、速度及加速度的关系 ········ 47

3.2 星载SAR空间几何模型 ········ 50
3.2.1 坐标系定义 ········ 51
3.2.2 坐标系转换关系 ········ 52

3.3 星载SAR等效距离模型 ········ 54
3.3.1 星载SAR的多普勒参数 ········ 54
3.3.2 常用等效距离模型 ········ 56

第4章 星载SAR回波信号仿真 ········ 66

4.1 星载SAR系统工作模式分析 ········ 66
4.1.1 条带工作模式 ········ 66
4.1.2 聚束工作模式 ········ 69
4.1.3 滑动聚束工作模式 ········ 70
4.1.4 TOPSAR工作模式 ········ 72
4.1.5 4种工作模式对比分析 ········ 74

4.2 星载SAR回波信号数学模型 ········ 76
4.2.1 多模式星载SAR回波信号的数学模型 ········ 76
4.2.2 星载SAR回波信号频谱分析 ········ 78

4.3 星载SAR回波信号仿真模型 ········ 85
4.3.1 基于回波生成过程的星载SAR回波信号仿真方法 ········ 85
4.3.2 基于成像处理逆过程的星载SAR回波信号仿真方法 ········ 94

4.4 模糊区域目标回波信号仿真 ········ 100
4.4.1 模糊区域的定位 ········ 100
4.4.2 模糊区域回波信号仿真处理 ········ 102

4.5 三维场景目标回波信号仿真 ········ 104
4.5.1 数字高程的分形插值 ········ 105

4.5.2　三维场景散射建模 ·················· 107

　　　4.5.3　目标场景遮挡效应 ·················· 108

第 5 章　信息传输链路仿真 ·················· 112

5.1　卫星平台特性仿真 ·················· 112

　　　5.1.1　平台运动特性仿真 ·················· 112

　　　5.1.2　平台姿态特性仿真 ·················· 118

5.2　有效载荷特性仿真 ·················· 129

　　　5.2.1　有效载荷特性影响分析 ·················· 129

　　　5.2.2　有效载荷特性仿真建模 ·················· 140

5.3　天线系统特性仿真 ·················· 142

　　　5.3.1　天线系统特性建模分析 ·················· 142

　　　5.3.2　天线系统特性仿真建模 ·················· 148

5.4　大气传输特性仿真 ·················· 150

　　　5.4.1　电离层传输特性仿真 ·················· 151

　　　5.4.2　对流层传输特性仿真 ·················· 166

第 6 章　星载 SAR 成像仿真 ·················· 177

6.1　星载 SAR 成像处理模型 ·················· 177

6.2　成像处理算法的分类 ·················· 180

　　　6.2.1　时域成像处理算法 ·················· 181

　　　6.2.2　距离多普勒域成像处理算法 ·················· 182

　　　6.2.3　多变换频域成像处理算法 ·················· 187

　　　6.2.4　二维频域成像处理算法 ·················· 200

　　　6.2.5　极坐标域成像算法 ·················· 202

6.3　基于三步聚焦的一体化成像处理方法 ·················· 205

　　　6.3.1　基于三步聚焦的成像处理策略 ·················· 206

　　　6.3.2　基于高阶距离模型的高分辨率星载 SAR

　　　　　　成像处理方法 ·················· 215

　　　6.3.3　计算机仿真分析 ·················· 220

6.4　多普勒参数获取方法 ·················· 222

　　　6.4.1　多普勒参数估算方法 ·················· 223

6.4.2 多普勒参数估计方法 ………………………………………… 228

第7章 星载 SAR 图像质量评估 ………………………………………… 249

7.1 星载 SAR 图像质量指标 ………………………………………… 249
    7.1.1 图像几何质量指标 ………………………………………… 249
    7.1.2 图像辐射质量指标 ………………………………………… 250
    7.1.3 图像相位质量指标 ………………………………………… 251

7.2 图像质量评估指标 ………………………………………… 251
    7.2.1 点目标图像质量评估指标 ………………………………………… 252
    7.2.2 面目标图像质量评估指标 ………………………………………… 260
    7.2.3 基于点/面目标评估指标的其他计算指标 ………………………………………… 261

7.3 星载 SAR 图像质量指标评估方法 ………………………………………… 268
    7.3.1 基于点目标的图像质量指标评估方法 ………………………………………… 268
    7.3.2 基于面目标的图像质量指标评估方法 ………………………………………… 269

7.4 星载 SAR 图像质量评估软件设计与实现 ………………………………………… 270
    7.4.1 基本方案设计 ………………………………………… 271
    7.4.2 星载 SAR 图像数据与可视化 ………………………………………… 272
    7.4.3 星载 SAR 图像质量指标计算与实现 ………………………………………… 275

参考文献 ………………………………………… 277

第 1 章 概 论

1.1 SAR 简介

SAR 是一种主动有源雷达系统,其通过向地面目标发射电磁波信号,并接收来自目标的后向散射信号,经过复杂的成像处理获得地面目标的二维图像。相较于传统实孔径雷达系统,SAR 系统在距离向采用脉冲压缩技术,有效解决大平均发射功率和高距离向分辨率间的矛盾关系,在保持获取图像信噪比的同时提升雷达图像的距离向分辨率,能够获得的距离向分辨率由雷达系统的发射信号带宽决定;在方位向采用合成孔径技术,利用小口径天线的相对移动形成超大的合成孔径,等效实现超大口径天线来观测地面目标,进而获得方位向高分辨率对地观测,能够获得的方位向分辨率由雷达系统对地面目标的扫描观测角度决定,与作用距离无关。与光学成像系统相比,SAR 系统具备全天时、全天候的工作能力,不受日照和天气条件的限制,且具有一定的地物穿透能力,能够有效识别伪装和穿透掩盖物,在农、林、水、地质、自然灾害等民用领域具有广泛的应用前景,为人类全面认知陆地、森林、海洋等环境及人类活动提供精细、全面的信息;在军事领域更具有独特的优势,尤其是未来战场空间将由传统的陆、海、空向太空延伸,作为一种具有独特优势的侦察手段,SAR 卫星为夺取未来战场的制信息权,甚至对战争的胜负具有举足轻重的影响,被认为是"最为理想的感知手段"。

SAR 技术起源于 20 世纪 50 年代[1]。1951 年 6 月美国 Goodyear 航空公司的 Carl Wiley 在"用相干移动雷达信号频率分析来获得高角分辨率"的报告中提出通过对多普勒频移进行处理,能够改善波束垂直向上的分辨率,这一思想也被称为"多普勒波束锐化"[2]。这一里程碑式的发现标志着 SAR 技术的诞生[3]。同年,美国Illinois大学控制系统实验室的一个研究小组在Sherwin C W的领导下利用非相干雷达做实验,经孔径综合后波束宽度由4.13°变为0.4°,证实了"多普勒波束锐化"的概念,并于1953年7月得到了第一张非聚焦SAR图像[2]。1953年夏,在美国Michigan大学举办的暑期研讨会上,许多学者提出利用载机运动可将雷达的真实天线综合成为大尺寸线性天线阵列的新概念[4],根据是否进行相位校正处理将综合孔径处理区分为聚焦工作方式和非聚焦工作方式[5],并于1957年8月研制出第一个聚焦式光学处理机载SAR系统,获得了第一幅全聚焦SAR图像,从此,合成孔径原理得到广泛的承认。1972年4月,美国NASA的喷气推进实验室(JPL)进行了机载L波段SAR试验,获得了颇有希望的成果,引起了海洋学术界的兴趣,SAR卫星也被列入NASA海事卫星的"海卫-1"(SEASAT-1)计划[6]。1974—1984年,SAR技术被广泛应用于许多民用领域,如测绘地形、海洋学研究以及冰川研究[7]。1978年6月28日,美国成功发射了第1颗星载SAR卫星SEASAT-1,该雷达卫星在轨105天,工作500次,采集了约42h的数据,获取的成像总面积约为$10^8 km^2$,获得了大量从未得到的地表信息[6]。SEASAT-1雷达卫星的成功发射标志着SAR技术已经进入空间领域,自此以后,星载SAR逐渐成为对地观测领域的研究热点,许多国家都陆续开展星载SAR技术研究。

纵观星载SAR技术的发展历程,其经历了早期的孕育期(1970—1990年)、成长期(1990—2000年)到目前的蓬勃期(2000年至今),整个发展趋势已经从传统的单项技术突破转变为概念体制的更新,各种面向不同应用需求的先进星载SAR系统不断出现,如美国的"FIA"系列卫星[8-9]、德国的TerraSAR系列卫星[10-12]、欧洲太空局的Sentinel系列卫星[13-14]等,呈现出工作模式多样化、分辨能力精细化、空间布局层次化的特点。

1.2 星载SAR的发展概况

自1978年美国成功发射了第1颗SAR卫星SEASAT-1以来[15],许多国家都陆续开展星载SAR技术研究。尤其是近10年来,随着世界各国对多元空间信息的日益重视,星载SAR技术越来越成为对地观测领域的研究热点,美国、俄罗斯、欧洲、加拿大、以色列、日本等先后发射了面向不同应用需求的SAR卫星,星载SAR技术的发展推动力也从依靠单项技术突破,转换为依靠概念体制的推陈换代。

1.2.1 美国的 SAR 卫星

美国是世界上最早开发和应用 SAR 技术的国家,陆续发射了"SIR"系列[16-17]、"长曲棍球"系列[18]、"FIA"系列[8-9]等雷达卫星,积累了丰富的研制和应用经验。

1981 年 11 月 12 日,美国 NASA 在肯尼迪航天中心利用哥伦比亚号航天飞机将 SIR - A 送上了太空,该任务为期 3 天,于 1981 年 11 月 14 日降落在位于加利福尼亚州的爱德华兹基地。SIR - A 是一部 HH 极化 L 波段合成孔径雷达,以光学记录方式成像,共录取了 7.5h 的数据,对 $10^7 km^2$ 的地球表面进行了测绘,获得了大量信息,其中最著名的是发现了撒哈拉沙漠中的地下古河道,引起了国际学术界的巨大震动。1984 年 10 月 5 日,美国 NASA 利用"挑战者号"航天飞机将 SIR - B 送上太空,开展了为期一周的对地观测。该雷达系统除了可以在 15°~60°范围内调整天线视角外还具有斜视和凝视状态,其分辨率也得到改善,方位向分辨率为 25m,距离向分辨率为 17~58m。1994 年 4 月美国 NASA 将 SIR - C/X - SAR 雷达卫星送上了太空,该雷达卫星是在 SIR - A 和 SIR - B 基础上发展起来的,是当时最先进的航天雷达系统,共包含 L、C、X 3 个波段,可同时获得 HH、HV、VH 和 VV 4 个极化雷达图像,同时由于采用了相控阵天线,具有可变入视角、多极化和聚束模式能力,主要用于环境监测和资源探测等方面。

1983 年,美国启动了"长曲棍球"成像侦察卫星计划,并于 1988 年 12 月、1991 年 3 月、1997 年 10 月、2000 年 8 月和 2005 年 4 月先后发射了 5 颗"长曲棍球"雷达卫星。该系列雷达卫星工作于 L 波段和 X 波段,采用倾斜轨道(57°或 68°),具有水平和垂直两种极化方式,其天线波束扫描能力使得雷达系统不仅能实现 0.3m 分辨率对地观测,而且具备灵活的观测能力,在单次过顶期间内能够完成多目标的灵活观测,图 1 - 1 给出了"长曲棍球"雷达卫星的示意图。"长曲棍球"雷达卫星是当今世界上最先进的雷达侦察卫星之一,在南斯拉夫战争、伊拉克战争以及阿富汗战争中取得了良好的作战效果。

未来成像构架(Future Imagery Architecture,FIA)卫星是美国国家侦察局的新一代侦察卫星,最初被设计为接替"长曲棍球"雷达卫星和"锁眼"11 光学卫星,该计划的光学卫星部分因超支和延期严重而下马,仅存雷达卫星系列,图 1 - 2 给出了"FIA"系列雷达卫星的效果图。从 2010 年 9 月至今已发射了 4 颗 FIA 雷达卫星。该卫星采用抛物面天线体制,在保留 0.3m 空间分辨率的同时,首次将轨道高度升高至 1100km,有效提升雷达系统的覆盖及重访性能。

图 1-1 "长曲棍球"雷达卫星的示意图(见彩图)

图 1-2 "FIA"系列雷达卫星的效果图(见彩图)

"太空雷达"(Space Radar,SR)[19]是美国空军和美国国家侦察局的一个联合项目,是第一个真正面向战术应用的侦察卫星系统,其不仅具有 0.1m 超高空间分辨率,而且具备地面动目标指示(Ground Moving Target Indication,GMTI)、数字地形测绘(Digital Terrain Elevation Data,DTED)、海洋监视和反导以及战场实时调度的能力。虽然该项目在 2008 年迫于技术和成本原因被取消[20],但许多相关技术的研究仍值得借鉴。

1.2.2 俄罗斯的 SAR 卫星

俄罗斯也是最早发展星载 SAR 技术的国家之一。1983 年 6 月和 1984 年 1 月苏联先后发射了 SAR 卫星 Polyns 和 Venus-16,用于金星探测[6]。之后,苏联一直致力于"钻石"计划和"自然"计划中 SAR 卫星的研制和应用,并于 1987 年发射了第一颗雷达卫星演示验证项目 Cosmos-1870,在轨两年,采集了大量不同国家和地区以及海洋的雷达图像数据[21]。1991 年和 1998 年,俄罗斯先后发射了"钻石"系列雷达卫星——Almaz-1 和 Almaz-1B,其中 Almaz-1 是一颗 S 波段雷达卫星,采用单极化(HH)、双侧视工作方式,分辨率达到 10~15m;Almaz-1B 是一颗用于海洋和陆地探测的雷达卫星,搭载有 SAR-10(波长 9.6cm,分辨率 5~40m)、SAR-70(波长 7cm,分辨率 15~60m)和 SAR-10(波长 3.6cm,分辨率 5~7m)3 种 SAR 载荷,均采用 HH 极化方式[21]。近年来,俄罗斯在星载 SAR 领域发展相对缓慢,新型 SAR 卫星系统相对较少。

Arkon-2 是拉沃奇金科研生产联合体为俄罗斯联邦航天局研制的多功能雷达卫星[22],于 2011 年成功发射。该雷达卫星用于构建天基雷达监视系统,获取地面固定和移动目标以及海面目标,其搭载的 SAR 载荷可工作于 X、L、P 波段,具有详查、普查和航线 3 种工作模式,分辨率为 1~50m,最大观测带幅宽达到500km。

Kondor-E是由俄罗斯机械制造科研生产联合体开发的小型雷达卫星,并于2013年6月成功发射[23],该雷达系统工作于S波段,采用质量极轻的直径6m的折叠式抛物面天线,具备聚束模式、条带模式和扫描模式3种工作模式,可双侧视成像,最高空间分辨率为1m,最大观测带幅宽500km,图1-3给出了Kondor-E雷达卫星在轨飞行示意图。

Smotr卫星是俄罗斯天然气通信公司和能源火箭航天公司的一个合作项目,用于监视俄罗斯的天然气管道网络。整个星座由2颗雷达卫星和4颗光学卫星构成,其中雷达卫星采用X波段多模式SAR载荷,能够提供1~3m@10~15km和5~15m@30~100km的雷达图像[24],图1-4给出了Smotr雷达卫星的示意图。

(a)　　　　(b)

图1-3　Kondor-E雷达卫星在轨飞行示意图(见彩图)

图1-4　Smotr雷达卫星示意图(见彩图)

1.2.3　欧洲的SAR卫星

1991年7月,以德国、英国、法国、意大利等12个成员国组成的欧洲航天局(ESA)利用阿里安娜-4火箭发射了第一颗地球资源卫星(ERS-1),装载了C波段SAR系统,获得了30m空间分辨率、100km观测幅宽的高质量图像[6]。1995年4月,ESA又发射了一颗后继的ERS-2卫星,并利用ERS-1和ERS-2的Tandem模式实现了INSAR三维成像。ENVISAT是ERS计划的后继星,于2002年3月发射升空。该卫星搭载了10种探测设备,其中4种是ERS-1/2所载设备的改进型,其搭载了C波段先进合成孔径雷达(ASAR),与ERS-1和ERS-2的SAR系统相比,继承了ERS系列中的成像模式和波模式,具有多极化、多入射角、大幅宽等新特点。该卫星于2012年4月8日失去联系。

近年来,以德国、意大利为首的欧盟各国开始向天基侦察领域进军,并在天基 SAR 发展中走出了一条不同于美国的发展路线。

1998 年,德国启动 SAR – lupe 系统研究工作[25],该星座由 5 颗相同的 X 波段雷达卫星组成,分布在 3 个不同的轨道上,每颗卫星质量约 770kg,主要用于军事侦察。2008 年 7 月,SAR – lupe 系统的最后一颗 SAR 卫星入轨标志着欧洲 SAR 军事侦察卫星完成组网[26],是欧洲天基侦察能力发展的一个重要里程碑,欧洲从此具备独立、全天时、全天候、高分辨率的军事侦察能力。SAR – lupe 具有条带和聚束两种成像模式,可获取多种分辨尺度的 SAR 遥感图像,得益于其高精度平台控制能力,其聚束模式通过平台姿态控制实现,可获取 0.5m 分辨率@5.5km×5.5km 观测区域的雷达图像,图 1 – 5 给出了 SAR – lupe 雷达卫星在轨飞行示意图。目前,德国正在研制第二代雷达侦察卫星系统 SARah,用于替代现役 SAR – lupe 系统[27]。

图 1 – 5　SAR – lupe 雷达卫星在轨飞行示意图(见彩图)

TerraSAR – X 是首颗由德国宇航中心和民营企业 EADS Astrium 及 Infoterra 公司共同开发的军民两用雷达侦察卫星,于 2007 年 6 月成功发射,其主要任务是将收集的数据用于科学应用。该卫星质量 1023kg,工作在 X 波段,具备聚束(1m 分辨率@5km×10km 观测面积)、条带(3m 分辨率@30km 观测带幅宽)、扫描(18m 分辨率@100km 观测带幅宽)3 种成像模式[28],并具备全极化的能力。得益于其出色的波束扫描能力和姿态控制能力,TerraSAR – X 首次实现了 TOPS(Terrain Observation by Progressive Scan,TOPS)工作模式,同时也是第一个双通道雷达系统,其获取的双通道条带模式 SAR 图像验证了多通道技术的可行性,图 1 – 6 给出了 TerraSAR – X 雷达卫星在轨飞行示意图。作为 TerraSAR – X 的姊妹星,TanDEM SAR[29]卫星于 2010 年 6 月 21 日发射成功,并和 TerraSAR – X

卫星实现了协同工作,在3年内反复扫描整个地球表面,完成了高精度三维地球数字模型的测绘工作,其测高精度可达到2m。TerraSAR-NG是TerraSAR-X的后续星[30-31],与TerraSAR雷达卫星相比,在3个方面进行改进:①将高分辨率模式的空间分辨率进一步提升至0.25m;②将扫描模式的观测带幅宽提升至400km;③进一步提升雷达系统的NESZ。

图1-6　TerraSAR-X雷达卫星在轨飞行示意图(见彩图)

COSMO-Skymed[32-33]卫星星座是由意大利国防部和意大利航天局合作打造的军民两用卫星星座,并于2010年完成组网。该星座由4颗雷达卫星组成,每颗卫星质量约1700kg,工作在X波段,具有多极化、多模式的特点,具备全极化能力,在0.7m分辨率的条件下,可实现10km(R)×10km(A)的观测幅宽[34],主要用于监视、情报、测绘、目标探测与定位、城市规划、商业成像服务等领域,图1-7给出了COSMO-Skymed星座示意图。"第二代地中海盆地观测小卫星星座"(CSG)是意大利国防部投资的新一代雷达卫星系统,用于接替COSMO-Skymed星座,该星座由2颗编队飞行的卫星组成,其中首发星(CSG-1)已于2019年12月18日成功发射。与COSMO-Skymed相比,CSG系统不仅继承了上一代系统的成像模式,并且提高了成像性能,同时引入了新的成像模式,增强了数据获取的多样性,其最高分辨率提升至0.35m;CSG系统提升了卫星的敏捷性,通过平台快速精准机动,可实现同时对两个目标进行成像,克服传统星载SAR无法在单次过顶时对同一感兴趣区域的两个相邻目标进行成像的问题;CSG系统具有单极化、双极化、交叉极化、全极化等多种极化方式[35]。

Sentinel系列卫星是欧盟-欧州太空局主持的首个用于环境监测和安全监控的计划项目,包含2颗Sentinel-1雷达卫星,分别于2014年4月和2016年4月成功发射。该卫星工作于C波段,具有条带模式(5m(R)×5m(A)分辨率@

图 1-7 COSMO-Skymed 星座示意图(见彩图)

80km 观测带幅宽)、干涉宽观测带模式(5m(R)×20m(A)分辨率@250km 观测带幅宽)、超宽观测带模式(20m(R)×40m(A)分辨率@400km 观测带幅宽)、波模式(5m(R)×5m(A)分辨率@20km×10km 观测面积)4 种工作模式[13-14],图 1-8 给出了 Sentinel-1A 雷达卫星在轨飞行的示意图。与其他在轨雷达卫星相比,Sentinel-1 卫星具有两大特点:①具有超高的辐射分辨率,在 3σ 条件下辐射分辨率优于 1dB,有效提升雷达图像参数反演的精度;②优良的覆盖和重访性能,能够在一天内覆盖整个欧洲和加拿大区域。

图 1-8 Sentinel-1A 雷达卫星在轨飞行示意图(见彩图)

1.2.4 其他国家的雷达卫星

加拿大是最早发展星载 SAR 的国家之一,早在 1976 年加拿大就启动了"雷达卫星"(Radarsat)计划,并于1995年11月在范登堡美军空军基地发射成功。与其他SAR卫星不同,Radarsat首次采用了可变视角的ScanSAR工作模式,以500km的足迹每天可以覆盖北极区一次,几乎可以覆盖整个加拿大,每隔3天覆盖一次美国和其他北纬地区,全球覆盖一次不超过5天[6]。2007年12月14日,加拿大再次成功发射了Radarsat-2卫星[36],图1-9给出了Radarsat-2雷达卫星在轨飞行示意图,该卫星同Radarsat-1一样工作在C波段,质量由2750kg降至2280kg,不仅继承了Radarsat-1卫星已有的经典工作模式,而且增加了新的工作模式,包括:全极化工作模式、超宽扫描模式、超精细条带模式(Ultra-Fine)[36-37]。多种极化方式使用户选择更为灵活,根据指令进行左右视切换获取图像缩短了卫星的重访周期,增加了立体数据的获取能力。未来加拿大还计划构建Radarsat星座系统(Radarsat Constellation Mission,RCM)[38],利用3颗小卫星形成星座,每颗卫星都搭载C波段SAR和船只自动识别系统(Automated Identification System,AIS),具备近乎实时的海冰监测、溢油检测、舰船监视和灾害监视等能力。

图1-9 Radarsat-2雷达卫星在轨飞行示意图(见彩图)

JERS-1是由日本航天发展局、日本国际工业贸易部、日本科技部共同负责完成的一个雷达卫星项目,于1992年2月11日在Tanegashima空间中心发射升空。JERS-1的主要有效载荷为L波段、水平极化的SAR系统,空间分辨率为18m,观测带宽度为75km。该卫星在轨工作6年半,并于1998年10月11日发生故障,终止寿命。2006年1月,日本发射了"先进陆地观测卫星"(ALOS)[39],该卫星搭载了L波段雷达载荷PALSAR,具有条带模式、扫描模式、低数据率模式 3 种工作模式,主要用于勘探自然资源、地图绘制、灾害监视等方面。由于采用 L 波段雷达系统,具备良好的穿透能力和全极化信息获取能力。2014 年 5 月,日本发射了 ALOS - 2 雷达卫星[40-41],其搭载了 L 波段 SAR 载荷 PALSAR - 2,采用了双通道技术可获取 3m 分辨率@50km 观测幅宽的雷达图像,此外,该卫星还搭载了一个天基自动识别实验系统,能够融合"船舶自动识别系统"信号,进而辨识 SAR 系统所跟踪的船只,完成海洋监视任务,图 1 - 10 给出了 ALOS - 2 雷达卫星在轨飞行示意图。2014 年 11 月 6 日,日本利用俄罗斯"第聂伯"火箭成功发射具备新系统结构的"先进观测卫星" - 1(ASNARO - 1)。该卫星搭载高分辨率 SAR、高分辨率光学成像载荷、多光谱遥感器和红外遥感器等,能够快速满足多种对地观测任务需求,具有高分辨率、高敏捷、低成本、短周期和小型化的特点。

图 1 - 10 ALOS - 2 雷达卫星在轨飞行示意图(见彩图)

2008 年 1 月,TecSAR 卫星的成功发射标志着以色列跻身于世界卫星研制强国之列,提升了以色列情报获取能力,尤其是增强了对中东地区态势的信息掌控能力。TecSAR[42]卫星的有效载荷是 X 波段高分辨率 SAR(XSAR),具有质量轻(有效载荷只有 100kg)、性能好、工作模式灵活的特点,具备全极化工作能力,最优分辨率可达 0.7m[43]。在该系统中提出了一种先进的高分辨率宽观测带工作模式,即镶嵌模式(Mosaic),在保持高分辨率的同时实现宽观测带对地观测,图 1 - 11 给出了 TecSAR 雷达卫星在轨飞行示意图。2014 年 4 月,以色列发射了 TecSAR - 2 雷达卫星,该卫星运行于近地点 385km、远地点 600km,倾角 140.9°的椭圆轨道。与 TecSAR 相比,TecSAR - 2 不仅将雷达系统的最优空间分辨率从 0.7m 提升至 0.46m,而且采用新的成像模式,可在短时间内对不同目标区域快速切换,实现多点成像,提升雷达系统的机动能力。

图 1-11　TecSAR 雷达卫星在轨飞行示意图(见彩图)

Kompsat-5 卫星是韩国的首颗雷达卫星[44],于 2013 年 8 月 22 日成功发射。该卫星工作在 X 波段,主要工作模式包含:①聚束模式(SpotLight):1m 分辨率,5km×5km 观测面积;②条带模式(StripMap):3m 分辨率,30km 观测带幅宽;③扫描模式(ScanSAR):20m 分辨率,100km 观测带幅宽。图 1-12 给出了 Kompsat-5 雷达卫星的结构示意图。

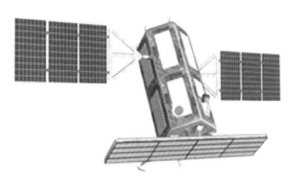

图 1-12　Kompsat-5 雷达卫星结构示意图(见彩图)

综上所述,由于 SAR 卫星具有全天时、全天候观测能力,并对地表具有一定的穿透能力,在灾害监视、环境监测、资源勘察和军事应用等方面具有重要作用,受到各国的普遍重视。21 世纪,SAR 卫星将朝着高分辨率、多频、多极化和多工作模式等方向迅速发展。

1.3 星载 SAR 仿真技术的发展概况

1.3.1 星载 SAR 仿真技术的发展现状

星载 SAR 仿真技术在合成孔径雷达研究和研制过程中起着十分重要的作用。一方面能够弥补由于技术和经济等原因造成的 SAR 系统特性验证性试验较少的不足;另一方面可以用来验证和评价各种 SAR 成像处理算法的性能。因此,自从星载 SAR 技术诞生以来,建立完善的星载 SAR 仿真模型就成为学术界的研究热点。

1982 年,Wu C 给出了普遍适用于机载 SAR 和星载 SAR 的回波信号数学模型[45],其从信号获取的全流程入手,推导了 SAR 系统回波信号的数学模型及方位/距离冲激响应函数,为后续开展回波信号仿真及成像处理算法研究奠定了理论基础。1990 年,Franceschetti G 等推导了回波信号的二维频域表达式,将场景目标回波信号表征为目标散射系数与点目标冲激响应函数的卷积处理结果,提出了基于二维傅里叶变换的星载 SAR 成像处理算法[46]。将该思路应用于回波信号仿真处理,利用二维快速傅里叶变换(FFT)和频域相乘处理替换时域卷积处理,可实现回波信号的快速仿真。基于此方法,Franceschetti G 等于 1992 年开发了一种高级 SAR 模拟器(Synthetic Aperture Radar Advanced Simulator,SARAS)[47],该模拟器以 SAR 系统传递函数为基础,采用小面单元模型划分地面场景,构建场景散射系数矩阵,并通过在二维频域内与 SAR 系统传递函数相乘,将目标场景信息注入回波信号中,生成分布场景的 SAR 回波信号。SARAS 的出现对于 SAR 回波信号仿真研究具有跨时代的意义,开辟了 SAR 回波信号的频域仿真处理方法。1996 年,电子科技大学李凌杰等在频域回波信号仿真的基础上提出了基于真实反射场景的 SAR 原始回波数据仿真方法[48],其将二维卷积处理分解为方位卷积处理和距离卷积处理两步,并在两个卷积处理之间注入距离走动误差、质心偏移误差等系统误差,提升 SAR 回波信号仿真的灵活性。2003 年,中国科学院(以下简称中科院)电子所王睿博士在把握星载 SAR 工作流程的基础上,提出了基于雷达实际工作方式的系统模拟方案,不仅可以逼近真实的雷达目标回波信号,还能够模拟雷达主要分机对 SAR 系统的影响,有效模拟星载 SAR 的系统工作状况[49]。2011 年,中科院电子所汪丙南等提出了一种基于混合域的 SAR 回波信号快速模拟方法[50],该方法利用空变的系统传递函数参与计算,沿距离时域积分计算回波信号的二维频谱,从而实现回波信号的精确仿真。该方法在保证仿真精度的情况下有效提高仿真速度,且易于注入运动误差。由于算法的一半仿真工作在时域完成,仿真运算量介于时域算法与频域算法之间。

目标模型和后向散射特性是 SAR 信号建模仿真的重要内容。2001 年,北京航空航天大学陈杰等基于分形理论、小面单元模型和陆地杂波散射特性模型,提出了一种星载 SAR 自然地面场景仿真方法[51],不仅可逼真反映自然地面场景的随机起伏特性和雷达图像特有的几何畸变现象,而且可对星载 SAR 系统方案设计进行验证。2005 年,中国科学院电子所岳海霞博士将小面元理论和极化理论相结合,推导了全极化模拟计算公式,提出了全极化星载 SAR 分布目标回波数据模拟方法,同时结合时域信号模拟和频域信号模拟各自的特点,提出了复杂场景的时频域模拟方法,打破时域信号模拟和频域信号模拟相分离的状态,拓展了海量数据模拟的新途径[52]。2006 年,西北工业大学张朋等分析了构成建筑物的物理模型和对建筑物电磁模型起贡献的一次、二次、三次散射作用,提出了一种对建筑物场景的 SAR 原始回波模拟方法[53]。2007 年,国防科技大学王敏等给出了星载双站 SAR 的地面场景回波信号仿真方法[54],采用小面元模型和 Kirchhoff 双站后向散射模型,对地面场景进行时域仿真,逼真模拟了地面场景的双站散射特性和相位信息。同年,伊斯坦布尔科技大学 Kent 在频域利用小面单元模型完成了 SAR 回波信号的模拟,并给出了仿真结果验证其回波模型[55]。中国科学院电子所王新民博士综合了小面元 Kichhoff 近似方法对大面积地形起伏、遮挡、倒置关系下散射系数计算的速度优势和时域有限元差分法(FDTD)对小区域目标散射系数计算的精确性,提出了一种将小面元 Kichhoff 近似方法与时域有限元差分法结合的 SAR 回波信号仿真方法[56],实现了分布式场景的精细仿真。2016 年,北京航空航天大学张豪杰等提出了一种基于 FDTD 电磁散射计算的高保真 SAR 回波信号仿真方法[57],该方法利用 FDTD 算法模拟线性调频信号从卫星传感器发射,与场景目标发生相互作用,被卫星接收的过程;采用仿真算法模拟卫星传感器接收到电磁波信号后,接收机所进行的功率检波、限幅放大、增益控制、正交解调等处理过程,实现星载 SAR 回波信号的高保真仿真。

对于大场景分布式目标回波信号仿真而言,超大的运算量制约 SAR 系统仿真技术的应用效能。围绕这一问题,1992 年,德宇航 Balmer 等提出了一种基于已有 SAR 回波数据的分布目标 SAR 回波信号仿真方法[58],通过对已有 SAR 回波数据的方位向滤波与抽取,产生指定方位参数的回波数据。2005 年,雷恩第一大学 Khwaja A S 等针对大场景回波信号仿真所面临的超大运算问题,首次提出了基于逆成像的回波信号仿真策略[59-60]。不同于传统仿真方法从目标空间出发模拟 SAR 回波信号,Khwaja A S 从图像空间出发反演 SAR 回波信号,提出了基于逆成像的回波信号仿真方法,可大幅提升回波信号仿真的运算效率。2006 年,清华大学于明成博士以波数域成像算法为例,推导了 SAR 信号仿真算法与 SAR 成像算法的互逆关系,证明了发射线性调频信号从目标空间出发模拟 SAR 信号空间的正向法和从图像空间出发反演 SAR 信号空间的逆向法之间的统一性[61]。同年,北京航空航天大学文竹博士基于星地空间几何关系和空间动力学方程,推导了星载 SAR 方位-斜距平面与目标场景平面之间的映射关系,并结合 Chirp Scaling 成像算法的逆处理过程,提出了一种快速且精确的回波信号仿真方法,适合大规模地面场景星载 SAR 回波信号的快速、精确仿真[62]。2010 年,中国科学院电子所仇晓兰等将基于逆成像的回波信号仿真方法应用于双站 SAR 回波信号仿真处理,在分析单站 SAR 回波信号仿真与双站 SAR 回波信号仿真区别的基础上,提出了基于逆 $\omega-k$ 成像的双站 SAR 回波信号仿真方法[63],可满足长基线双站 SAR 应用分析需求。2016 年,西安电子科技大学梁毅等综合考虑非理想运动轨迹带来的影响,构建了非理想轨迹 SAR 成像几何模型及回波信号模型,提出了一种基于逆扩展 $\omega-k$ 算法的非理想轨迹 SAR 回波信号仿真方法[64]。该算法采用基于方位波束划分的逆运动补偿处理注入相位误差和包络误差,利用逆向扩展 Stolt 插值处理解决逆频域算法引起的距离单元徙动问题,实现非理想轨迹 SAR 回波信号的仿真处理。

为了进一步提升回波信号的仿真效率,许多学者开展了 SAR 回波信号并行化仿真技术研究。2007 年,中科院电子所苏宇围绕星载 SAR 原始回波信号并行模拟问题,提出了目标划分并行处理、方位采样划分并行处理以及联合并行处理 3 种并行方案[65],实现了分布式大场景的多核并行计算回波时域仿真方法。同年,北京航空航天大学张超等提出了基于机群计算的星载 SAR 回波信号并行仿真方法[66],基于通用计算机平台构成机群,采用 Socket 通信机制进行消息传递及数据传输,实现回波仿真的并行化处理。2008 年,西安电子科技大学易予生等根据目标散射点的独立性以及 SAR 回波在方位位置上的独立性,将目标回波划分为若干独立的部分,并利用多台计算机分别进行时域仿真,大幅提升回波信号的仿真速度[67]。2011 年,Christophe E 等将图形处理单元(GPU)引入遥感信号处理[68]。2014 年,北京化工大学张帆等进一步拓展了 GPU 在大区域 SAR 原始数据仿真中的应用。针对 GPU 数据处理中所存在的内存限制、内存访问冲突、CPU 和 GPU 间数据传输等问题,提出了一种基于多 GPU 的大面积 SAR 原始数据时域仿真方法[69],大幅提升大区域 SAR 原始数据仿真效率。之后,张帆等进一步将 CPU 与 GPU 相结合,提出了一种基于多核 SIMD CPU 和多 GPU 深度协同计算的 SAR 原始数据仿真方法[70]。2018 年,张帆等针对 GaoFen-3 雷达卫星多模式 SAR 原始数据仿真任务需求,提出了基于云计算和图像处理单元的分布式仿真框架,有效提升仿真系统的运算效率[71]。

随着 SAR 技术的发展,各种新型应用模式不断出现。2003 年,Franceschetti G 等针对聚束模式和滑动聚束模式回波信号仿真方法展开研究。文献[72]和文献[73]提出了聚束模式回波信号的频域快速仿真方法,可在频域内模拟聚束模式 SAR 的大距离徙动和空变性,仿真结果验证了方法的有效性。文献[74]和文献[75]提出了滑动聚束模式回波信号的快速生成方法,在距离向利用 FFT 处理减小信号仿真的运算量,在方位向采用时域处理确保仿真回波信号的精确性,实现滑动聚束模式回波信号的精确模拟。2004 年,Florence 大学 Mori A 等在分析干涉 SAR 工作原理的基础上,设计了一种干涉 SAR 回波信号的时域模拟器,可实现条带、聚束、滑动聚束等模式回波信号的时域模拟[76]。2007 年,德国 Sigen 大学的 Kalkuhl M 等研究了双/多基 SAR 系统各雷达间的复杂几何关系,提出了一种双/多基 SAR 广义时域回波信号模拟方法[77],该方法适用于各种复杂的双/多基地配置。2008 年,中国科学院电子所王宇等研究了一种斜视聚束 SAR 回波信号频域仿真方法[78],采用了光学上的方法来快速得到插值结果,有效避免传统 SAR 仿真处理中需要的高阶插值处理,提升运算速度。2009 年,中国科学院电子所唐晓青等针对双天线干涉 SAR 系统基线抖动的特点,提出了一种能够精确仿真基线抖动影响的改进二维频域回波信号仿真方法[79],通过泰勒展开近似将基线抖动造成的相位误差分解为随方位向时变和随距离向空变的 2 个一维函数,实现对基线抖动的精确仿真。2011 年,北京航空航天大学刁桂杰等针对大斜视 SAR 原始回波信号模拟方法进行研究,提出了一种沿距离向积分的回波信号模拟算法,在保证大斜视 SAR 原始数据模拟精度的同时提高了计算效率[80]。

1.3.2 星载 SAR 仿真技术的分类

随着 SAR 技术的蓬勃发展及其应用领域的不断拓广,国际上针对 SAR 系统的信号仿真技术也在不断发展完善,并在 SAR 系统研制中发挥着重要作用。最早的 SAR 仿真系统是由美国 Kasas 州立大学遥感中心建立的,其主要功能是为 SAR 图像的解译和信息提取提供依据。在美国第一颗雷达卫星(SEASAT)

发射升空后,该系统一直在雷达图像的地质学应用方面充当重要的辅助工具。

纵观目前国内外该项技术的研究情况,可以将 SAR 信号仿真系统概括为 5 类。

1. 面向军事应用的仿真系统

以美国的 Radsim 和 Camber 雷达仿真软件为代表,它们侧重于实时地模拟机载雷达显示设备上输出的图像;它们采用先进的数字化雷达地表散射仿真技术,以光学图像为信息源生成雷达散射数据库,采用 Xpatch 模型仿真坦克、飞机、建筑物等军事目标的散射特性,生成视觉效果逼真的高分辨率(0.3~10m)雷达图像,主要用于实战前训练飞行员判读机载火控雷达提供的目标区域 SAR 图像,保证目标打击的准确度。图 1-13 给出了美国 Radsim 公司仿真的 F-16 机载雷达图像。

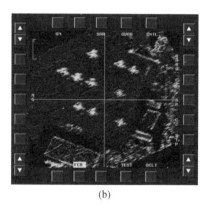

(a)　　　　　　　　　　(b)

图 1-13　美国 Radsim 公司仿真的 F-16 机载雷达图像

(a)用于仿真的光学图像数据源;(b)仿真的 F-16 战斗机高分辨率 SAR 图像。

2. 面向系统性能分析的仿真系统

该类仿真系统通过建立 SAR 仿真模型进行回波信号仿真,并对仿真信号进行成像处理和图像质量评估,以评估 SAR 系统参数设计的合理性。典型的有德国宇航中心(DLR)机载 E-SAR 仿真系统和意大利 Alenia 公司的 SIR-C/X-SAR 仿真系统。图 1-14 给出了德国宇航中心的机载 E-SAR 仿真系统仿真的图像。

3. 面向商业市场的仿真系统

该类仿真系统以加拿大 GlobeSAR-I/II 工程建立的 SAR 图像仿真系统为代表,其目标是在加拿大 Radarsat-I/II 卫星发射之前,拓展卫星图像数据应用的商业市场,并加强用户在图像应用研究方面的能力。GlobeSAR-I/II 工程采用 Convair 580 飞机,在遍布世界各国的 32 个实验区获取了几百万平方千米的

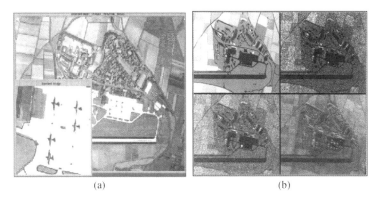

图1-14 德国宇航中心的机载 E-SAR 仿真系统仿真的图像

(a)光学图像及其图像分割结果;(b)地面散射图像、E-SAR仿真图像和真实图像。

机载 SAR 数据,并利用这些高分辨率机载 SAR 图像数据仿真 Radarsat-I/II 的雷达图像。图1-15给出了利用机载 SAR 雷达图像仿真获得的 Radarsat-I 和 Radarsat-II 的高分辨率雷达图像。

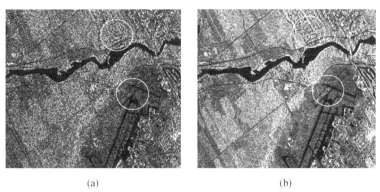

图1-15 利用机载 SAR 雷达图像仿真获得的 Radarsat-I 和
Radarsat-II 的高分辨率雷达图像

(a)Radarsat-I 高分辨模式仿真图像;(b)Radarsat-II 高分辨模式仿真图像。

4. 面向地面处理的仿真系统

该类仿真系统主要用于测试地面成像处理器的数据链路和成像质量。以欧洲航天局为测试 ENVISAT 卫星 ASAR 成像处理软件系统的 PF-ASAR 仿真系统为代表。由于 ASAR 同 ERS-1 的设计参数接近,因此 PF-ASAR 仿真系统利用 ERS-1/2 的原始数据仿真 ASAR 的原始回波信号,用于 ASAR 升空前的地面成像软件测试和评估。图1-16给出了 PF-ASAR 系统仿真的 ASAR 中分辨率模式图像。

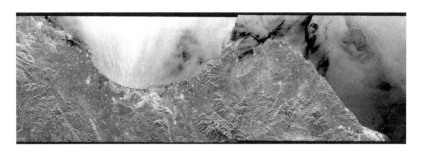

图 1-16 PF-ASAR 系统仿真的 ASAR 中分辨率模式图像

5. 面向雷达测试设备的回波信号仿真系统

该类仿真系统作为卫星地面支持电子设备(EGSE)的重要组成部分,在卫星测试阶段发挥十分重要的作用。欧洲航天局 ENVISAT 卫星的雷达高度计 RA-2 和美国 JPL 的 CASSINI 深空探测器在发射准备阶段,均采用这种仿真方法进行有效载荷系统测试。图 1-17 给出了欧洲 ENVISAT 卫星的 RA-2 雷达测试设备系统框图。

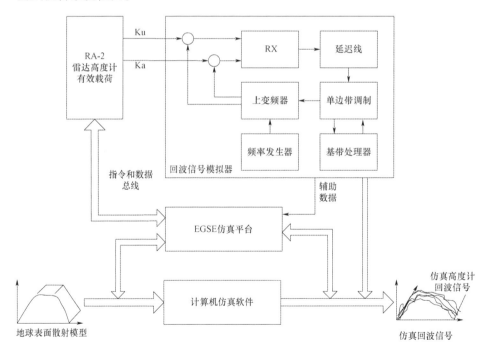

图 1-17 欧洲 ENVISAT 卫星的 RA-2 雷达测试设备系统框图

第 2 章
SAR 原理

SAR 是一种主动的微波成像雷达系统，其通过向地面目标发射电磁波信号，接收地面目标的反射信号，并经过复杂的成像处理来获得地面目标的二维图像，完成对地面目标的探测处理。脉冲压缩技术和合成孔径处理是 SAR 的基础，不仅使雷达系统的空间分辨率与作用距离无关，完全由发射信号带宽及多普勒带宽所决定，而且有效解决大发射功率与高空间分辨率之间的矛盾，显著提升雷达系统的对地探测性能。本章首先介绍线性调频信号脉冲压缩技术和合成孔径的概念，在此基础上介绍 SAR 的工作原理，同时结合机载平台与星载平台的特点，介绍机载 SAR 与星载 SAR 的差异。

2.1 线性调频信号脉冲压缩

脉冲压缩是一种频谱扩展方法，用于最小化峰值功率、最大化信噪比以及获得高分辨率目标(如获得高灵敏度的目标检测能力或良好的图像质量)[81]，是一种广泛应用于雷达、声纳和其他探测系统的信号处理技术。在 SAR 领域，利用脉冲压缩技术可缓解大发射功率和高距离向分辨率之间的矛盾，实现距离向高分辨率对地观测。

2.1.1 线性调频信号[81]

大时间带宽积信号存在多种形式，如脉冲编码等，在 SAR 领域中应用最多的大时间带宽积信号是线性调频(LFM)脉冲信号，该信号的瞬时频率与时间呈现线性关系，同时具有宽带宽脉冲特性。由于线性调频信号与鸟鸣很相似，故通常被称为 Chirp 信号。

1. 线性调频信号的时域表示

一个理想的线性调频信号可表示为

$$s(t) = \text{rect}\left(\frac{t}{\tau_p}\right) \exp\left\{j2\pi\left(f_c t + \frac{1}{2} K_r t^2\right)\right\} \quad (2-1)$$

式中：t 为时间变量；K_r 为发射信号的调频率；f_c 为发射信号的载频；τ_p 为脉冲持续时间；$\text{rect}(\cdot)$ 为发射信号包络，典型的信号包络为矩形窗函数。从式(2-1)可以看出：理想线性调频信号的幅度为常量，持续时间为 τ_p 秒，相位 $\theta(t)$ 随时间呈现二次函数关系，可表示为

$$\theta(t) = 2\pi\left(f_c t + \frac{1}{2} K_r t^2\right) \quad (2-2)$$

对上式进行微分处理，可以获得线性调频信号的瞬时频率为

$$f = \frac{1}{2\pi}\frac{d\theta(t)}{dt} = \frac{1}{2\pi}\frac{d\left(2\pi\left(f_c t + \frac{1}{2} K_r t^2\right)\right)}{dt} = f_c + K_r t \quad (2-3)$$

从式(2-3)可见：线性调频信号的瞬时频率与时间呈线性关系，变化规律由发射信号的调频率 K_r 决定。若 $f_c = 0$ 表示发射信号的载频为 0Hz，该信号被称为基带线性调频信号。如果调频率 K_r 为正数，信号的瞬时频率从负到正变化，称为正扫频信号；如果调频率 K_r 为负数，信号的瞬时频率从正到负变化，称为负扫频信号。

图 2-1 给出了 $f_c = 0$Hz 时的一个正扫频线性调频信号示例，其中图 2-1(a) 表示线性调频信号的实部，图 2-1(b) 表示线性调频信号的虚部，图 2-1(c) 表示线性调频信号的相位，图 2-1(d) 表示线性调频信号的频率。如图 2-1 所示，信号的瞬时频率与时间呈线性关系，经历了从负到正的变化过程。

带宽和时间带宽积是线性调频信号的两大核心指标。所谓信号带宽是指线性调频信号能量占据的频率范围，或者为信号的频率漂移。考虑到线性调频信号的瞬时频率与时间呈线性关系，其信号带宽可以表示为调频率与信号持续时间的乘积，即

$$B_r = |K_r| \tau_p \quad (2-4)$$

时间带宽积(TBP)是线性调频信号的另一个重要指标参数，其定义为信号带宽与信号持续时间的乘积，该参数无量纲，可表示为

$$\text{TBP} = |K_r| \tau_p^2 \quad (2-5)$$

基带线性调频信号的 TBP 可以通过在时域内计算信号实部或虚部的过零点数得到。

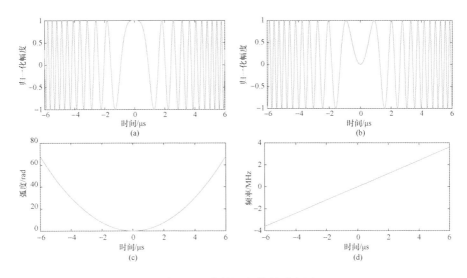

图 2-1 线性调频信号示意图

(a) 线性调频信号的实部；(b) 线性调频信号的虚部；
(c) 线性调频信号的相位；(d) 线性调频信号的频率。

2. 线性调频信号的频域表示

对线性调频信号进行傅里叶变换处理,可以获得线性调频信号的频域表达式。考虑到线性调频信号的相位呈现二次函数特性,难以获得其频域的精确解析表达式,此时可利用驻定相位原理(POSP)来获得线性调频信号频域的近似表达式。

驻定相位原理[1]:

观察积分式

$$P = \int_{-\infty}^{\infty} U(t)\cos[V(t)]\mathrm{d}t \qquad (2-6)$$

式中:$U(t)$ 和 $V(t)$ 均为时间 t 的缓变函数。当 $V(t)$ 变化范围比 2π 大许多时,$\cos[V(t)]$ 在积分区间内存在许多正负相消的重复。由于正部分与负部分的面积相互抵消,当进行积分处理后,积分结果接近为 0。只有在

$$\frac{\mathrm{d}[V(t)]}{\mathrm{d}t} = 0 \qquad (2-7)$$

点附近,由于相位变化率很小,相位值有很长时间的滞留,使得积分结果显著不为 0。该原理称为驻定相位原理,所对应的时刻称为驻定相位点。

假设输入复信号为 $w(t)\exp\{j\varphi(t)\}$,其傅里叶变换结果可表示为

$$G(f) = \int_{-\infty}^{\infty} w(t)\exp\{j\varphi(t) - j2\pi ft\}\mathrm{d}t \qquad (2-8)$$

式中：$w(t)$为信号包络；$\varphi(t)$为信号相位。结合驻定相位原理可知，对积分结果起主要作用的部分集中在驻定相位点附近，将相位项$\varphi(t)-2\pi ft$在驻定相位点t_k附近进行泰勒展开，忽略二次以上项，则有

$$\varphi(t)-2\pi ft \approx [\varphi(t_k)-2\pi ft_k]+\frac{\varphi''(t_k)}{2}(t-t_k)^2 \quad (2-9)$$

将式(2-9)代入式(2-8)，得

$$G(f) \approx w(t_k)\exp\{j[\varphi(t_k)-2\pi ft_k]\}\int_{t_k-\delta}^{t_k+\delta}\exp\left\{j\left[\frac{\varphi''(t_k)}{2}(t-t_k)^2\right]\right\}dt$$

$$(2-10)$$

引入变量置换

$$t-t_k=\mu$$

$$\frac{\varphi''(t_k)}{2}\mu^2=\frac{\pi y^2}{2}$$

则有

$$G(f) \approx 2\sqrt{\pi}\frac{w(t_k)}{\sqrt{\varphi''(t_k)}}\exp\{j[\varphi(t_k)-2\pi ft_k]\}\int_0^{\sqrt{\frac{\varphi''(t_k)}{\pi}}\delta}\exp\left\{j\frac{\pi y^2}{2}\right\}dy$$

$$(2-11)$$

式中的积分为菲涅尔积分。若积分上限较大，则菲涅尔积分趋于$\frac{1}{\sqrt{2}}\exp\left\{j\frac{\pi}{4}\right\}$，此时信号的频域表达式可表示为

$$G(f) \approx \sqrt{2\pi}\frac{w(t_k)}{\sqrt{\varphi''(t_k)}}\exp\left\{-j\left[2\pi ft_k-\varphi(t_k)-\frac{\pi}{4}\right]\right\} \quad (2-12)$$

对应频谱信号的幅度函数和相位函数可分别表示为

$$|G(f)|=\sqrt{2\pi}\frac{w(t_k)}{\sqrt{\varphi''(t_k)}}=C_1 w(t_k) \quad (2-13)$$

$$\Phi(f)=\varphi(t_k)-2\pi ft_k+\frac{\pi}{4} \quad (2-14)$$

从式(2-13)和式(2-14)可以看出：当已知输入信号的时域包络$w(t)$和相位函数$\varphi(t)$时，可以计算出频谱信号的幅度函数$|G(f)|$和相位函数$\Phi(f)$。

若输入信号为线性调频信号，其频域表达式可表示为

$$G(f)=C_1 \text{rect}\left(\frac{f}{K_r\tau_p}\right)\exp\left\{-\pi\frac{f^2}{K_r}+\frac{\pi}{4}\right\} \quad (2-15)$$

通过式(2-15)可知，线性调频信号的频谱具有如下性质：

(1) 线性调频信号的频域包络和时域包络近似一致,两者均为矩形包络。与时域包络相比,仅存在尺度变化及常数因子 C_1 的改变。

(2) 线性调频信号的时域相位和频域相位均为二次相位,二次相位系数互为导数。线性调频信号的频率与时间之间存在一一对应的线性关系,即 $f = K_r t$。

需要说明的是,POSP 只是一种近似,仅当调频信号的周期足够多时,具备足够的精度来满足信号分析的应用需求。此时,为了避免出现频谱混叠现象,要求信号的过采样率大于 1。考虑到过采样率较大时会导致频谱空间的浪费,通常选择过采样率 $\alpha_{os} = 1.1 \sim 1.4$,既能有效利用采样点,又能留有足够的频谱间隙[81]。

2.1.2 脉冲压缩原理

雷达系统通过发射脉冲信号,并接收地面目标的后向散射信号,完成对地面目标的观测。图 2-2 给出了脉冲波形时序图,其中 T_{PRF} 表示发射信号的脉冲重复周期,τ_p 表示发射脉冲的持续时间。

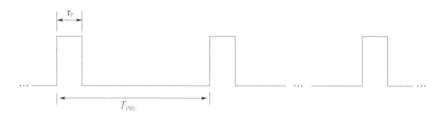

图 2-2 SAR 发射脉冲时序示意图

如图 2-2 所示,每个目标在回波数据中占据相同的时间长度 τ_p,此时,为了区分相邻的两个目标,要求两个目标的延迟时间相隔大于 τ_p,也即雷达系统能够获得的时间分辨能力为

$$\rho = \tau_p \qquad (2-16)$$

为了提升雷达系统的分辨能力,需要减小发射脉冲的宽度或经过处理后获得短脉冲信号。与此同时,对于峰值功率为 P_{Peak} 的脉冲信号而言,雷达系统发射的平均功率可表示为

$$P_{Ave} = P_{Peak} \frac{\tau_p}{T_{PRF}} \qquad (2-17)$$

在保持雷达系统峰值功率不变的情况下,为了提升获取信号的信噪比,要求增大发射信号的脉冲宽度,进而增加雷达系统的平均发射功率。显然,分辨率性

能和信噪比性能对发射信号脉冲宽度提出了相反的约束要求:一方面为了提升雷达系统的分辨能力,要求减小发射信号的脉冲宽度;另一方面,为了提升接收信号的信噪比,要求增加发射信号的脉冲宽度。为了缓解这一矛盾,一种发射宽脉冲信号,再进行压缩处理获得窄脉冲信号的技术被用于雷达系统,有效缓解分辨率性能与信噪比性能间的矛盾约束关系,该技术也被称为脉冲压缩技术。

脉冲压缩[1]是一种以输出信噪比最大为准则的最优线性滤波器,能够获得最大输出信噪比。鉴于滤波器与接收信号预期相位的匹配关系,又被称为"匹配滤波"。假设任意信号 $s_i(t)$ 通过传递函数为 $H(\omega)$ 的滤波器,在 $t = t_0$ 时刻输出信号 $s_o(t)$ 可表示为

$$s_o(t_0) = \frac{1}{2\pi} \int_{-\infty}^{\infty} S_i(\omega) H(\omega) \exp\{j\omega t_0\} d\omega \qquad (2-18)$$

若滤波器输入端的噪声为 $n_i(t)$,其功率谱密度为 N_o,则滤波器输出端信噪比 $(SNR)_o$ 可表示为

$$(SNR)_o = \frac{s_o^2(t_0)}{\langle n_o^2(t) \rangle} = \frac{\left|\frac{1}{2\pi} \int_{-\infty}^{\infty} S_i(\omega) H(\omega) e^{j\omega t_0} d\omega\right|^2}{\frac{1}{2\pi} \int_{-\infty}^{\infty} N_o |H(\omega)|^2 d\omega} \qquad (2-19)$$

$$\leqslant \frac{\frac{1}{2\pi} \int_{-\infty}^{\infty} |S_i(\omega) e^{j\omega t_0}|^2 d\omega}{N_o}$$

当且仅当滤波器传递函数满足

$$H(\omega) = K S_i^*(\omega) e^{-j\omega t_0} \qquad (2-20)$$

式(2-19)中的等式成立,此时滤波器输出端信噪比 $(SNR)_o$ 可表示为

$$(SNR)_{o,\text{Max}} = \frac{\frac{1}{2\pi} \int_{-\infty}^{\infty} |S_i(\omega) e^{j\omega t_0}|^2 d\omega}{N_o} = \frac{\int_{-\infty}^{\infty} s_i^2(t) dt}{N_o} = \frac{E}{N_o} \qquad (2-21)$$

式中:E 为输入信号能量。

由式(2-21)可见:滤波器输出端信噪比 $(SNR)_o$ 仅与输入信号能量 E 和输入噪声能量 N_o 有关,与输入信号 $s_i(t)$ 的波形无关。满足式(2-20)的滤波器称为匹配滤波器。对比分析滤波器传递函数的幅频特性和相频特性,可以获得以下结论

$$\begin{cases} |H(\omega)| = K|S_i(\omega)| \\ \arg[H(\omega)] = -\arg[S_i(\omega)] - \omega t_0 \end{cases} \qquad (2-22)$$

(1) 根据匹配滤波器的幅频特性可知:在信号幅度谱$|S_i(\omega)|$为 0 的频率范围内,滤波器的幅频特性$|H(\omega)|$也为 0,能够有效抑制这个频谱范围内的噪声信号;在信号幅度谱$|S_i(\omega)|$较大的频率范围内,滤波器的幅频特性$|H(\omega)|$也相对较大,有利于信号通过滤波器。

(2) 根据匹配滤波器的相频特性可知:任意频率分量通过匹配滤波器后产生相移$-\arg[S_i(\omega)]-\omega t_0$,其中$-\arg[S_i(\omega)]$总是和输入信号在该频率分量的相位相反,这也意味着信号$s_i(t)$中的所有频率分量经过匹配滤波器后,均被校正到相同相位,实现各频率分量的同相合成,进而获得最大的输出信噪比。

对匹配滤波器的系统传递函数进行傅里叶逆变换处理,将其转换到时域内,有

$$\begin{aligned}
h(t) &= \frac{1}{2\pi}\int_{-\infty}^{\infty}H(\omega)e^{j\omega t}d\omega = \frac{K}{2\pi}\int_{-\infty}^{\infty}S_i^*(\omega)e^{-j\omega t_0}e^{j\omega t}d\omega \\
&= \frac{K}{2\pi}\int_{-\infty}^{\infty}\left[\int_{-\infty}^{\infty}s_i(t')e^{-j\omega t'}dt'\right]^*e^{-j\omega t_0}e^{j\omega t}d\omega \\
&= \frac{K}{2\pi}\int_{-\infty}^{\infty}\int_{-\infty}^{\infty}e^{j\omega t'}e^{-j\omega t_0}e^{j\omega t}d\omega s_i^*(t')dt' \\
&= \frac{K}{2\pi}\int_{-\infty}^{\infty}\delta(t'-t_0+t)s_i^*(t')dt' = Ks_i^*(t_0-t)
\end{aligned} \quad (2-23)$$

由式(2-23)可见:匹配滤波器的冲激响应函数是输入信号时间反褶的复共轭在时间轴上平移t_0后乘以增益常数K的结果。根据卷积定理可知,匹配滤波器的输出信号可表示为

$$\begin{aligned}
s_o(t) &= \int_{-\infty}^{\infty}s_i(\tau)h(t-\tau)d\tau \\
&= \int_{-\infty}^{\infty}s_i(\tau)Ks_i^*(t_0-t+\tau)d\tau \\
&= KR_s(t-t_0)
\end{aligned} \quad (2-24)$$

式中:$R_s(t-t_0)$为输入信号的自相关函数。

通过式(2-24)可见:

(1) 匹配滤波器的输出信号不再保持输入信号的形状,而是输入信号的自相关函数。

(2) 当$t=t_0$时,自相关函数达到最大值,这也意味着,匹配滤波器的输出信号在$t=t_0$时刻达到最大。

假设雷达系统发射线性调频信号,信号经地面目标反射后被雷达系统接收,同时假设地面目标与雷达系统间的距离为 R,此时接收回波信号可以看成是发射信号经目标散射特性调制,延迟 $t_0 = \dfrac{2R}{c}$ 后的信号,可表示为

$$s_r(t) = \sigma_0 \cdot \mathrm{rect}\left(\dfrac{t-t_0}{\tau_p}\right)\exp\{j\pi K_r(t-t_0)^2\} \quad (2-25)$$

式中:σ_0 为目标的后向散射系数;τ_p 为发射信号的脉冲宽度。

结合式(2-23)介绍的匹配滤波器,可采用发射信号 $s(t)$ 时间反褶的复共轭作为匹配滤波器,实现对接收回波信号的脉冲压缩处理。此时,滤波器的冲激响应函数可表示为

$$\begin{aligned}h(t) &= \mathrm{rect}\left(\dfrac{t}{\tau_p}\right)\exp\{-j\pi K_r(-t)^2\} \\ &= \mathrm{rect}\left(\dfrac{t}{\tau_p}\right)\exp\{-j\pi K_r t^2\}\end{aligned} \quad (2-26)$$

相应的卷积处理结果可表示为

$$\begin{aligned}s_{\mathrm{out}}(t) &= \int_{-\infty}^{\infty}\sigma_0\cdot\mathrm{rect}\left(\dfrac{\tau-t_0}{\tau_p}\right)\exp\{j\pi K_r(\tau-t_0)^2\}\cdot\mathrm{rect}\left(\dfrac{t-\tau}{\tau_p}\right)\exp\{-j\pi K_r(t-\tau)^2\}\mathrm{d}\tau \\ &= \int_{-\infty}^{\infty}\sigma_0\cdot\mathrm{rect}\left(\dfrac{\tau'}{\tau_p}\right)\exp\{j\pi K_r\tau'^2\}\cdot\mathrm{rect}\left(\dfrac{t-t_0-\tau'}{\tau_p}\right)\exp\{-j\pi K_r(t-t_0-\tau')^2\}\mathrm{d}\tau' \\ &= \sigma_0\cdot\exp\{-j\pi K_r(t-t_0)^2\}\int_{-\infty}^{\infty}\mathrm{rect}\left(\dfrac{\tau'}{\tau_p}\right)\cdot\mathrm{rect}\left(\dfrac{t-t_0-\tau'}{\tau_p}\right)\exp\{j2\pi K_r(t-t_0)\tau'\}\mathrm{d}\tau' \\ &\approx \sigma_0\tau_p\mathrm{Sinc}(K_r\tau_p(t-t_0))\end{aligned}$$

$$(2-27)$$

从式(2-27)可以看出:当输入信号为均匀幅度的线性调频信号时,脉冲压缩结果为 Sinc 函数,进而实现将发射的宽脉冲信号转换为窄脉冲信号,提升雷达系统的分辨能力。

定义分辨率为压缩信号峰值能量下降 0.5 倍处的脉冲宽度,则时间量纲下的 3dB 分辨率可表示为

$$\rho = \dfrac{0.886}{|K_r|\tau_p} \approx \dfrac{1}{|K_r|\tau_p} = \dfrac{1}{B_r} \quad (2-28)$$

式中:B_r 为发射线性调频信号的带宽。

从式(2-28)可以看出:采用脉冲压缩技术后雷达系统的分辨率不再由发射信号脉冲宽度决定,而是由发射信号带宽决定,发射信号带宽越大,能获得的

空间分辨率也越高。

忽略常数因子 0.886,定义脉冲压缩处理的压缩比为处理前分辨率与处理后分辨率的比值,可表示为

$$C_r = \frac{\rho'}{\rho} \approx \frac{\tau_p}{\frac{1}{|K_r|\tau_p}} = |K_r|\tau_p^2 = B_r\tau_p \qquad (2-29)$$

可见,线性调频信号的脉冲压缩比等于发射信号的时间带宽积。

2.2 合成孔径的概念

传统实孔径雷达的方位向分辨率可表示为

$$\rho_a = R_0\theta_{3dB} = R_0\frac{\lambda}{L_a} \qquad (2-30)$$

式中:R_0 为雷达平台与目标之间的距离;θ_{3dB} 为方位向天线 3dB 波束宽度;λ 为发射信号的波长;L_a 为方位向天线尺寸。

从式(2-30)可以看出,对于实孔径雷达系统而言,其方位向分辨率正比于作用距离和方位向天线 3dB 波束宽度:作用距离越远,方位向分辨率越差;天线 3dB 波束宽度越大,方位向分辨率也越差。对于星载雷达系统而言,探测距离通常较远,此时,若要实现高分辨率对地探测,要求雷达系统具有超大的天线口径。以作用距离为 500km 的 X 波段雷达系统为例,为实现 5m 的空间分辨率指标,要求雷达系统的方位向天线尺寸大于 3000m。

SAR 利用载体平台的运动等效形成一个超大的天线口径,进而提升雷达系统的方位向分辨性能。本节从阵列天线入手,介绍合成孔径的概念。线性阵列原理如图 2-3 所示,设由 N 个阵元排成的均匀线阵,阵元间隔为 d,且各天线阵元均为全向阵元。

若远处有一个辐射源从斜视角 θ 方向以单频平面波照射阵列,在同一时刻记录阵列上各阵元接收到的信号,可表示为

$$s(t) = [1, e^{j\frac{2\pi}{\lambda}d\sin\theta}, \cdots, e^{j\frac{2\pi}{\lambda}(N-1)d\sin\theta}]e^{j2\pi f_c t} \qquad (2-31)$$

式(2-31)以阵列最左侧阵元为基准,其他阵元的波程差可表示为 $\Delta\phi_i = (i-1)2\pi\frac{d}{\lambda}\sin\theta$。若各天线阵元的加权幅值为 1,天线阵内由移相器提供的相邻阵元间的阵内相位差为 $\Delta\phi_B = \frac{2\pi}{\lambda}d\cos\theta_B$,则合成信号可表示为

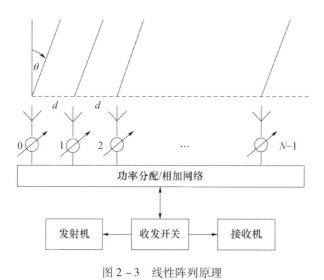

图 2-3 线性阵列原理

$$F(\theta) = \sum_{i=0}^{N-1} \exp\{j(\Delta\phi_i - i\Delta\phi_B)\}$$

$$\approx N \frac{\sin\frac{N\pi}{\lambda}d(\sin\theta - \sin\theta_B)}{\frac{N\pi}{\lambda}d(\sin\theta - \sin\theta_B)} \quad (2-32)$$

从式(2-32)可以看出,线性阵列天线的方向图函数 $F(\theta)$ 为 sinc 函数,波束指向 θ_B 由各阵元配相 $\Delta\phi_B$ 决定,3dB 波束宽度由天线尺寸 Nd 及波束指向 θ_B 共同决定,即

$$\theta_{3dB} \approx \frac{1}{\cos\theta_B} \cdot \frac{0.886\lambda}{Nd} \quad (2-33)$$

将上述思想扩展到 SAR 系统,考虑到雷达平台与地面目标之间的相对运动,在方位向等间隔位置发射/接收信号,并对接收到的回波信号进行相干合成处理,此时,可将平台运动距离等效为一个超大口径天线,进而实现高分辨率对地观测。图 2-4 给出了合成孔径处理的示意图。图中 θ_{3dB} 表示天线的 3dB 波束宽度;R_0 表示天线与地面目标间的最短距离;v 表示雷达平台的移动速度;L_s 表示天线 3dB 波束宽度照射目标时间范围内雷达平台的移动距离。

如图 2-4 所示,雷达平台以中心位置 M 为基准,等间隔对目标进行观测。对于任意方向 θ 而言,各采样位置雷达系统接收信号的波程差可表示为

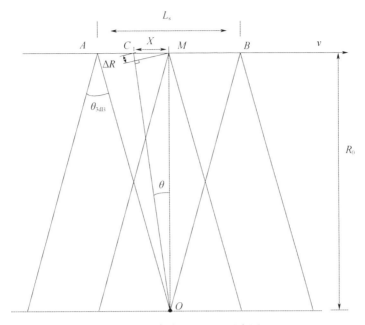

图 2-4 合成孔径处理示意图

$$\left[\cdots, \mathrm{e}^{\mathrm{j}\frac{4\pi}{\lambda}\left(-\frac{N}{2}d\right)\sin\theta}, \cdots, \mathrm{e}^{\mathrm{j}\frac{4\pi}{\lambda}(-d)\sin\theta}, 1, \mathrm{e}^{\mathrm{j}\frac{4\pi}{\lambda}d\sin\theta}, \cdots, \mathrm{e}^{\mathrm{j}\frac{4\pi}{\lambda}\left(\frac{N}{2}-1\right)d\sin\theta}, \cdots\right] \quad (2-34)$$

式中:d 为相邻采样位置的间距。

借鉴阵列天线波束形成的思想,对雷达平台在各位置获取的信号进行相干合成处理,则合成后的方向图函数可表示为

$$G(\theta) = \sum_{i=-\infty}^{\infty} F(\theta) \cdot \mathrm{e}^{\mathrm{j}\frac{4\pi}{\lambda}(id)\sin\theta} \quad (2-35)$$

式中:$F(\theta)$ 为天线的方向图函数。考虑到发射天线波束宽度的限制,合成后的方向图函数可近似表示为

$$\begin{aligned} G(\theta) &\approx \sum_{i=-N/2}^{N/2} F(\theta) \cdot \mathrm{e}^{\mathrm{j}\frac{4\pi}{\lambda}(id)\sin\theta} \\ &\approx Nd \cdot \mathrm{Sinc}\left(\frac{2Nd}{\lambda}\theta\right) = Nd \cdot \mathrm{Sinc}\left(\frac{2L_s}{\lambda}\theta\right) \end{aligned} \quad (2-36)$$

式中:N 为天线 3dB 波束宽度内的采样数目。

从式(2-36)可以看出,合成后的方向图函数近似为 Sinc 函数,对应的波束宽度不再由方位向天线尺寸决定,而是由天线波束照射目标时间范围内雷达平台的移动距离 L_s 决定。相较于方位向天线尺寸 L_a 而言,等效形成了一个口径为 $2L_s$ 的超大天线,此时,雷达系统能实现的方位向分辨率可表示为

$$\rho_a = R_0 \theta_B = 0.886 \cdot R_0 \frac{\lambda}{2L_s} \quad (2-37)$$

考虑到 L_s 表示天线波束照射目标时间范围内雷达平台的移动距离,其近似可表示为

$$L_s \approx 0.886 \cdot R_0 \frac{\lambda}{L_a} \quad (2-38)$$

将式(2-38)带入到式(2-37)中,此时,雷达系统的方位向分辨率可表示为

$$\rho_a = \frac{L_a}{2} \quad (2-39)$$

通过式(2-39)可知:

(1) 合成孔径处理后,雷达系统的方位向分辨率为方位向天线尺寸 L_a 的一半,相较于实孔径雷达系统而言,更容易实现高分辨率对地观测。

(2) 合成孔径处理后,雷达系统的方位向分辨率与雷达作用距离无关,能够在不同距离上获得近似相同的空间分辨率。

考虑到雷达系统所获得的超大天线口径并不是真实存在的,而是通过合成处理获得的等效天线口径,因此也被称为"合成孔径"或"综合孔径",雷达系统在天线波束照射目标时间范围内的移动距离 L_s 被称为合成孔径长度,其所对应的飞行时间 T_s 被称为合成孔径时间。

2.3 SAR 的工作原理

SAR 是一种主动的微波成像雷达。图 2-5 给出了 SAR 的工作示意图。雷达系统采用侧视工作方式,在工作过程中,以一定的脉冲重复周期向地面发射线性调频信号,电磁波照射地面目标后部分能量反射被雷达系统接收,地面处理系统对接收到的回波信号进行成像处理,得到地面场景的雷达图像,进而获得目标的微波散射特性和空间几何特征。通常定义雷达平台的飞行方向为方位向,与之垂直的方向为距离向。

图 2-6 给出了 SAR 的时序关系示意图。在工作过程中,雷达系统存在 3 种状态:发射信号状态、接收信号状态及过渡转换状态。在发射信号状态时,雷达系统切换到发射信号模式,主动向地面场景发射电磁波信号;在接收信号状态时,雷达系统切换到接收信号模式,接收来自地面场景的后向散射回波信号;

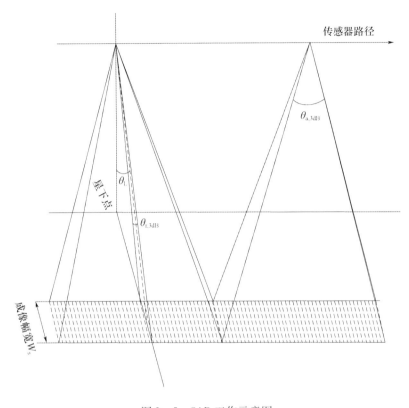

图 2-5 SAR 工作示意图

过渡转换状态用于表征发射信号状态与接收信号状态之间的状态调整。结合图 2-6 所示的时序关系可知,在每个脉冲重复周期内,雷达系统接收地面目标的回波信号,并将其写入 SAR 信号存储器中的一行中。随着越来越多的脉冲被发射,相应的回波按行被连续写入信号存储器,形成二维存储回波数据,如图 2-7 所示。

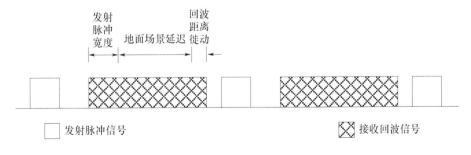

图 2-6 SAR 时序关系示意图

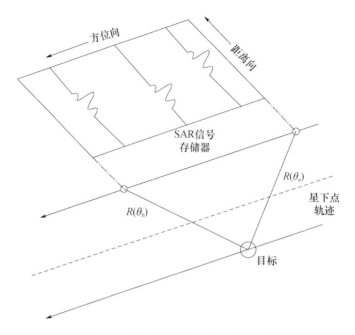

图 2-7 SAR 回波数据二维存储示意图

2.3.1 距离向脉冲压缩处理

为了实现距离向高分辨率对地观测,通常采用大时间带宽积(TBP)信号作为发射信号,并利用脉冲压缩技术处理接收到的回波信号,实现距离向高分辨率成像。目前,最常用的大时间带宽积信号为线性调频特性,可表示为

$$s_{\text{pul}}(\tau) = \text{rect}\left(\frac{\tau}{\tau_p}\right)\exp\left\{j2\pi\left(f_c\tau + \frac{1}{2}K_r\tau^2\right)\right\} \quad (2-40)$$

式中:K_r 为发射信号的调频率;f_c 为发射信号的载频,$\lambda = c/f_c$;rect(·)为发射信号包络,通常采用矩形窗函数。为了方便起见,通常以脉冲中心为参考原点。

发射脉冲以光速沿着同心球面向外传播,如图 2-8 所示,场景内各目标依据离雷达平台的远近关系依次被发射信号照射,其中部分能量以后向散射方式传回雷达平台方向,并被雷达系统接收。后向散射信号能量由发射信号的落地功率和目标散射系数共同决定,即

$$s_r(\tau) = \sigma_0 \otimes s_{\text{pul}}(\tau) \quad (2-41)$$

雷达系统发射脉冲信号后,经过渡转换状态进入接收信号状态,接收来自地面场景的回波信号。接收到的回波信号包含 3 个部分:发射信号脉冲宽度、有效场景延迟时间以及距离方位耦合所引入的距离徙动,其中有效场景延迟时

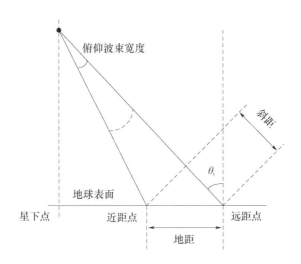

图 2-8 雷达信号距离向传播示意图

间决定了雷达系统能获得的成像幅宽,可表示为

$$S_w = \frac{c}{2\sin\theta_i}(\tau_w - \tau_p - \tau_M) \qquad (2-42)$$

式中:θ_i 为天线波束的入射角;τ_w 为回波接收窗开启时间长度;τ_p 为发射信号脉冲宽度;τ_M 为距离徙动对应的延迟时间。在发射信号脉冲宽度固定不变的前提下,为了增加雷达系统的成像幅宽,要求增大回波接收窗的开启时间长度。考虑到雷达系统采用脉冲工作体制,受脉冲重复周期的限制,回波接收窗的开启时间长度通常满足如下约束条件

$$\tau_w \leqslant \tau_{PRF} - \tau_p - \tau_\tau \qquad (2-43)$$

式中:τ_{PRF} 为雷达系统的脉冲重复周期;τ_τ 为雷达系统的状态切换过渡时间。因此,为了实现超宽观测带对地观测,要求增大雷达系统的脉冲重复周期。

对于场景内的某一目标而言,雷达系统接收到的回波信号可表示为

$$\begin{aligned}s_r(\tau) = {} & \sigma_0 w_r\left(\tau - \frac{R_1(t) + R_r(t)}{c}\right) \cdot \\ & \exp\left\{j2\pi\left(f_0\left(\tau - \frac{R_1(t) + R_r(t)}{c}\right) + \frac{1}{2}K_r\left(\tau - \frac{R_1(t) + R_r(t)}{c}\right)^2\right)\right\}\end{aligned}$$

$$(2-44)$$

式中:σ_0 为地面目标的后向散射系数;$R_1(t)$ 为发射时刻雷达平台与地面目标之间的相对距离;$R_r(t)$ 为接收时刻雷达平台与地面目标之间的相对距离。

如式(2-44)所示,接收回波信号是发射信号经过 $t_1 = R_1(t)/c$ 延迟后,受

地面目标后向散射系数 σ_0 调制,进一步延迟 $t_r = R_r(t)/c$ 的结果,仍然呈现线性调频特性。结合 2.1 节中介绍的脉冲压缩原理可知,当对接收信号进行脉冲压缩处理,压缩结果为 Sinc 函数包络,将其半功率波束宽度作为信号的主瓣,则压缩后信号的脉冲宽度为 $T_0 = 1/B_r$,将其转换为长度量纲,可以获得雷达系统的斜距向分辨率,可表示为

$$\rho_{r,s} = 0.886 \cdot \frac{c}{2} \frac{1}{|K_r|\tau_p} = 0.886 \cdot \frac{c}{2B_r} \qquad (2-45)$$

式中:分母中的 2 为由于雷达信号双程传播而引入。若将距离向分辨率从斜距方向转换到地距平面内,可进一步表示为

$$\rho_{r,g} = 0.886 \cdot \frac{c}{2B_r \sin\theta_i} \qquad (2-46)$$

从式(2-45)和式(2-46)可以看出:

(1) SAR 的斜距向分辨率只与发射信号带宽有关,发射信号带宽越大,斜距向分辨率越高。

(2) SAR 的地距分辨率由发射信号带宽与波束入射角共同决定,在实现相同地距分辨率时,入射角越小,需要的发射信号带宽越大。考虑到在超低入射角情况下,对雷达系统发射信号带宽提出了过于严格的要求,因此,设计时通常考虑在一定入射角范围内满足空间分辨率指标要求。

2.3.2 方位向合成孔径处理

雷达与目标间的相对运动将在回波信号中引入多普勒效应,导致接收回波信号的频率发生偏移,通过方位向的合成孔径处理可以获得方位向高分辨率对地观测。图 2-9 给出了斜平面几何关系示意图,其中 P 点表示观测地面目标。

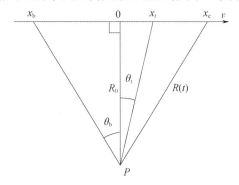

图 2-9 斜平面几何关系示意图

假设雷达平台以速度 v 匀速运动，在 0 时刻雷达与目标间的相对距离最短为 R_0，则各时刻雷达与目标间的相对距离可表示为

$$R(t) = \sqrt{R_0^2 + v^2 t^2} \approx R_0 + \frac{v^2 t^2}{2R_0} \tag{2-47}$$

忽略收发时刻雷达与目标间相对距离的变化以及脉冲内雷达平台位置的变化，t 时刻接收回波信号的相位信息可表示为

$$\begin{aligned}
\varphi(\tau, t) &= 2\pi \left(f_0 \left(\tau - \frac{2}{c} \left(R_0 + \frac{v^2 t^2}{2R_0} \right) \right) + \frac{1}{2} K_r \left(\tau - \frac{2}{c} \left(R_0 + \frac{v^2 t^2}{2R_0} \right) \right)^2 \right) \\
&= 2\pi f_0 \left(\tau - \frac{2R_0}{c} \right) + \pi K_r \left(\tau - \frac{2R_0}{c} \right)^2 - 2\pi f_0 \frac{v^2 t^2}{cR_0} \\
&\quad - 2\pi K_r \left(\tau - \frac{2R_0}{c} \right) \frac{v^2 t^2}{cR_0} + \pi K_r \left(\frac{v^2 t^2}{cR_0} \right)^2
\end{aligned}$$

$$\tag{2-48}$$

式中：τ 和 t 分别为距离时间和方位时间。式中的第一项因子和第二项因子为距离向线性调频信号，与方位时间 t 无关；第三项因子与距离时间 τ 无关，反映了不同方位时刻由于雷达平台移动所引入频率变化，称为方位多普勒项；第四项因子为距离向和方位向的耦合相位；第五项因子为残余相位因子，考虑到平台飞行速度较光速要小得多，该项因子通常可以忽略。

考察回波信号中的多普勒相位因子可以发现：回波信号的多普勒相位同样呈现线性调频特性，因此，可以采用与距离向相似的方式来进行处理，此时，雷达系统能获得的方位向分辨率正比于目标回波信号的多普勒带宽。提取目标回波信号的多普勒相位，并对方位时间 t 进行求偏导运算，可以获得瞬时多普勒频率，即

$$\begin{aligned}
f_d(t) &= \frac{1}{2\pi} \cdot \frac{\mathrm{d}}{\mathrm{d}t} \left[2\pi f_0 \frac{v^2 t^2}{cR_0} \right] \\
&= 2 \frac{v^2 t}{\lambda R_0} \approx \frac{2v}{\lambda} \theta_a(t)
\end{aligned} \tag{2-49}$$

式中：$\theta_a(t)$ 为 t 时刻雷达与目标连线的方位离轴角。目标回波信号的瞬时多普勒频率正比于雷达与目标连线的方位离轴角。假设雷达与地面目标连线的方位离轴角范围为 $\left[-\frac{\theta_m}{2}, \frac{\theta_m}{2} \right]$，能获得的最大多普勒带宽及方位向分辨率可表示为

$$B_a = \frac{2v}{\lambda}\theta_m \quad (2-50)$$

$$\rho_a = k_a \frac{v}{B_a} = k_a \frac{\lambda}{2\theta_m} \quad (2-51)$$

式中:k_a 为方位天线方向图调制引入的展宽。

当雷达系统工作于条带工作模式时,工作过程中保持天线波束指向固定不变,受天线 3dB 波束宽度 $\theta_a = \lambda/L_a$ 的限制,雷达与目标连线离轴角的范围限制在 $[-\theta_a/2,\theta_a/2]$ 以内,此时雷达系统能获得的最大多普勒带宽及方位向分辨率可表示为

$$B_a = \frac{2v}{L_a} \quad (2-52)$$

$$\rho_a = k_a \frac{v}{B_a} = k_a \frac{L_a}{2} \quad (2-53)$$

从式(2-50)~式(2-53)可以看出:

(1) SAR 所能获得的方位向分辨率正比于雷达与目标连线的方位向离轴角范围,离轴角范围越大,能获得的方位向分辨率越高。为了提升雷达系统的方位向分辨率,要求增加雷达天线波束对地面目标照射的角度范围。

(2) 当保持天线波束指向固定不变时,雷达与目标连线的方位向离轴角范围由天线 3dB 波束宽度决定,此时,雷达系统能获得的方位向分辨率等于方位向天线尺寸的一半。

(3) 当方位向天线尺寸固定不变时,为了进一步提升雷达系统的方位向分辨率,需要调整雷达系统的天线波束指向,增加天线波束对地面目标的照射角度范围,由此演化出了聚束工作模式、滑动聚束工作模式等高分辨率成像工作模式。

2.3.3 模糊效应

SAR 采用脉冲工作体制,通过控制天线波束指向、系统脉冲重复周期和回波窗开启时间来完成对指定目标区域的观测。若雷达系统的天线方向图为矩形函数,能够确保获取的回波信号为观测区域的后向散射信号。然而,在实际工程应用中,通常难以获得矩形函数的天线方向图,此时,旁瓣电平的存在导致观测区域以外的目标信号通过天线方向图的旁瓣进入雷达接收系统,进而对获取的雷达图像产生干扰,这个现象在 SAR 领域被称为模糊。模糊效应的存在将导致获取图像中出现原本不存在的目标,干扰 SAR 图像的解译和判读,影响

SAR 图像的应用效果。结合模糊信号的引入方式不同,通常可以分为距离模糊和方位模糊两类。

1. 距离模糊

图 2-10 给出了距离模糊示意图。雷达系统通过发射线性调频信号,并接收目标区域的后向散射信号,完成对目标区域的观测。观测目标区域的范围由距离天线方向图、脉冲重复周期和回波窗开启时间决定。然而,存在一些区域回波信号的延迟时间和观测区域回波信号的延迟时间相差整数个脉冲重复周期,该区域回波信号会与观测区域其他脉冲时刻回波信号叠加在一起,进而对观测区域回波信号造成干扰。

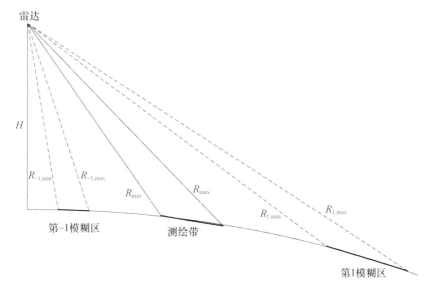

图 2-10 距离模糊示意图

距离模糊度(RASR)表征了距离模糊的严重程度,其定义为距离模糊区域累积能量和观测区域累积能量的比,是衡量图像模糊程度的重要指标。若观测区域和模糊区域均为漫反射分布目标,则距离模糊度可表示为

$$\text{RASR} = \frac{\sum_t \int_a \frac{G_r^2(x) \cdot \sigma_0(x)}{\sin\theta_i(x) \cdot R^3(x)} dx}{\sum_t \int_s \frac{G_r^2(x) \cdot \sigma_0(x)}{\sin\theta_i(x) \cdot R^3(x)} dx} \quad (2-54)$$

式中:G_r 为距离向天线方向图函数;σ_0 为分布目标后向散射系数;R 为斜距;下标 a 为模糊区域;下标 s 为观测区域;t 为方位向慢时间。

从式(2-54)可以看出,距离模糊度性能指标由距离向天线方向图函数、雷达系统脉冲重复周期、雷达系统入射角决定。在给定距离向天线方向图函数及雷达入射角的条件下,为了提升雷达系统的距离模糊性能,要求增大雷达系统的脉冲重复周期,使模糊区域远离观测区域,减小模糊信号带来的影响。

2. 方位模糊

方位模糊是由于一些角度上的目标,其回波信号的多普勒频率与主波束区域回波信号的多普勒频率相差整数倍的脉冲重复频率,在方位频谱中,这些目标的信号将落在主波束的多普勒带宽内,干扰主波束观测区的成像结果,图2-11给出了方位模糊示意图。

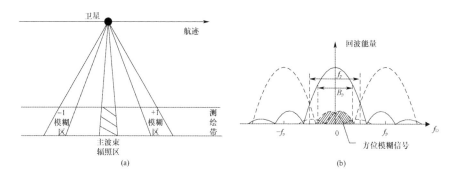

图 2-11 方位模糊示意图

(a)方位模糊空间分布示意图;(b)方位模糊频域分布示意图。

方位模糊度(AASR)表征了方位模糊的严重程度,其定义为方位模糊区域累积能量与主信号区域累积能量的比,即

$$\text{AASR} = \frac{\sum_{\substack{j=-\infty \\ j \neq 0}}^{\infty} \int_{-\frac{B_a}{2}}^{\frac{B_a}{2}} G_a^2(f + f_d + jf_{\text{PRF}}) \mathrm{d}f}{\int_{-\frac{B_a}{2}}^{\frac{B_a}{2}} G_a^2(f + f_d) \mathrm{d}f} \tag{2-55}$$

式中:f 为多普勒频率;$G_a(f)$ 为多普勒能量谱,等效于方位向天线方向图函数;B_a 为方位向成像处理器带宽。

从式(2-55)可以看出,方位模糊度性能指标由方位向天线方向图函数和雷达系统脉冲重复频率决定。在给定方位向天线方向图函数的条件下,为了提升雷达系统的方位模糊性能,要求增加雷达系统的脉冲重复频率,使模糊区域远离观测区域,减小模糊信号带来的影响。

2.4 星载 SAR 与机载 SAR 的区别

SAR 根据其搭载平台不同可以分为星载 SAR、机载 SAR 等,不同搭载平台具有不同的运动规律,进而导致雷达系统具有不同的特点。相比较而言,机载平台的飞行高度较低,飞行速度较慢,回波信号的多普勒带宽及雷达系统的脉冲重复频率较小,更容易实现回波信号的二维聚焦处理,且模糊效应的约束较小。受载机飞行不稳定的影响,导致载机运行轨迹偏离理想平飞模型,此时,为实现回波信号的精确聚焦,需要在成像处理中引入运动补偿操作。星载平台的飞行高度更高,速度更快,回波信号的多普勒带宽更大,方位距离耦合效应及成像参数的二维空变特性更加严重,大幅增加了后续全场景聚焦处理的难度。另外,受回波信号多普勒带宽的限制,雷达系统的脉冲重复频率较高,模糊效应的约束更加严重。下面从系统设计和信号处理两个方面来进行讨论。

2.4.1 模糊效应的约束

通过 2.3.3 节的介绍可知,方位模糊效应和距离模糊效应对雷达系统脉冲重复频率提出了相反的约束要求:一方面为了保证雷达系统的方位模糊性能,需要采用较高的脉冲重复频率,通常要求雷达系统的脉冲重复频率大于 1.1 倍的方位向天线 3dB 波束宽度所对应的多普勒带宽,即脉冲重复频率满足如下约束条件

$$f_{PRF} \geqslant 1.1 B_a \approx 1.1 \cdot \frac{2v}{\lambda} \theta_a \qquad (2-56)$$

式中:θ_a 为方位向天线 3dB 波束宽度。

另一方面为了保证雷达系统的距离模糊性能,需要采用较低的脉冲重复频率来实现,通常要求雷达系统的脉冲重复周期大于距离向天线 3dB 波束宽度对应的地面场景延迟,即脉冲重复频率满足如下约束条件

$$\frac{1}{f_{PRF}} \geqslant 1.1 R_0 \theta_r \tan\theta_i \cdot \frac{2}{c} \qquad (2-57)$$

式中:θ_r 为距离向天线 3dB 波束宽度;θ_i 为天线波束的入射角。

显然,方位模糊性能和距离模糊性能对脉冲重复频率提出了相反的约束要求。在系统设计时,需要综合两个方面的约束要求,此时,雷达系统的脉冲重复频率需满足

$$1.1 \cdot \frac{2v}{\lambda}\theta_a \leq f_{\text{PRF}} \leq \frac{1}{1.1R_0\theta_r\tan\theta_i} \cdot \frac{c}{2} \qquad (2-58)$$

从式(2-58)可见:脉冲重复频率的下限正比于平台飞行速度和方位向天线 3dB 波束宽度。平台飞行速度越慢,脉冲重复频率的选择下限也越小;脉冲重复频率的上限反比于雷达系统的作用距离,作用距离越短,脉冲重复频率的选择上限越大。

对于机载平台而言,平台飞行速度较慢,作用距离较短,脉冲重复频率的可选范围较大,几乎可以忽略模糊效应对雷达系统的影响;相比较而言,星载平台的飞行速度更快、作用距离更远,脉冲重复频率的选择范围较机载平台要小得多,在某些超大入射角条件下甚至无法选择有效的脉冲重复频率。

机/星下点回波信号抑制也是雷达系统设计时需要考虑的因素之一。对于星载 SAR 系统而言,雷达系统的作用距离较远,目标回波信号在经历了数个脉冲重复周期之后才被雷达系统接收,通过合理的选择脉冲重复频率使得星下点回波信号到达卫星平台的时间与目标区域回波信号到达卫星平台的时间相互错开,进而避免星下点回波信号的影响。然而,对于机载 SAR 系统而言,雷达系统的作用距离较短,回波信号在当前脉冲重复周期内就能被雷达系统所接收,此时,为了减小机下点回波信号带来的影响,可以通过增加雷达系统的工作视角,增大机下点回波信号与目标区域回波信号之间的延迟时间差,进而避免机下点回波信号带来的影响,因此,机载 SAR 通常工作于大视角状态。

2.4.2 成像处理的约束

SAR 系统在接收回波信号后,需要通过复杂的成像处理来获得目标区域的 SAR 图像。若回波信号呈现距离方位可分离状态,可以分别通过距离向脉冲压缩处理和方位向合成孔径处理来获得最终的雷达图像。然而,对于 SAR 系统而言,各时刻平台与目标间相对距离的变化导致回波信号存在距离方位耦合现象,大幅增加了信号处理的难度。对比星载 SAR 系统和机载 SAR 系统,搭载平台运动特性的不同导致两者成像处理具有不同的特点。

1. 回波信号多普勒带宽的区别

结合式(2-50)和式(2-51)可知:在保持方位向分辨率不变的情况下,回波信号的多普勒带宽正比于平台飞行速度。对比飞机和卫星两种平台,飞机的飞行速度较慢,每秒的飞行距离通常仅为百米量级,相比较而言,卫星的飞行速度要快得多,以 TerraSAR 卫星系统为例,其飞行速度超过 7000m/s。因此,在实现相同的方位向分辨率时,星载 SAR 回波信号的多普勒带宽远大于机载 SAR 回波信号的多普勒带宽,其对空间几何构型精度、成像算法精度、成像参数精度等方面提出了更高的要求。

2. 回波信号距离方位耦合效应的区别

对于机载 SAR 系统而言,平台飞行高度较低,飞行速度较慢,距离方位耦合效应较小。假设载机平台的飞行高度为 H,以速度 v 做匀速直线运动,忽略地球曲面的影响,雷达与目标间的相对距离可近似表示为

$$R(t) \approx \frac{H}{\cos\theta_L} + \frac{v^2 t^2}{2H}\cos\theta_L \quad -\frac{T_s}{2} \leqslant t \leqslant \frac{T_s}{2} \quad (2-59)$$

式中:θ_L 为雷达系统的工作视角;T_s 为合成孔径时间,可表示为

$$T_s = \frac{\lambda H}{2\rho_a v \cos\theta_L} \quad (2-60)$$

结合式(2-59)和式(2-60)可知,在合成孔径时间内雷达与目标之间相对距离的变化可表示为

$$\Delta R \approx \frac{\lambda^2 H}{32\rho_a^2 \cos\theta_L} \quad (2-61)$$

从式(2-61)可见,雷达与目标间相对距离的变化正比于雷达平台的高度。平台高度越高,相对距离的变化量越大;相反,平台高度越低,相对距离的变化量越小。假设雷达平台的飞行高度为 7km,雷达工作视角为 50°,空间分辨率为 1.0m,工作于 X 波段,此时,雷达与目标间相对距离的变化仅为 0.3m,可以近似忽略方位距离耦合带来的影响。

相比较而言,卫星的飞行高度更高,飞行速度更快,合成孔径长度更大,距离方位耦合现象更加严重。以 TerraSAR 轨道高度为例,当雷达系统的空间分辨率为 1.0m,工作入视角为 50°时,雷达与目标间相对距离的变化超过 20.0m。若进一步将空间分辨率提升至 0.5m,目标与平台间相对距离的变化超过 110.0m,大幅增加了后续信号处理的难度。

3. 成像几何模型的区别

传统成像处理算法以平台沿方位向匀速直线运动为基础,很好地契合了机载 SAR 的空间几何模型。若机载平台满足匀速直线运动,传统成像处理算法能够实现机载 SAR 回波信号的精确聚焦处理。然而,在实际应用中,受外界环境的影响导致载机运行轨迹偏离匀速直线运动状态,影响回波信号的聚焦效果,如图 2-12 所示,此时,需要引入运动补偿处理来缓解载机飞行不平稳带来的

影响。因此,精细的运动补偿成为高精度机载 SAR 成像处理的重要组成部分。

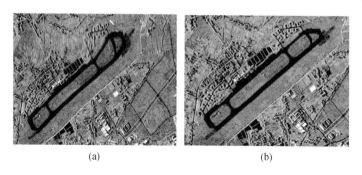

图 2-12　机载 SAR 运动补偿前后结果对比
(a)未进行运动补偿成像结果;(b)运动补偿处理后成像结果。

相比较而言,星载 SAR 系统搭载在卫星平台上,受卫星轨道、地球自转以及地球曲率的影响,导致成像参数随距离门变化规律偏离理论模型,如图 2-13 所示,进而造成偏离参考距离处目标出现明显的散焦现象,严重影响成像处理效果。因此,在星载 SAR 成像处理过程中,需要引入附加的成像参数空变补偿处理,进而实现全场景的精确聚焦处理。

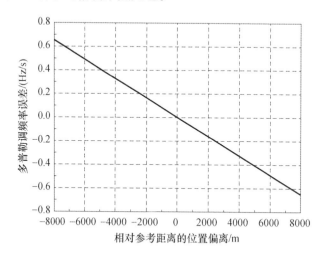

图 2-13　多普勒调频率误差随距离的变化曲线

另外,受卫星轨道的影响,雷达平台存在一定的加速度分量,其导致平台运动偏离匀速直线运动,且随着空间分辨率的不断提升,平台加速度的影响不断增大,甚至造成无法聚焦。因此,对于超高分辨率星载 SAR 成像处理而言,需要进一步考虑平台加速度带来的影响,进而实现回波信号的精确聚焦。

第 3 章

星载 SAR 空间几何关系

空间几何关系建模是开展 SAR 系统仿真及信号处理的基础。与机载 SAR 系统相比,星载 SAR 系统中目标与雷达间的相对运动更为复杂,接收的回波信号同时受卫星轨道、平台姿态、天线波束、地球自转等因素的影响,如何精确解析星载 SAR 空间几何关系成为星载 SAR 建模仿真的基础。本章从开普勒轨道模型入手,解析了 SAR 卫星的轨道动力学关系,在此基础上,利用转动地心坐标系、不转动地心坐标系、轨道平面坐标系、卫星平台坐标系、卫星星体坐标系、天线坐标系 6 个坐标系来描述星地空间几何关系。最后,介绍了目前常用的等效距离模型。

3.1 星载 SAR 动力学方程

3.1.1 星载 SAR 轨道方程

卫星绕地球运动主要受地球与卫星之间的引力支配,太阳、月球和行星的引力对卫星轨道的影响是非常小的,在进行初步近似分析时,可以忽略这些影响,将卫星绕地球运动简化为二体问题,进而获得对运动轨道描述的解析解。

对于二体问题[85]而言,物体 P_1 绕物体 P_k 的运动是在通过 P_k 的一个平面(轨道平面)上进行的,其运动轨迹为圆锥曲线,物体 P_k 处在圆锥曲线的一个焦点上,如图 3-1 所示。考虑到卫星运动轨道为椭圆轨道,下面主要介绍椭圆轨道的一些特性。

椭圆轨道方程为

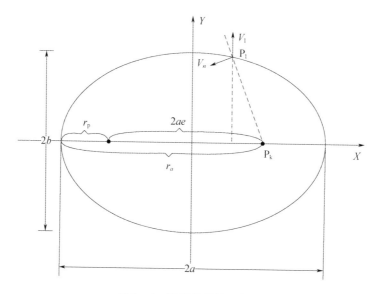

图 3-1 椭圆轨道的示意图

$$r = \frac{p}{1 + e \cdot \cos\theta} \tag{3-1}$$

式中:e 为轨道偏心率;p 为半正焦距;θ 为真近心角。

偏心率 e 为

$$e = \sqrt{\frac{2EH^2}{\mu^2} + 1} \tag{3-2}$$

式中:E 和 H 为质点在平方反比力场中的两个动力学常数;E 为机械能量;H 为动量矩;μ 为地心引力常数。

半正焦距 p 为

$$p = \frac{H^2}{\mu} \tag{3-3}$$

近心距 r_p 为

$$r_p = \frac{p}{1 + e} \tag{3-4}$$

远心距 r_a 为

$$r_a = \frac{p}{1 - e} \tag{3-5}$$

半长轴 a 为

$$a = \frac{1}{2}(r_p + r_a) = \frac{p}{1 - e^2} \tag{3-6}$$

焦点间距 $2f$ 为

$$2f = 2(a - r_\mathrm{p}) = \frac{2pe}{1-e^2} = 2ae \qquad (3-7)$$

半短轴 b 为

$$b = \sqrt{a^2 - f^2} = a\sqrt{1-e^2} \qquad (3-8)$$

轨道周期 T 为

$$T = 2\pi\sqrt{\frac{a^3}{\mu}} \qquad (3-9)$$

质点在椭圆轨道上的运动速度 V 可以分解为垂直于长轴的分量 V_l 和正交于矢径的分量 V_n，这两个分量的大小在运动中是常数，为

$$V_\mathrm{l} = \frac{\mu e}{H} \qquad (3-10)$$

$$V_\mathrm{n} = \frac{\mu}{H} \qquad (3-11)$$

椭圆轨道上位置和时间的关系是在引入偏心角 E 的基础上，通过开普勒方程联系起来的。如图 3-2 所示，在椭圆外作一个半径为 a 的辅助圆。如果将卫星所在位置点 B 按垂直方向投影到外接圆上 Q 点，该点相对于椭圆中心的中心角为 E，称为卫星的偏心角。

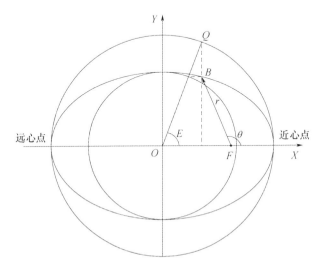

图 3-2　真近心角 θ 和偏心角 E 的关系

从图 3-2 可以得出偏心角 E 与真近心角 θ 之间满足如下关系

$$a\cos E = ae + r\cos\theta \quad (3-12)$$

$$b\sin E = r\sin\theta \quad (3-13)$$

由此可以推导出真近心角 θ 与偏心角 E 之间的相互关系为

$$\tan\frac{\theta}{2} = \sqrt{\frac{1+e}{1-e}}\tan\frac{E}{2} \quad (3-14)$$

同时考虑开普勒方程

$$E - e\sin E = \sqrt{\frac{\mu}{a^3}}(t - \tau_0) \quad (3-15)$$

式中:τ_0 为运动质点经过椭圆轨道近心点的时刻。结合式(3-14)和式(3-15)可以建立真近心角 θ 和时间 t 的相互关系。

定义平均角运动速率 n 及平均近心角 M,则有

$$n = \sqrt{\frac{\mu}{a^3}} \quad (3-16)$$

$$M = n(t - \tau_0) \quad (3-17)$$

开普勒方程可改写为

$$E - e\sin E = M \quad (3-18)$$

上述开普勒方程无法解出位置随时间变化的显函数关系。当卫星轨道的偏心率较小时,可采用傅里叶级数展开处理,获得近似解析计算。偏心角 E 和平均近心角 M 的级数关系可表示为

$$\begin{aligned}E = M + e\left(1 - \frac{1}{8}e^2 + \frac{1}{192}e^4\right)\sin M + e^2\left(\frac{1}{2} - \frac{1}{6}e^2\right)\sin 2M + \\ e^3\left(\frac{3}{8} - \frac{27}{128}e^2\right)\sin 3M + \frac{1}{3}e^4\sin 4M + \frac{125}{384}e^5\sin 5M\end{aligned} \quad (3-19)$$

中心差 $(\theta - M)$ 和平均近心角 M 的级数关系为

$$\begin{aligned}\theta - M = e\left(2 - \frac{1}{4}e^2 + \frac{5}{96}e^4\right)\sin M + e^2\left(\frac{5}{4} - \frac{11}{24}e^2\right)\sin 2M + \\ e^3\left(\frac{13}{12} - \frac{43}{64}e^2\right)\sin 3M + \frac{103}{96}e^4\sin 4M + \frac{1097}{960}e^5\sin 5M\end{aligned} \quad (3-20)$$

r 和 M 的级数关系为

$$\begin{aligned}\frac{r}{a} = 1 + \frac{1}{2}e^2 - e\left(1 - \frac{3}{8}e^2 + \frac{5}{192}e^4\right)\cos M - e^2\left(\frac{1}{2} - \frac{1}{3}e^2\right)\cos 2M - \\ e^3\left(\frac{3}{8} - \frac{45}{128}e^2\right)\cos 3M - \frac{1}{3}e^4\cos 4M - \frac{125}{384}e^5\cos 5M\end{aligned}$$

$$(3-21)$$

在上述 3 个级数展开式中,忽略了 e^6 以上的高次项,可以证明当偏心率 $e<0.6627$ 时,这 3 个级数对所有 M 都是收敛的。

3.1.2 轨道要素与位置、速度及加速度的关系

质点在椭圆轨道上的运动可以用 6 个轨道要素(也叫轨道根数)描述,这 6 个轨道要素分别为:半正焦距 p,偏心率 e,轨道倾角 i,近心点角距 ω,升交点赤径 Ω,过近心点时刻 τ。在任一时刻 t,椭圆轨道上运动质点的位置可以由 6 个轨道根数确定。选择不转动地心坐标系作为所讨论椭圆轨道的参考系,XY 平面是地球赤道平面,如图 3-3 所示。交点线:轨道平面与 XY 平面的相交线;升、降交点:交点线与轨道两个交点中 Z 坐标由负变正的交点定义为升交点,而另一个交点定义为降交点;升交点赤经:XY 平面上过升交点的矢径与 X 轴的夹角 Ω 就是升交点赤经,从春分点向东测量的升交点赤经为正;轨道倾角:XY 平面与轨道平面之间的夹角 i(i 定义在 $0°\sim180°$ 之间),小于 $90°$ 的轨道倾角对应着向东运动称为顺行,而大于 $90°$ 的轨道倾角对应着向西运动称为逆行;近心点角距:交点线与近心点矢径之间的夹角 ω。

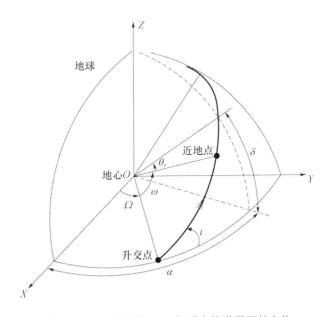

图 3-3 在不转动地心坐标系中轨道平面的方位

定义轨道平面坐标系 $\xi\eta\zeta$,其原点与不转动地心坐标系 XYZ 的原点重合,$\xi\eta$ 平面与轨道平面重合,ξ 轴的正向指向近地点,ζ 轴与角动量方向重合,η 轴

使该坐标系成为右手直角坐标系。结合式(3-14)、式(3-17)和式(3-19)，可以计算得到任意时刻 t 卫星的真近心角 θ，进而获得在轨道平面坐标系 $\xi\eta\zeta$ 中卫星的坐标位置，即

$$\begin{aligned} \xi &= r \cdot \cos\theta \\ \eta &= r \cdot \sin\theta \\ \zeta &= 0 \end{aligned} \tag{3-22}$$

通过坐标转换处理，可进一步获得 t 时刻卫星在不转动地心坐标系中的位置矢量，有

$$(x,y,z) = (\xi,\eta,\zeta) \cdot \boldsymbol{A}_\omega \cdot \boldsymbol{A}_i \cdot \boldsymbol{A}_\Omega$$

$$= \frac{a(1-e^2)}{1+e\cos\theta} \begin{bmatrix} \cos\Omega\cos(\omega+\theta) - \sin\Omega\sin(\omega+\theta)\cos i \\ \sin\Omega\cos(\omega+\theta) + \cos\Omega\sin(\omega+\theta)\cos i \\ \sin(\omega+\theta)\sin i \end{bmatrix}^T \tag{3-23}$$

式中：$\boldsymbol{A}_\omega = \begin{pmatrix} \cos\omega & \sin\omega & 0 \\ -\sin\omega & \cos\omega & 0 \\ 0 & 0 & 1 \end{pmatrix}$，$\boldsymbol{A}_i = \begin{pmatrix} 1 & 0 & 0 \\ 0 & \cos i & \sin i \\ 0 & -\sin i & \cos i \end{pmatrix}$，$\boldsymbol{A}_\Omega = \begin{pmatrix} \cos\Omega & \sin\Omega & 0 \\ -\sin\Omega & \cos\Omega & 0 \\ 0 & 0 & 1 \end{pmatrix}$。

式(3-23)又可表示为

$$(x,y,z) = (\xi,\eta,\zeta) \begin{pmatrix} l_1 & m_1 & n_1 \\ l_2 & m_2 & n_2 \\ l_3 & m_3 & n_3 \end{pmatrix} \tag{3-24}$$

式中：

$$l_1 = \cos\omega \cdot \cos\Omega - \sin\omega \cdot \sin\Omega \cdot \cos i$$

$$l_2 = -\sin\omega \cdot \cos\Omega - \cos\omega \cdot \sin\Omega \cdot \cos i$$

$$l_3 = \sin i \cdot \sin\Omega$$

$$m_1 = \cos\omega \cdot \sin\Omega + \sin\omega \cdot \cos\Omega \cdot \cos i$$

$$m_2 = -\sin\omega \cdot \sin\Omega + \cos\omega \cdot \cos\Omega \cdot \cos i$$

$$m_3 = -\sin i \cdot \cos\Omega$$

$$n_1 = \sin\omega \cdot \sin i$$

$$n_2 = \cos\omega \cdot \sin i$$

$$n_3 = \cos i$$

卫星的速度矢量可以通过对位置矢量进行微分处理来获得。对式(3-22)进行一阶微分处理，可以获得 t 时刻卫星在轨道平面坐标系中的速度矢量

$$\boldsymbol{V}_{(\xi,\eta,\zeta)} = \dot{\boldsymbol{r}} = \begin{bmatrix} \dot{r}\cdot\cos\theta - r\dot{\theta}\cdot\sin\theta \\ \dot{r}\cdot\sin\theta + r\dot{\theta}\cdot\cos\theta \\ 0 \end{bmatrix}^{\mathrm{T}} \quad (3-25)$$

式中:

$$\dot{r} = \sqrt{\frac{\mu}{a(1-e^2)}} e\sin\theta$$

$$r\dot{\theta} = \sqrt{\frac{\mu}{a(1-e^2)}}(1+e\cos\theta)$$

对式(3-25)进行化简处理,卫星速度的轨道要素描述可表示为

$$\boldsymbol{V}_{(\xi,\eta,\zeta)} = \sqrt{\frac{\mu}{a(1-e^2)}} \begin{bmatrix} -\sin\theta \\ e+\cos\theta \\ 0 \end{bmatrix}^{\mathrm{T}} \quad (3-26)$$

进一步进行坐标转换处理,可以获得 t 时刻卫星在不转动地心坐标系中的速度矢量

$$\begin{aligned}\boldsymbol{V}_{(x,y,z)} &= \boldsymbol{V}_{(\xi,\eta,\zeta)}\cdot\boldsymbol{A}_\omega\cdot\boldsymbol{A}_i\cdot\boldsymbol{A}_\Omega \\ &= \sqrt{\frac{\mu}{a(1-e^2)}} \begin{bmatrix} -l_1\sin\theta + l_2(e+\cos\theta) \\ -m_1\sin\theta + m_2(e+\cos\theta) \\ -n_1\sin\theta + n_2(e+\cos\theta) \end{bmatrix}^{\mathrm{T}} \end{aligned} \quad (3-27)$$

卫星的加速度矢量和加速度变化率矢量可以通过对速度矢量进行一阶微分处理和二阶微分处理来获得。对式(3-26)分别进行一阶微分处理和二阶微分处理,可以获得该时刻卫星在轨道坐标系中的加速度矢量和加速度变化率矢量,即

$$\boldsymbol{A}_{(\xi,\eta,\zeta)} = \sqrt{\frac{\mu}{a(1-e^2)}} \begin{bmatrix} -\cos\theta\cdot\dot{\theta} \\ -\sin\theta\cdot\dot{\theta} \\ 0 \end{bmatrix}^{\mathrm{T}}$$

$$= -\frac{\mu(1+e\cos\theta)^2}{[a(1-e^2)]^2} \begin{bmatrix} \cos\theta \\ \sin\theta \\ 0 \end{bmatrix}^{\mathrm{T}} \quad (3-28)$$

$$\dot{\boldsymbol{A}}_{(\xi,\eta,\zeta)} = \frac{\mu}{[a(1-e^2)]^2} \begin{bmatrix} \sin\theta\cdot(1+e\cos\theta)^2\cdot\dot{\theta} + 2e\cdot\cos\theta\cdot\sin\theta\cdot(1+e\cos\theta)\cdot\dot{\theta} \\ -\cos\theta\cdot(1+e\cos\theta)^2\cdot\dot{\theta} + 2e\cdot\sin\theta\cdot\sin\theta\cdot(1+e\cos\theta)\cdot\dot{\theta} \\ 0 \end{bmatrix}^{\mathrm{T}}$$

$$=\frac{\mu^{3/2} \cdot (1+e\cos\theta)^3}{[a(1-e^2)]^{7/2}} \begin{bmatrix} \sin\theta + 3e \cdot \cos\theta \cdot \sin\theta \\ -[\cos\theta - e \cdot (2\sin^2\theta - \cos^2\theta)] \\ 0 \end{bmatrix}^T \quad (3-29)$$

对上述加速度矢量和加速度变化率矢量进行坐标转换处理,可以获得 t 时刻卫星在不转动地心坐标系中的加速度矢量和加速度变化率矢量

$$\boldsymbol{A}_{(x,y,z)} = \boldsymbol{A}_{(\xi,\eta,\zeta)} \cdot \boldsymbol{A}_\omega \cdot \boldsymbol{A}_i \cdot \boldsymbol{A}_\Omega$$

$$= -\frac{\mu(1+e\cos\theta)^2}{[a(1-e^2)]^2} \begin{bmatrix} l_1\cos\theta + l_2\sin\theta \\ m_1\cos\theta + m_2\sin\theta \\ n_1\cos\theta + n_2\sin\theta \end{bmatrix}^T \quad (3-30)$$

$$\dot{\boldsymbol{A}}_{(x,y,z)} = \dot{\boldsymbol{A}}_{(\xi,\eta,\zeta)} \cdot \boldsymbol{A}_\omega \cdot \boldsymbol{A}_i \cdot \boldsymbol{A}_\Omega$$

$$= \frac{\mu^{3/2} \cdot (1+e\cos\theta)^3}{[a(1-e^2)]^{7/2}} \begin{bmatrix} l_1 \cdot \dot{a}_1 - l_2 \cdot \dot{a}_2 \\ m_1 \cdot \dot{a}_1 - m_2 \cdot \dot{a}_2 \\ n_1 \cdot \dot{a}_1 - n_2 \cdot \dot{a}_2 \end{bmatrix}^T \quad (3-31)$$

式中:

$$\dot{a}_1 = \sin\theta + 3e \cdot \cos\theta \cdot \sin\theta$$

$$\dot{a}_2 = \cos\theta - e \cdot (2\sin^2\theta - \cos^2\theta)$$

3.2 星载 SAR 空间几何模型

星载 SAR 系统通过发射电磁波信号,并接收来自地面目标的后向散射信号,实现对地面目标的观测。图 3-4 给出了星载 SAR 系统的空间几何关系示意图。星载 SAR 的空间几何关系中涉及两种运动状态:卫星依据轨道进行运动和地面场景随地球自转。两种运动状态在各自坐标系内独立运行,大幅增加了星载 SAR 空间几何关系描述的复杂性。为了简化描述的复杂性,引入不转动地心坐标系 E_o、转动地心坐标系 E_g、卫星轨道平面坐标系 E_v、卫星平台坐标系 E_r、卫星星体坐标系 E_e 和天线坐标系 E_a 6 个坐标系来描述星载 SAR 的空间几何关系,在不同坐标系内描述卫星和地面目标的运动状态以及姿态和波束指向控制,进而大幅简化星载 SAR 空间几何关系的描述难度。

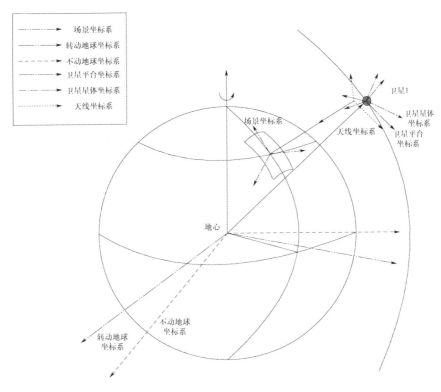

图 3-4 星载 SAR 系统空间几何关系示意图

3.2.1 坐标系定义

1. 不转动地心坐标系 E_0

坐标原点:地球球心;

Z 轴:沿地球的自转轴指向正北极;

X 轴:在赤道平面内,指向春分点;

Y 轴:在赤道平面内,使该坐标系构成右手直角坐标系。

2. 转动地心坐标系 E_g

坐标原点:地球球心;

Z 轴:沿地球的自转轴指向正北极;

X 轴:在赤道平面内,通过格林尼治子午线上半分支;

Y 轴:在赤道平面内,使该坐标系构成右手直角坐标系。

3. 卫星轨道平面坐标系 E_v

坐标原点:卫星椭圆轨道的一个焦点(即地球球心);

Z 轴:垂直于卫星轨道平面,正向指向卫星的角动量矢量方向;

Y 轴:在卫星轨道平面内,正向指向近心点;

X 轴:在卫星轨道平面内,使该坐标系构成右手直角坐标系。

4. 卫星平台坐标系 E_r

坐标原点:卫星质心;

Z 轴:垂直于卫星轨道平面,正向指向卫星的角动量矢量方向;

X 轴:在卫星轨道平面内,陀螺平台的纵轴方向(卫星的设计飞行方向);

Y 轴:在卫星轨道平面内,使该坐标系构成右手直角坐标系。

5. 卫星星体坐标系 E_e

坐标原点:卫星质心;

X 轴:沿卫星星体纵轴方向(卫星的真实飞行方向);

Y 轴、Z 轴:沿卫星星体的另外两个惯性主轴方向。

6. 天线坐标系 E_a

坐标原点:天线相位中心点;

X 轴:正向指向卫星的真实飞行方向;

Y 轴:沿天线瞄准线,指向地球方向为正向;

Z 轴:右手准则给出,使该坐标系构成右手直角坐标系。

3.2.2 坐标系转换关系

星载 SAR 空间几何模型中共涉及 6 个坐标系,已知一个(位置、速度或加速度)矢量在某一个坐标系下的矢量值,可以通过坐标转换矩阵将其转换到其他任意一个坐标系之中。星载 SAR 空间几何模型中各个坐标系之间的转换关系如图 3-5 所示,$\boldsymbol{A}_{go}$ 为 $\boldsymbol{A}_{og}$ 的逆矩阵($\boldsymbol{A}_{go} \cdot \boldsymbol{A}_{og} = \boldsymbol{I}$),以下类同。假定转动地心坐标系与不转动地心坐标系的重合时刻为 τ,雷达发射脉冲时刻为 t。

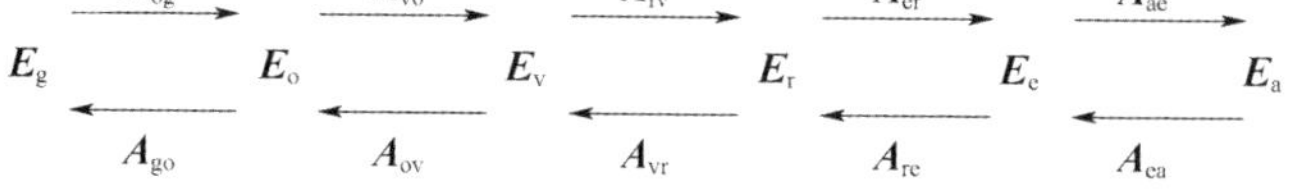

$$E_g \xrightarrow[A_{go}]{A_{og}} E_o \xrightarrow[A_{ov}]{A_{vo}} E_v \xrightarrow[A_{vr}]{A_{rv}} E_r \xrightarrow[A_{re}]{A_{er}} E_e \xrightarrow[A_{ea}]{A_{ac}} E_a$$

图 3-5 坐标转换示意图

1. 转动地心坐标系 E_g/不转动地心坐标系 E_o

$$E_g = A_{go} \cdot E_o \qquad (3-32)$$

不转动地心坐标系 E_o 绕 Z 轴逆时针转过一个春分点的格林尼治时角 H_g,

就得到转动地心坐标系 $\boldsymbol{E}_{\mathrm{g}}$。

$$H_{\mathrm{g}} = \omega_{\mathrm{e}}(t - \tau)$$

$$\boldsymbol{A}_{\mathrm{go}} = \begin{bmatrix} \cos H_{\mathrm{g}} & \sin H_{\mathrm{g}} & 0 \\ -\sin H_{\mathrm{g}} & \cos H_{\mathrm{g}} & 0 \\ 0 & 0 & 1 \end{bmatrix}$$

2. 不转动地心坐标系 $\boldsymbol{E}_{\mathrm{o}}$/轨道平面坐标系 $\boldsymbol{E}_{\mathrm{v}}$

$$\boldsymbol{E}_{\mathrm{o}} = \boldsymbol{A}_{\mathrm{ov}} \cdot \boldsymbol{E}_{\mathrm{v}} \tag{3-33}$$

轨道平面坐标系 $\boldsymbol{E}_{\mathrm{v}}$ 经 3 次旋转得到不转动地心坐标系 $\boldsymbol{E}_{\mathrm{o}}$。第 1 次,将轨道平面坐标系 $\boldsymbol{E}_{\mathrm{v}}$ 绕 Z 轴顺时针旋转角度 ω;第 2 次,将得到的坐标系绕 X 轴顺时针旋转角度 i;第 3 次,将得到的坐标系绕 Z 轴顺时针旋转角度 Ω,最后得到不转动地心坐标系 $\boldsymbol{E}_{\mathrm{o}}$。

$$\boldsymbol{A}_{\mathrm{ov}} = \begin{bmatrix} \cos\Omega & -\sin\Omega & 0 \\ \sin\Omega & \cos\Omega & 0 \\ 0 & 0 & 1 \end{bmatrix} \begin{bmatrix} 1 & 0 & 0 \\ 0 & \cos i & -\sin i \\ 0 & \sin i & \cos i \end{bmatrix} \begin{bmatrix} \cos\omega & -\sin\omega & 0 \\ \sin\omega & \cos\omega & 0 \\ 0 & 0 & 1 \end{bmatrix}$$

3. 轨道平面坐标系 $\boldsymbol{E}_{\mathrm{v}}$/卫星平台坐标系 $\boldsymbol{E}_{\mathrm{r}}$

$$\boldsymbol{E}_{\mathrm{v}} = \boldsymbol{A}_{\mathrm{vr}} \cdot \boldsymbol{E}_{\mathrm{r}} \tag{3-34}$$

卫星平台坐标系 $\boldsymbol{E}_{\mathrm{r}}$ 绕 Z 轴顺时针旋转一个角度 $90° + \theta - \gamma$ 得到卫星轨道平面坐标系 $\boldsymbol{E}_{\mathrm{v}}$。其中:$\theta$ 为卫星的真近心角;γ 为卫星的航迹角。

航迹角 γ:

$$\tan\gamma = \frac{e\sin\theta}{1 + e\cos\theta} \quad |\gamma| \leqslant 90°$$

$$\boldsymbol{A}_{\mathrm{vr}} = \begin{bmatrix} -\sin(\theta - \gamma) & -\cos(\theta - \gamma) & 0 \\ \cos(\theta - \gamma) & -\sin(\theta - \gamma) & 0 \\ 0 & 0 & 1 \end{bmatrix}$$

4. 卫星平台坐标系 $\boldsymbol{E}_{\mathrm{r}}$/卫星星体坐标系 $\boldsymbol{E}_{\mathrm{e}}$

$$\boldsymbol{E}_{\mathrm{r}} = \boldsymbol{A}_{\mathrm{re}} \cdot \boldsymbol{E}_{\mathrm{e}} \tag{3-35}$$

卫星星体坐标系 $\boldsymbol{E}_{\mathrm{e}}$ 经 3 次旋转得到卫星平台坐标系 $\boldsymbol{E}_{\mathrm{r}}$。第 1 次,将卫星星体坐标系 $\boldsymbol{E}_{\mathrm{e}}$ 绕 X 轴顺时针旋转一个横滚角度 θ_{r};第 2 次,将得到的坐标系绕 Z 轴顺时针旋转一个俯仰角度 θ_{p};第 3 次,将得到的坐标系绕 Y 轴顺时针旋转一个偏航角度 θ_{y},最后得到卫星平台坐标系 $\boldsymbol{E}_{\mathrm{r}}$。

$$A_{re} = \begin{bmatrix} \cos\theta_y & 0 & -\sin\theta_y \\ 0 & 1 & 0 \\ \sin\theta_y & 0 & \cos\theta_y \end{bmatrix} \begin{bmatrix} \cos\theta_p & -\sin\theta_p & 0 \\ \sin\theta_p & \cos\theta_p & 0 \\ 0 & 0 & 1 \end{bmatrix} \begin{bmatrix} 1 & 0 & 0 \\ 0 & \cos\theta_r & -\sin\theta_r \\ 0 & \sin\theta_r & \cos\theta_r \end{bmatrix}$$

5. 卫星星体坐标系 E_e／天线坐标系 E_a

$$E_e = A_{ea} \cdot E_a \tag{3-36}$$

天线坐标系 E_a 绕 X 轴逆时针旋转一个角度 θ_L 得到卫星星体坐标系 E_e。

$$A_{ea} = \begin{bmatrix} 1 & 0 & 0 \\ 0 & \cos\theta_L & \sin\theta_L \\ 0 & -\sin\theta_L & \cos\theta_L \end{bmatrix}$$

这些变换矩阵的转置矩阵就是逆矩阵。

3.3 星载 SAR 等效距离模型

SAR 系统通过合成孔径处理来实现方位向高分辨率对地观测，精确描述雷达平台与地面目标间的相对距离变化规律是进行合成孔径处理的前提。相较于机载 SAR 而言，星载 SAR 的空间几何关系同时受卫星轨道、地球自转等因素的影响，难以获得雷达平台与地面目标间相对距离变化规律的精确解析式。通常在满足成像处理精度需求的前提下，采用近似简化模型来描述雷达平台与地面目标间相对距离的变化规律。本节在介绍多普勒参数的基础上，针对目前常用的双曲线距离模型、等效斜视距离模型、四阶多普勒距离模型、改进等效斜视距离模型和高阶等效斜视距离模型等进行介绍。

3.3.1 星载 SAR 的多普勒参数

假设 $R_s(t)$ 为卫星的位置矢量，$R_t(t)$ 为地面目标的位置矢量，雷达与地面目标间的相对距离矢量 $R(t)$ 可表示为

$$R(t) = R_s(t) - R_t(t) \tag{3-37}$$

在分析 SAR 回波信号相位历程时，对于一个孔径时间内的信号，令波束中心照射目标的时刻为 $t=0$，则有

$$R(t) = R_{st} + V_{st}t + \frac{1}{2}A_{st}t^2 + \frac{1}{6}\dot{A}_{st}t^3 + \cdots \tag{3-38}$$

式中：R_{st}、V_{st}、A_{st}、$\dot{A}_{st}$ 分别为 $t=0$ 时刻雷达与地面目标间的相对距离矢量、速度

矢量、加速度矢量和加速度变化率矢量,可表示为

$$\boldsymbol{R}_{st} = \boldsymbol{R}_s - \boldsymbol{R}_t$$

$$\boldsymbol{V}_{st} = \boldsymbol{V}_s - \boldsymbol{V}_t$$

$$\boldsymbol{A}_{st} = \boldsymbol{A}_s - \boldsymbol{A}_t$$

$$\dot{\boldsymbol{A}}_{st} = \dot{\boldsymbol{A}}_s - \dot{\boldsymbol{A}}_t$$

式中:$\boldsymbol{R}_s$、$\boldsymbol{V}_s$、$\boldsymbol{A}_s$ 和 $\dot{\boldsymbol{A}}_s$ 分别为 $t=0$ 时刻卫星的位置矢量、速度矢量、加速度矢量和加速度变化率矢量;$\boldsymbol{R}_t$、$\boldsymbol{V}_t$、$\boldsymbol{A}_t$ 和 $\dot{\boldsymbol{A}}_t$ 分别为 $t=0$ 时刻目标的位置矢量、速度矢量、加速度矢量和加速度变化率矢量。

雷达与地面目标间的双程距离 $2R(t)$ 直接影响回波信号的相位,令 $R(t) = |\boldsymbol{R}(t)|$,有

$$R(t) = R_{st} + \frac{\boldsymbol{V}_{st} \cdot \boldsymbol{R}_{st}}{R_{st}} t + \frac{1}{2} \left[\frac{\boldsymbol{V}_{st} \cdot \boldsymbol{V}_{st}}{R_{st}} + \frac{\boldsymbol{A}_{st} \cdot \boldsymbol{R}_{st}}{R_{st}} - \frac{(\boldsymbol{V}_{st} \cdot \boldsymbol{R}_{st})^2}{R_{st}^3} \right] t^2 + \cdots \tag{3-39}$$

式中:$R_{st} = |\boldsymbol{R}_{st}|$。

回波信号中由双程距离延迟带来的相位 $\varPhi(t)$ 可表示为

$$\varPhi(t) = \frac{4\pi}{\lambda} \cdot [R_{st} - R(t)] \tag{3-40}$$

式中:λ 为波长。瞬时频率 $f(t)$ 为

$$f(t) = \frac{1}{2\pi} \frac{\mathrm{d}\varPhi(t)}{\mathrm{d}t} = -\frac{2}{\lambda} \frac{\mathrm{d}R(t)}{\mathrm{d}t}$$

$$= f_d + 2\frac{f_r}{2!} t + 3\frac{f_{r3}}{3!} t^2 + 4\frac{f_{r4}}{4!} t^3 + \cdots \tag{3-41}$$

式中:f_d、f_r、f_{r3} 和 f_{r4} 分别为多普勒中心频率、多普勒调频率、多普勒调频率的变化率和多普勒调频率的二阶导数,分别表示为

$$f_d = -\frac{2}{\lambda} \cdot \frac{\mathrm{d}R(t)}{\mathrm{d}t} \bigg|_{t=0} = -\frac{2}{\lambda} \frac{\boldsymbol{V}_{st} \cdot \boldsymbol{R}_{st}}{R_{st}} \tag{3-42}$$

$$f_r = -\frac{2}{\lambda} \cdot \frac{\mathrm{d}^2 R(t)}{\mathrm{d}t^2} \bigg|_{t=0} = -\frac{2}{\lambda} \left[\frac{\boldsymbol{V}_{st} \cdot \boldsymbol{V}_{st}}{R_{st}} + \frac{\boldsymbol{A}_{st} \cdot \boldsymbol{R}_{st}}{R_{st}} - \frac{(\boldsymbol{V}_{st} \cdot \boldsymbol{R}_{st})^2}{R_{st}^3} \right] \tag{3-43}$$

$$f_{r3} = -\frac{2}{\lambda} \cdot \frac{\mathrm{d}^3 R(t)}{\mathrm{d}t^3} \bigg|_{t=0} = -\frac{2}{\lambda} \left[\frac{3\boldsymbol{A}_{st} \cdot \boldsymbol{V}_{st}}{R_{st}} + \frac{\dot{\boldsymbol{A}}_{st} \cdot \boldsymbol{R}_{st}}{R_{st}} - \frac{3\lambda^2 f_d f_r}{4 R_{st}} \right] \tag{3-44}$$

$$f_{r4} = -\frac{2}{\lambda} \cdot \frac{d^4 R(t)}{dt^4}\bigg|_{t=0} \qquad (3-45)$$

$$= -\frac{2}{\lambda}\left[\frac{\dddot{\boldsymbol{A}}_{st} \cdot \boldsymbol{R}_{st}}{R_{st}} + \frac{4\dot{\boldsymbol{A}}_{st} \cdot \boldsymbol{V}_{st}}{R_{st}} + \frac{3\boldsymbol{A}_{st} \cdot \boldsymbol{A}_{st}}{R_{st}} - \frac{3\lambda^2 f_r^2}{4R_{st}} - \frac{\lambda^2 f_d f_{r3}}{R_{st}}\right]$$

3.3.2 常用等效距离模型

精确描述卫星平台与地面目标间相对距离的变化规律是 SAR 成像处理的前提,直接决定了后续聚焦处理的精度。早期星载 SAR 系统的空间分辨率较低,对距离模型精度的要求相对不高,通常沿用了机载 SAR 系统中构建的双曲线距离模型。随着空间分辨率的不断提高,对距离模型精度的要求不断提升,各种改进的等效距离模型不断出现。

1. 双曲线距离模型[81]

双曲线距离模型(Hyperbolic Range Equation Model,HREM)源于机载 SAR 系统。假设雷达平台的局部飞行路径为直线,目标场景所在区域为平坦区域,且不考虑地球自转的影响,此时,平台与目标间的相对空间几何关系可简化为如图 3-6 所示,其中 R_0 表示零多普勒时刻平台与地面目标之间的相对距离。

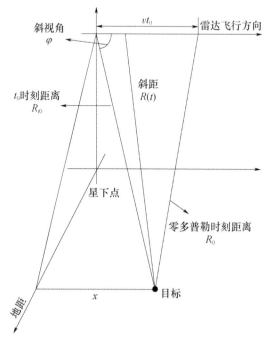

图 3-6 简化星地空间几何关系

雷达平台以速度 v 进行直线飞行,若以零多普勒时刻为参考时刻,那么对于任意时刻 t 平台相对于目标在方位向的相对距离可表示为 vt,相应的雷达平台与地面目标间的相对距离可表示为

$$R(t) = \sqrt{R_0^2 + (vt)^2} \tag{3-46}$$

对于星载 SAR 系统而言,由于轨道和地表都是弯曲的,并且地球独立于卫星轨道不停自转,其空间几何关系相对复杂。在空间分辨率不太高的情况下,可以利用双曲线距离模型近似表征平台与地面目标间相对距离的变化规律,此时,平台飞行速度不再等于卫星的飞行速度,而是使等式成立所对应的一个虚拟速度,也被称为等效速度,其数值介于卫星平台速度 V_s 和波束沿地面移动速度 V_g 之间。为了精确表征平台与地面目标间相对距离的二次变化规律,双曲线距离模型中的等效速度通常可由下式获取

$$v = \sqrt{-\frac{\lambda f_r R_0}{2}} \tag{3-47}$$

式中:f_r 为多普勒调频率。由于卫星轨道以及地球旋转分量的影响,该速度 v 不再是常量,而是随距离变化的量。

对式(3-46)进行泰勒展开,双曲线距离模型又可表示为

$$R(t) = R_0 \left(1 + \frac{1}{2}\left(\frac{vt}{R_0}\right)^2 - \frac{1}{8}\left(\frac{vt}{R_0}\right)^4 + \cdots \right) \tag{3-48}$$

通过式(3-46)至式(3-48)可知:

(1)在双曲线距离模型中,利用多普勒调频率来解算平台的等效速度,使得距离模型能够精确表征平台与目标间相对距离变化规律中的二次变化规律。

(2)双曲线距离模型通过根号式传导方式,能够部分表征平台与目标间相对距离变化规律中的高次变化规律,其高次变化规律的系数仅由多普勒调频率决定,和实际高次变化规律的系数存在一定差异。

(3)双曲线距离模型以零多普勒时刻为基准,模型中不包含奇次相位因子,无法表征平台与目标间相对距离变化规律中的奇次变化规律。当雷达系统工作于斜视状态时,平台与目标间相对距离变化规律中存在显著的一次变化规律,因此,双曲线距离模型不适用于斜视星载 SAR 系统。

综上所述,当利用双曲线距离模型来表征平台与目标间相对距离变化规律时,仅能精确表征平台与目标间相对距离变化规律中的二次变化规律,无法精确表征平台与目标间相对距离的高次变化规律,且随着合成孔径时间的不断增加,模型误差不断增大。与此同时,由于双曲线距离模型隐含着以零多普勒时

刻为基准,导致距离模型中不含奇次相位系数,因此,双曲线距离模型无法表征斜视状态下平台与目标间的相对距离变化规律。另外,受卫星轨道及地球自转的影响,等效速度 v 随时间和距离不断变化,必须不断更新。

2. 等效斜视距离模型[86-87]

如前所述,双曲线距离模型仅适用于正侧视观测模式。然而,对于星载环境下,受地球自转的影响,天线波束指向并不垂直于雷达与目标间的相对速度矢量,而是呈现一定的斜视状态,其结果导致双曲线距离模型难以满足星载 SAR 的应用需求。

等效斜视距离模型(Equivalent Squint Range Model,ESRM)是在双曲线距离模型的基础上,将时间参考基准设置为非零多普勒时刻,使得距离模型不仅能够有效表征平台与目标间相对距离的偶次变化规律,而且能够表征平台与目标间相对距离的奇次变化规律,大幅提升距离模型的适用范围。

假设参考时刻 t_0 平台与目标间的相对距离为 R_{t_0},平台相对于零多普勒时刻的移动距离为 vt_0,此时,对于任意时刻 t 平台与目标间的相对距离 $R(t)$ 可表示为

$$R(t) = \left[R_{t_0}^2 + v^2(t - t_0 + t_0)^2 \right]^{1/2} \tag{3-49}$$
$$= \left[R_{t_0}^2 - 2v(t - t_0)R_{t_0}\cos\varphi + v^2(t - t_0)^2 \right]^{1/2}$$

式中: v 为等效速度; φ 为等效斜视角,即锥角。为了表述简单,通常将 t_0 定义为零时刻, R_0 定义为 t_0 时刻平台与目标间的相对距离,则等效斜视距离模型可改写为

$$R(t) = \left[R_0^2 + v^2 t^2 - 2vR_0\cos\varphi t \right]^{1/2} \tag{3-50}$$

相应的等效速度和等效斜视角的确定公式分别为

$$v = \sqrt{\left(\frac{\lambda f_d}{2}\right)^2 - \frac{\lambda R_0 f_r}{2}} \tag{3-51}$$

$$\varphi = \arccos\left(\frac{\lambda f_d}{2v}\right) \tag{3-52}$$

与双曲线距离模型相比,等效斜视距离模型将时间参考基准由零多普勒时刻调整为工作中心时刻,大幅减小距离模型引入的近似误差,更加适合于斜视状态下的成像处理。与此同时,当雷达系统的等效斜视角为 0° 时,等效斜视距离模型退化为双曲线距离模型,因此,双曲线距离模型可以看成是等效斜视距离模型在正侧视状态下的特例。

对式(3-50)进行泰勒展开处理,可表示为

$$R(t) = R_0 + f_1 t + \frac{f_2}{2!}t^2 + \frac{f_3}{3!}t^3 + \frac{f_4}{4!}t^4 + \cdots \qquad (3-53)$$

$$f_1 = -v\cos\varphi$$

$$f_2 = \frac{v^2 \sin^2\varphi}{R}$$

$$f_3 = \frac{3v^3 \cos\varphi \sin^2\varphi}{R^2}$$

$$f_4 = -\frac{3v^4}{R^3} + \frac{18v^4 \cos^2\varphi}{R^3} - \frac{15v^4 \cos^4\varphi}{R^3}$$

综合式(3-50)至式(3-53)可知：

（1）在等效斜视距离模型中，以多普勒中心频率和多普勒调频率为基准估算等效速度和等效斜视角，使得距离模型能够精确表征平台与目标间相对距离变化规律中的一次变化规律和二次变化规律。

（2）等效斜视距离模型通过根号式传导方式，能够部分表征平台与目标间相对距离变化规律中的高次变化规律，其高次变化规律的系数仅由多普勒中心频率和多普勒调频率决定，和实际高次变化规律的系数存在一定差异。

（3）等效斜视距离模型是以雷达平台匀速直线运动为基准，无法精确表征轨道弯曲及地球自转带来的影响。随着空间分辨率的不断提升，雷达系统的合成孔径时间不断增大，等效斜视距离模型引入的近似误差不断增加，影响后续成像处理的聚焦效果，甚至出现无法聚焦现象。

以 X 波段 514km 轨道高度雷达卫星为例，图 3-7 给出了等效斜视距离模型引入的近似误差随空间分辨率的变化曲线，其中蓝线表示等效斜视距离模型引入的近似误差变化曲线，红线表示 π/4 相位误差对应的距离模型误差。距离模型引入的近似误差随着空间分辨率的提升不断增大。若以相位误差小于 π/4 为准则，当雷达系统的空间分辨率优于 0.3m 时，等效斜视距离模型将无法满足高精度成像处理的应用需求。

3. 四阶多普勒距离模型[88-89]

等效斜视距离模型利用以多普勒中心频率和多普勒调频率为基准估算的等效速度和等效斜视角来表征平台与目标之间的相对距离变化规律，仅能精确表征相对距离变化规律中的一次变化规律和二次变化规律，对于高阶变化规律的描述精度较差。然而，随着空间分辨率的不断提升，相对距离的高阶变化规律对成像处理的影响越发明显，因此，提升距离模型对高阶变化规律的描述精度成为高分辨率星载 SAR 成像处理的前提。

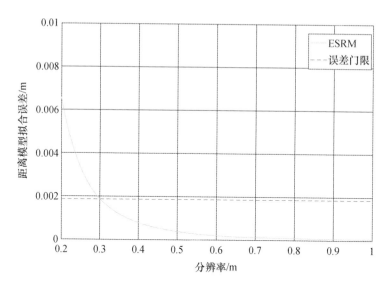

图 3-7 距离模型拟合误差随空间分辨率的变化曲线(见彩图)

四阶多普勒距离模型(Fourth-order Doppler Range Model,DRM4)是在传统二次逼近距离模型的基础上提出的,其直接利用四次函数来逼近平台与目标间相对距离的变化规律,完成对星地空间几何关系的描述。四阶多普勒距离模型的表达式为

$$R(t) = R_0 + k_1 t + k_2 t^2 + k_3 t^3 + k_4 t^4 \qquad (3-54)$$

式中:R_0 为参考时刻平台与目标间的相对距离;k_1、k_2、k_3 和 k_4 分别为一次项、二次项、三次项和四次项系数,其与各阶多普勒参数间满足如下关系

$$k_1 = \frac{-\lambda f_d}{2} \quad k_2 = \frac{-\lambda f_r}{4}$$

$$k_3 = \frac{-\lambda f_{r3}}{12} \quad k_4 = \frac{-\lambda f_{r4}}{48} \qquad (3-55)$$

式中:f_d、f_r、f_{r3} 和 f_{r4} 分别为多普勒中心频率、多普勒调频率、多普勒调频率的变化率和多普勒调频率变化率的变化率。

相较于双曲线距离模型和等效斜视距离模型,四阶多普勒距离模型能够精确表征平台与目标间相对距离变化规律中的一次变化规律、二次变化规律、三次变化规律和四次变化规律。需要补充说明的是,四阶多普勒距离模型完全忽略了五次及五次以上变化规律的影响,仅能在一定范围内减小距离模型的近似误差,随着雷达系统孔径时间的不断增加,高次变化规律的影响不断增大,导致距离模型的表征精度急剧下降。图 3-8 对比给出了四阶多普勒距离模型和等效斜视距离模型的拟合误差随合成孔径时间的变化规律。

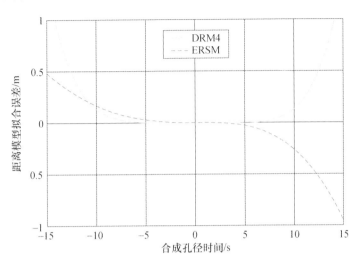

图 3-8　距离模型拟合误差随合成孔径时间的变化曲线(见彩图)

从仿真结果可见:

(1) 等效斜视距离模型仅能精确表征平台与目标间相对距离变化规律中的一次变化规律和二次变化规律,残余误差呈现三次函数特征。相比较而言,四阶多普勒距离模型的残余误差呈现高次函数特征。

(2) 四阶多普勒距离模型完全忽略五次及五次以上变化规律的影响。随着孔径时间的不断增大,四阶多普勒距离模型引入的残余误差迅速增加,甚至大于等效斜视距离模型引入的残余误差。因此,四阶多普勒距离模型并不适用于超长孔径时间星载 SAR 成像处理。

4. 改进等效斜视距离模型[90]

针对等效斜视距离模型在表征平台与目标间相对距离变化规律时存在明显的三次残余误差现象,一种改进的等效斜视距离模型(Advanced Equivalent Squint Range Model, A-ESRM)被提出。该模型在等效斜视距离模型的基础上引入附加的线性项因子,通过泰勒级数各项系数间的耦合效应,间接补偿等效斜视距离模型中存在的三次残余误差,提升距离模型的描述精度。改进等效斜视距离模型可表示为

$$R(t) = [R_0^2 + (vt)^2 - 2R_0 vt\cos\phi]^{1/2} + \Delta_l t \tag{3-56}$$

式中:Δ_l 为附加的线性项系数。

将式(3-56)代入式(3-40),并进行微分处理,瞬时频率 $f(t)$ 可表示为

$$f(t) = \frac{1}{2\pi}\frac{\mathrm{d}\Phi(t)}{\mathrm{d}t} = -\frac{2}{\lambda}\frac{\mathrm{d}R(t)}{\mathrm{d}t}$$

$$= -\frac{2}{\lambda}\left(-v\cos\varphi + \Delta_l + \frac{v^2\sin^2\varphi}{R_0}t + \frac{3v^3\cos\varphi\sin^2\varphi}{2R_0^2}t^2 + \cdots\right) \quad (3-57)$$

$$= f_\mathrm{d} + f_\mathrm{r}t + \frac{f_\mathrm{r3}}{2}t^2 + \cdots$$

利用式(3-57)给出的各阶多普勒参数与模型参数间的映射关系,可以获得各模型参数的估算方法,可表示为

$$\begin{cases} v = \sqrt{\left(\dfrac{R_0 f_\mathrm{r3}}{3 f_\mathrm{r}}\right)^2 - \dfrac{\lambda R_0 f_\mathrm{r}}{2}} \\ \varphi = \arccos\left(\dfrac{R_0 f_\mathrm{r3}}{3 v f_\mathrm{r}}\right) \\ \Delta_l = -\dfrac{\lambda f_\mathrm{d}}{2} + \dfrac{R_0 f_\mathrm{r3}}{3 f_\mathrm{r}} \end{cases} \quad (3-58)$$

综合式(3-56)至式(3-58)可知:

(1)改进等效斜视距离模型利用多普勒中心频率、多普勒调频率和多普勒调频率的变化率来解算等效速度、等效斜视角和线性项系数,使得距离模型能够精确表征平台与目标间相对距离变化规律中的一次变化规律、二次变化规律和三次变化规律,相较于等效斜视距离模型而言,具有更高的描述精度和更广的适用范围。

(2)改进等效斜视距离模型继承了等效斜视距离模型对高次变化规律的表征能力,能够部分表征平台与目标间相对距离变化规律中的高次变化规律,其高次变化规律的系数仅由多普勒中心频率、多普勒调频率和多普勒调频率的变化率所决定,和实际高次变化规律的系数存在一定差异。

(3)与等效斜视距离模型相比,改进等效斜视距离模型仅仅增加了一个线性项因子,因此,改进等效斜视距离模型可以完全继承等效斜视距离模型在信号建模及频谱分析上的研究成果,大幅简化改进等效斜视距离模型的推广难度。

图3-9对比给出了改进等效斜视距离模型和等效斜视距离模型的拟合误差随合成孔径时间的变化规律。从仿真结果可见,改进等效斜视距离模型有效去除了等效斜视距离模型中所存在三次函数残余误差,大幅提升了距离模型的描述精度;与此同时,由于仅部分表征平台与目标间相对距离的高次变化规律,存在一定的高次残余误差。

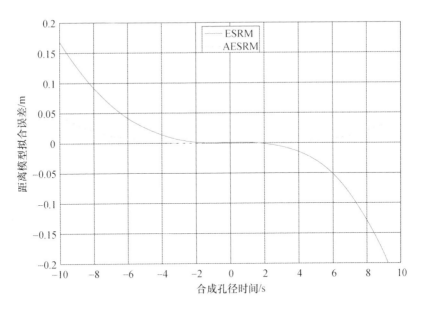

图 3-9 距离模型拟合误差随合成孔径时间的变化曲线(见彩图)

5. 高阶等效斜视距离模型[91]

等效斜视距离模型以平台直线匀速运动为基础,利用平台速度信息来描述平台与目标间的相对距离变化。然而,受卫星轨道及地球自转带来的影响,造成星载 SAR 的运动轨迹偏离匀速直线运动,导致距离模型在描述平台与目标间相对距离变化时引入较大的残余误差。为了进一步提升距离模型的描述精度,将平台的加速度信息引入距离模型,获得适用于超高分辨率星载 SAR 成像处理的高阶等效斜视距离模型。

假设卫星平台的运动速度为 v,加速度为 A,此时平台与目标间的相对距离变化规律可表示为

$$R(t) = \left[R_0^2 + \left(vt + \frac{At^2}{2}\right)^2 - 2R_0\left(vt + \frac{At^2}{2}\right)\cos\varphi \right]^{1/2} \quad (3-59)$$

$$= \left[R_0^2 + v'^2 t^2 - 2R_0 v' t \cos\varphi' + \Delta a_3 t^3 + \Delta a_4 t^4 \right]^{1/2}$$

$$\begin{cases} v' = \sqrt{v^2 - R_0 A \cos\varphi} \\ \varphi' = \arccos\left(\dfrac{v\cos\phi}{v'}\right) \\ \Delta a_3 = vA \\ \Delta a_4 = \dfrac{A^2}{4} \end{cases}$$

将式(3-59)关于 t 进行求微分处理,有

$$\frac{\partial R(t)}{\partial t} = -v'\cos\varphi' + \frac{v'^2\sin\varphi'^2}{R_0}t + \Delta_2 t^2 + \Delta_3 t^3 + \cdots \tag{3-60}$$

$$= -\frac{\lambda}{2}f_d - \frac{\lambda}{2}f_r t - \frac{\lambda}{2}\frac{f_{r3}}{2}t^2 - \frac{\lambda}{2}\frac{f_{r4}}{6}t^3 + \cdots$$

式中:f_d 为多普勒中心频率;f_r 为多普勒调频率;f_{r3} 为多普勒调频率变化率;f_{r4} 为多普勒调频率变化率的变化率;

$$\Delta_2 = \frac{3\Delta a_3}{2R_0} + \frac{3v'^3\sin\varphi'^2\cos\varphi'}{2R_0^2}$$

$$\Delta_3 = \frac{2\Delta a_4}{R_0} + \frac{2\Delta a_3 v'\cos\varphi'}{R_0^2} - \frac{v'^4\sin\varphi'^2}{2R_0^3}(1-5\cos\varphi'^2)$$

利用式(3-60)给出的各阶多普勒参数与模型参数间的映射关系,可以获得各模型参数的估算方法,可表示为

$$v' = \sqrt{\left(\frac{\lambda f_d}{2}\right)^2 - \frac{\lambda R_0 f_r}{2}}$$

$$\varphi' = \arccos\left(\frac{\lambda f_d}{2v'}\right)$$

$$\Delta a_3 = \frac{-\lambda R_0 f_{r3}}{6} - \frac{v'^3\sin\varphi'^2\cos\varphi'}{R_0}$$

$$\Delta a_4 = \frac{-\lambda R_0 f_{r4}}{24} + \frac{v'^4\sin\varphi'^2}{4R_0^2}(1-5\cos\varphi'^2) - \frac{\Delta a_3 v'\cos\varphi'}{R_0}$$

相较于等效斜视距离模型而言,高阶等效斜视距离模型将平台加速度引入距离模型,有效反映了轨道弯曲带来的影响,更加精确表征卫星平台与地面目标间相对距离的变化曲线。结合式(3-59)和式(3-60)可知:高阶等效斜视距离模型利用多普勒中心频率、多普勒调频率、多普勒调频率的变化率和多普勒调频率变化率的变化率来解算等效速度、等效斜视角和三次及四次项系数,使得距离模型能够精确表征平台与目标间相对距离变化规律中的一次变化规律、二次变化规律、三次变化规律和四次变化规律,显著提升距离模型的描述精度;与此同时,高阶等效斜视距离模型继承了等效斜视距离模型对高次变化规律的表征能力,受高次变化规律的影响远小于四阶多普勒距离模型。分别采用高阶等效斜视距离模型、改进等效斜视距离模型、四阶多普勒距离模型和等效斜视距离模型等四种距离模型来描述卫星平台与地面目标间相对距离的变化规律,图3-10给出了距离模型拟合误差随合成孔径时间的变化曲线。

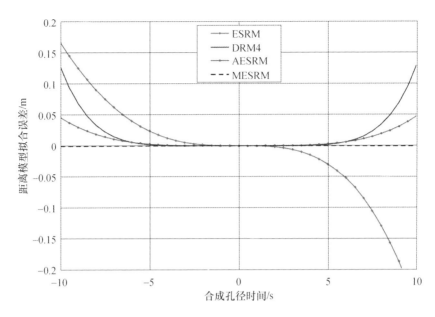

图 3-10　不同距离模型引入的距离模型拟合误差随合成孔径时间变化曲线(见彩图)

如图 3-10 所示，随着孔径时间的不断增加，距离模型引入的拟合误差不断增大。相比较而言：

（1）高阶等效斜视距离模型将平台的加速度信息引入距离模型，在精确描述平台与目标间相对距离的前四次变化规律的同时，部分表征平台与目标间相对距离的高次变化规律，在四种距离模型中具有最高的描述精度。

（2）等效斜视距离模型仅能精确描述平台与目标间相对距离的前两次变化规律，存在较大的三次函数残余误差，难以满足高分辨率星载 SAR 高精度成像处理的应用需求。

（3）四阶多普勒距离模型和改进等效斜视距离模型通过补偿三次项系数和四次项系数，能够获得较等效斜视距离模型更高的描述精度。

（4）四阶多普勒距离模型完全忽略了五次及五次以上变化规律，而改进等效斜视距离模型能够部分补偿高次变化规律，随着孔径时间的不断增加，改进等效斜视距离模型具有较四阶多普勒距离模型更高的描述精度。

第 4 章
星载 SAR 回波信号仿真

回波信号的数学模型和仿真模型是开展星载 SAR 系统仿真的基础,其不仅影响星载 SAR 系统建模仿真的可靠性,也影响构建模型的可扩展性。本章在分析星载 SAR 不同工作模式特点的基础上,构建了多模式星载 SAR 回波信号的统一数学模型,以此为基础,详细阐述了基于回波生成过程的星载 SAR 回波信号仿真方法和基于成像处理逆过程的星载 SAR 回波信号仿真方法。最后针对模糊区目标及三维场景目标回波信号仿真进行介绍。

4.1 星载 SAR 系统工作模式分析

星载 SAR 系统通过向地面发射电磁波信号,并接收来自地面目标的后向散射信号,完成对地面场景的探测。根据天线波束的控制规律,雷达系统的工作模式可以分为条带工作模式、聚束工作模式[92]、滑动聚束工作模式[93-94]和 TOPSAR 工作模式[95-96]。

4.1.1 条带工作模式

条带工作模式是 SAR 系统最常用的工作模式,也是 SAR 系统的标准工作模式。图 4-1 给出了条带工作模式的示意图。在工作过程中,雷达系统保持天线波束指向固定不变,各地面目标受到相同的天线波束调制,以相同的速度依次通过天线波束,经历了近似相同的照射历程。

各地面目标被天线波束照射的时间由天线 3dB 波束宽度、雷达作用距离、天线波束在地面上的移动速度和方位向斜视角决定,可表示为

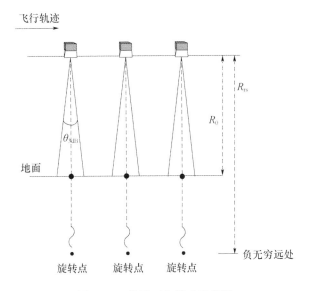

图 4-1 条带工作模式示意图

$$T_s = \frac{L_s}{V_g} \approx \frac{\lambda R_0}{V_g L_a \sin^2 \varphi} \quad (4-1)$$

式中：T_s 为雷达系统的合成孔径时间；L_s 为雷达系统的合成孔径长度；V_g 为天线波束在地面上的移动速度；λ 为发射信号的波长；L_a 为方位向天线尺寸；φ 为方位向斜视角；R_0 为参考斜视角条件下雷达系统到地面目标间的距离。

由于在工作过程中天线波束指向不发生任何变化，回波信号在任意时刻的瞬时多普勒带宽与总的多普勒带宽一致，可表示为

$$B_a \approx \frac{2V_s V_g}{\lambda R_0} \sin^2 \varphi \cdot \frac{\lambda R_0}{V_g L_a \sin^2 \varphi}$$

$$= \frac{2V_s}{L_a} \quad (4-2)$$

相应的雷达系统能实现的方位向分辨率可表示为

$$\rho_a = K_a \frac{V_g}{B_a} = K_a \frac{L_a}{2} \cdot \frac{V_g}{V_s} \quad (4-3)$$

式中：K_a 为由于各种因素导致的方位向展宽系数；$\dfrac{V_g}{V_s}$ 为地速对方位向分辨率的改善因子。

从式(4-3)可以看出，条带工作模式能获得的方位向分辨率由雷达系统方位向天线尺寸 L_a、天线波束在地面上的移动速度 V_g 以及雷达卫星飞行速度 V_s

决定。若进一步考虑低轨卫星 $\frac{V_g}{V_s} \approx 1$，雷达系统所能实现的方位向分辨率可近似表示为

$$\rho_a \approx K_a \frac{L_a}{2} \qquad (4-4)$$

此时，雷达系统能实现的方位向分辨率近似由方位向天线尺寸决定。

条带工作模式的方位向观测带宽度由雷达系统的开机工作时间、天线波束在地面上的移动速度和方位向天线波束宽度所决定。假设雷达系统的开机工作时间为 T_a，在整个工作过程中天线波束的移动距离可表示为 $V_g T_a$，考虑到处理过程中的相干积累时间为 T_s，相应的雷达系统能获得的方位向观测带宽度 S_a 可表示为

$$\begin{aligned} S_a &= V_g(T_a - T_s) \\ &= V_g T_a - \frac{\lambda R_0}{L_a \sin^2 \varphi} \end{aligned} \qquad (4-5)$$

星载 SAR 系统采用线性调频信号及脉冲压缩技术来缓解大平均发射功率与高距离向分辨率之间的矛盾，其能获得的距离向分辨率由雷达系统的发射信号带宽决定，可表示为

$$\rho_r = \frac{K_r c}{2 B_r \sin\theta_i} \qquad (4-6)$$

式中：c 为光速；K_r 为由于各种因素所导致的距离向展宽系数；B_r 为发射信号带宽；θ_i 为入射角。由式(4-6)可见，距离向分辨率反比于雷达系统的发射信号带宽，发射信号带宽越大，能获得的距离向分辨率越高。

雷达系统能获取的距离向观测带宽度由回波窗时间长度、发射信号脉冲宽度、入视角等参数共同决定，可表示为

$$S_r = (\tau_w - \tau_p) \frac{c}{2\sin\theta_i} - \frac{R_{cm}}{\sin\theta_i} \qquad (4-7)$$

式中：τ_w 为回波窗的时间长度；τ_p 为发射信号的脉冲宽度；R_{cm} 为回波信号的距离徙动量。考虑到雷达系统能获得的最大回波窗时间长度由系统脉冲重复周期及回波窗开启前和关闭后的保护带时间长度决定，此时，雷达系统能获得的最大距离向观测带宽度可表示为

$$S_r = (\tau_{prt} - 2\tau_p - \tau_{b1} - \tau_{b2}) \frac{c}{2\sin\theta_i} - \frac{R_{cm}}{\sin\theta_i} \qquad (4-8)$$

式中：τ_{prt} 为雷达系统的脉冲重复周期；τ_{b1} 和 τ_{b2} 分别为回波窗开启前和关闭后的

保护带时间。

综合式(4-2)、式(4-3)和式(4-8)可知：①为了提升雷达系统的方位向分辨率,需要减小方位向天线尺寸。然而,随着方位向天线尺寸的减小,回波信号的瞬时多普勒带宽不断增加,此时,为了避免出现多普勒模糊现象,需要提升雷达系统的脉冲重复频率；②为了增加距离向观测带宽度,需要减小雷达系统的脉冲重复频率,增加雷达系统的脉冲重复周期。显然,方位向分辨率和距离向观测带宽度对脉冲重复频率提出了相反的约束要求,条带工作模式无法同时满足这两个方面的需求。另外,减小方位向天线尺寸在提升方位向分辨率的同时,也大幅降低了雷达系统的天线增益,此时,为了保持获取雷达图像的信噪比不变,需要大幅提升雷达系统的发射功率,进一步增加了系统设计的难度。

4.1.2 聚束工作模式

聚束工作模式是一种适用于小区域、高分辨观测的成像工作模式。图4-2给出了聚束工作模式的示意图。

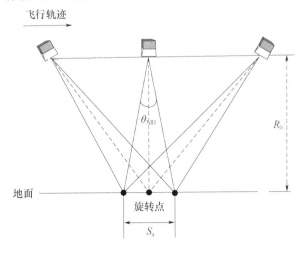

图4-2 聚束工作模式示意图

如图4-2所示,在工作过程中,雷达系统不断调整方位天线波束指向,使得天线波束始终照射同一区域,增加对目标区域的观测时间,进而获得较条带工作模式更高的空间分辨率。此时,地面场景内所有目标具有相同的天线波束照射时间,且波束照射时间不再受天线3dB波束宽度约束,而是由天线波束方位向扫描角度决定,雷达系统的合成孔径时间可表示为

$$T_s \approx \frac{R_0 \Delta\theta}{V_s \sin\varphi} \qquad (4-9)$$

式中：$\Delta\theta$ 为天线波束方位向扫描角度；V_s 为卫星的飞行速度；φ 为方位向斜视角。

场景内任意目标回波信号的多普勒带宽可近似表示为

$$B_a \approx \frac{2V_g}{\lambda} \Delta\theta \sin\varphi \qquad (4-10)$$

式中：λ 为发射信号的波长。

相应的能获得的方位向分辨率可表示为

$$\rho_a = \frac{V_g}{B_a} \approx \frac{\lambda}{2\Delta\theta \sin\varphi} \qquad (4-11)$$

从式(4-11)可以看出：

（1）聚束工作模式各目标多普勒带宽不再受天线 3dB 波束宽度限制，而是由雷达系统天线波束的方位向扫描角度决定。方位向扫描角度越大，回波信号的多普勒带宽越大，相应的能够获得更高的方位向分辨率，因此，聚束工作模式可通过增加天线波束方位向扫描角度来提升方位向分辨率。

（2）场景内不同目标具有不同的起始/终止方位波束离轴角，进而导致不同目标具有不同的方位分辨能力。考虑到聚束工作模式的照射场景通常较小，各目标起始/终止方位波束离轴角的变化相对较小，通常可忽略其带来的影响。

由于工作过程中天线波束始终照射同一目标区域，雷达系统能获得的方位向观测带宽度由方位向波束宽度决定，可近似表示为

$$S_a \approx \frac{R \cdot \theta_a}{\sin\varphi} = \frac{\lambda R_0}{L_a \sin^2\varphi} \qquad (4-12)$$

式中：θ_a 为方位向天线 3dB 波束宽度。

聚束工作模式的距离向分辨率和距离向观测带宽度与条带工作模式相同，同样由发射信号带宽、发射信号脉冲宽度、雷达系统脉冲重复周期、距离向天线波束宽度等决定。

4.1.3 滑动聚束工作模式

滑动聚束工作模式是对条带工作模式和聚束工作模式的折中，一方面通过控制天线波束指向来减缓天线波束在地面上的移动速度，增加雷达系统对地面目标的观测时间，获得较条带工作模式更高的空间分辨率；另一方面天线波束

移动能够增加雷达系统的方位向观测带宽度,进而获得较聚束工作模式更大的观测带宽度。图 4-3 给出了滑动聚束工作模式的示意图。

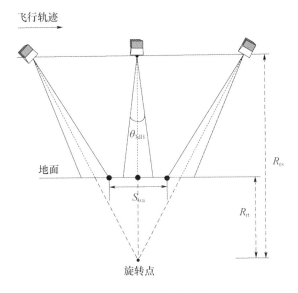

图 4-3 滑动聚束工作模式示意图

与聚束工作模式将方位向天线波束指向点始终控制在地面场景中心不同,滑动聚束工作模式将方位向天线波束指向点固定于场景中心以下的某个固定位置,此时,天线波束在地面上的移动速度可修正为

$$V_g = V_s \frac{R_{rt}}{R_{rs}} \qquad (4-13)$$

式中:R_{rt} 为旋转点到场景中心之间的距离;R_{rs} 为旋转点到飞行航迹之间的距离。

各地面目标的合成孔径时间可表示为

$$T_s = \frac{\lambda R_0}{V_s L_a \sin^2\varphi} \frac{R_{rs}}{R_{rt}} \qquad (4-14)$$

相应的雷达系统能获得的方位向分辨率可表示为

$$\rho_a \approx k_a \frac{L_a}{2} \frac{R_{rt}}{R_{rs}} \qquad (4-15)$$

滑动聚束工作模式的方位向观测带宽度由方位向天线波束扫描角度、方位向天线 3dB 波束宽度以及天线波束指向点位置共同决定。如图 4-3 所示,雷达系统的方位向观测带宽度可表示为

$$S_{wa} \approx \frac{R_{rt} \cdot \Delta\theta}{\sin\varphi} - \frac{\lambda R_0}{L_a \sin^2\varphi} \qquad (4-16)$$

式中：$\Delta\theta$ 为方位向天线波束扫描角度。

综合方位向分辨率和方位向观测带宽度两个方面可知：

(1) 滑动聚束工作模式的方位向分辨率不仅与方位向天线尺寸有关，还与天线波束指向点的位置有关。波束指向点越靠近地面场景中心，天线波束在地面上的移动速度越慢，目标被波束照射的时间越长，所能获得的方位向分辨率越高；相反，波束指向点越远离场景中心，天线波束在地面上的移动速度越接近于平台飞行速度，能获得的方位向分辨率越接近于条带工作模式的方位向分辨率。

(2) 滑动聚束工作模式的方位向观测带宽度不仅与雷达系统的开机工作时间、方位向天线 3dB 波束宽度、方位向斜视角等参数有关，还与天线波束指向点的位置有关。在相同开机工作时间的前提下，波束指向点越靠近地面场景中心，天线波束在地面上的移动速度越慢，雷达系统能获得的方位向观测带宽度越短；相反，波束指向点越远离地面场景中心，天线波束在地面上的移动速度越接近于平台飞行速度，能获得的方位向观测带宽度也越接近于条带工作模式的方位向观测带宽度。

(3) 方位向分辨率的提升和方位向观测带宽度的增加对波束指向点的位置提出了相反的要求。在相同开机工作时间的前提下，滑动聚束工作模式通过控制天线波束指向点的位置来实现对方位向分辨率和方位向观测带宽度的折中。

(4) 若保持方位向分辨率不变，雷达系统的方位向观测带宽度正比于方位向波束扫描角度，方位向波束扫描角度越大，能获得的方位向观测带宽度也越大。

4.1.4　TOPSAR 工作模式

TOPSAR 工作模式是一种宽观测带成像工作模式。与滑动聚束工作模式通过控制波束指向来减小天线波束在地面上的移动速度不同，TOPSAR 工作模式通过控制波束指向来增加天线波束在地面上的移动速度，缩短雷达系统对目标区域的观测时间，在此基础上，采用时分复用方式，将雷达系统的开机工作时间分配于相邻的不同观测区域，提升距离向观测区域的宽度，进而实现宽观测带对地观测。图 4-4 给出了 TOPSAR 工作模式的示意图。

如图 4-4 所示，雷达系统将波束旋转点控制在波束指向反向的某个固定位置，通过波束扫描增加天线波束在地面上的移动速度，此时，天线波束在地面上的移动速度、方位向孔径时间和方位向分辨率可修正为

$$V_{\mathrm{g}} = V_{\mathrm{s}} \frac{R_{\mathrm{rt}}}{R_{\mathrm{rs}}} \tag{4-17}$$

第 4 章 星载 SAR 回波信号仿真

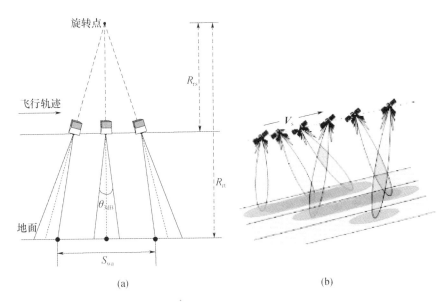

图 4-4 TOPSAR 工作模式示意图

(a) 子观测带观测示意图；(b) 波束切换示意图。

$$T_s = \frac{\lambda R_0}{V_s L_a \sin^2 \varphi} \frac{R_{rs}}{R_{rt}} \tag{4-18}$$

$$\rho_a = k_a \frac{L_a}{2} \frac{R_{rt}}{R_{rs}} \tag{4-19}$$

式中：R_{rs} 为旋转点到飞行航迹之间的距离；R_{rt} 为旋转点到场景中心之间的距离。

在 TOPSAR 工作模式中，各子块能实现的方位向观测带宽度由方位向天线波束扫描角度、方位向天线 3dB 波束宽度以及天线波束旋转点的位置共同决定。如图 4-4(a) 所示，子块图像的方位向观测带宽度可表示为

$$S_{wa} \approx \frac{R_{rt} \Delta \theta}{\sin \varphi} - \frac{\lambda R_0}{L_a \sin^2 \varphi} \tag{4-20}$$

TOPSAR 工作模式通过距离向拼接处理来实现宽观测带对地观测。如图 4-4(b) 所示，最初天线波束指向宽观测带的近端，获得该观测区域的雷达图像，然后天线波束指向下一个位置以获得该区域的雷达图像，依次类推，当雷达系统完成最远端区域的观测后，天线波束重新指向近端观测区域，并重复前面过程。此时，为了保证观测区域在方位向连续，对雷达系统时序关系提出了约束要求，整个信号周期如图 4-5 所示，其中 T 为信号周期；T_{d_i} 为波束在第 i 个观测带的驻留时间；T_c 为波位切换时间；N_B 为子观测带的数目。

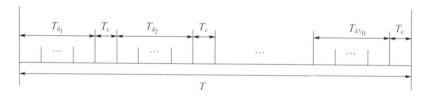

图 4-5 TOPSAR 工作模式的一个信号周期

当雷达系统完成一个完整的观测周期,需要的观测时间可表示为

$$T = \sum_{i=1}^{N_B} (T_{d_i} + T_c) \qquad (4-21)$$

为了保证方位向图像的拼接,两次扫描观测区域间必须有少量的重叠,观测周期需要满足

$$T < \frac{S_{wa}}{V_s} \qquad (4-22)$$

4.1.5 4 种工作模式对比分析

对比 4 种工作模式可知:不同工作模式的区别在于对天线波束指向的控制。为了统一描述 4 种工作模式,引入混合度因子的概念,定义为

$$H_f = \frac{R_{rt}}{R_{rs}} \qquad (4-23)$$

式中:R_{rt} 为波束旋转点到场景中心间的距离;R_{rs} 为波束旋转点到飞行航迹间的距离;下标 r 为波束旋转点;下标 s 为雷达载荷;下标 t 为地面目标。

利用混合度因子 H_f 来区分不同的雷达工作模式:

(1) 当雷达系统工作于条带工作模式时,天线波束指向无穷远处,波束旋转点到地面场景中心间的距离与波束旋转点到飞行航迹间的距离近似相等,雷达系统的混合度因子 H_f 接近于 1,表明雷达系统不对天线波束进行任何调整,天线波束在地面上的移动速度等于平台飞行速度。

(2) 当雷达系统工作于聚束工作模式时,天线波束指向地面场景中心,雷达系统的混合度因子 H_f 为 0,表明雷达系统通过控制天线波束指向将所有观测时间全部用于同一目标区域,天线波束在地面上的移动速度为 0。

(3) 当雷达系统工作于滑动聚束工作模式时,天线波束指向地面场景中心以下的某个位置,波束旋转点到地面场景中心间的距离小于波束旋转点到飞行航迹间的距离,混合度因子 H_f 为 0~1,表明雷达系统通过控制天线波束指向减缓天线波束在地面上的移动速度,增加雷达系统对地面目标的观测时间,进而获得较条带工作模式更高的空间分辨率。

（4）当雷达系统工作于 TOPS 工作模式时，天线波束旋转点位于波束指向反向的某个位置，天线波束旋转点到地面场景中心间的距离大于波束旋转点到飞行航迹间的距离，混合度因子 H_f 大于 1，表明雷达系统通过控制天线波束指向增加天线波束在地面上的移动速度，减小雷达系统对地面目标的观测时间，进而为距离向拼接处理提供支撑。

综合上述分析，利用混合度因子 H_f 来区分不同工作模式，不同工作模式混合度因子的取值范围为

$$H_f = \begin{cases} >1 & \text{TOPS 工作模式} \\ 1 & \text{条带工作模式} \\ 0 \sim 1 & \text{滑动聚束工作模式} \\ 0 & \text{聚束模式} \\ <0 & \text{逆 TOPS 工作模式} \end{cases} \quad (4-24)$$

图 4-6 对比给出了不同工作模式示意图。

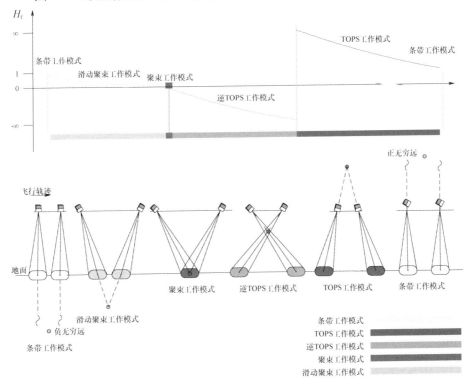

图 4-6　星载 SAR 不同工作模式对比示意图（见彩图）

如图 4-6 所示，雷达系统通过控制天线波束指向来调整天线波束照射时间在地面场景上的分配，进而获得不同的空间分辨率及成像观测幅宽。当然，上述分析并没有考虑多通道技术、DBF 技术等共性技术，这些技术可以与上述各种工作模式相结合，进一步拓展各工作模式的探测性能。

4.2 星载 SAR 回波信号数学模型

4.2.1 多模式星载 SAR 回波信号的数学模型

回波信号的数学模型是星载 SAR 系统建模仿真的基础。1982 年 Wu 提出一种普遍适用于机载 SAR 和星载 SAR 的回波信号数学模型[45]。

假设雷达系统发射的脉冲串为

$$s_t(t) = \sum_{n=-N/2}^{N/2} p(t - n\tau_{\text{prt}}) \qquad (4-25)$$

式中：每个发射脉冲为

$$p(t) = a(t)\cos[\omega t - \phi(t)]$$

$a(t)$ 是矩形窗函数，即

$$a(t) = \begin{cases} 1 & 0 \leqslant t \leqslant \tau_p \\ 0 & \text{其他} \end{cases}$$

式中：τ_p 为发射信号的脉冲宽度；τ_{prt} 为脉冲重复周期；ω 为雷达系统发射信号的载频；$N+1$ 为雷达系统发射的脉冲数目。在 SAR 系统中，通常采用线性调频信号，故有

$$\phi(t) = -\pi K_r t^2$$

式中：K_r 为发射信号的调频率。

当发射信号照射到斜距为 $R(t)$ 的地面点目标时，部分反射信号被雷达系统接收，形成对应地面目标的回波信号，此时，接收的回波信号可以表示为理想信号经过双程延迟及目标散射特性和天线方向图特性调制后的结果，可表示为

$$\begin{aligned} s_{\text{echo}}(t) &= \sigma W_a[\theta_a(t)] \cdot s_t\left[t - \frac{2R(t)}{c}\right] \\ &= \sum_{n=-N/2}^{N/2} \sigma W_a[\theta_a(t)] p\left[t - n\tau_{\text{prt}} - \frac{2R(t)}{c}\right] \end{aligned} \qquad (4-26)$$

式中：$W_a(\cdot)$ 为方位向天线方向性函数；$\theta_a(t)$ 为 t 时刻地面目标与天线相位中心连线和天线波束指向间的方位向离轴角；σ 为与目标雷达散射截面积有关的

常数;c 为光速。

回波信号由雷达接收机获取,通过混频、中放和单边带滤波器后,进入正交相干检波器,正交相干检波后输出的复信号可以表示为

$$s(t) = \sum_{n=-N/2}^{N/2} \sigma W_a[\theta_a(t)] \cdot a\left[t - n\tau_{\text{prt}} - \frac{2R(t)}{c}\right] \cdot$$
$$\exp\left\{-j\frac{4\pi}{\lambda}R(t) - j\phi\left[t - n\tau_{\text{prt}} - \frac{2R(t)}{c}\right]\right\} \quad (4-27)$$

考虑到 $W_a[\theta_a(t)]$ 和 $R(t)$ 相对于雷达发射波形而言,是时间 t 的慢变化函数,可作近似

$$W_a[\theta_a(t)] = W_a[\theta_a(n\tau_{\text{prt}})]$$
$$R(t) = R(n\tau_{\text{prt}})$$

此时,回波信号 $s(t)$ 可表示为

$$s(t) = \sum_{n=-N/2}^{N/2} \sigma W_a[\theta_a(n\tau_{\text{prt}})]\exp\left\{-j\frac{4\pi}{\lambda}R(n\tau_{\text{prt}})\right\} \cdot$$
$$a\left[t - n\tau_{\text{prt}} - \frac{2R(n\tau_{\text{prt}})}{c}\right]\exp\left\{-j\phi\left[t - n\tau_{\text{prt}} - \frac{2R(n\tau_{\text{prt}})}{c}\right]\right\}$$

$$(4-28)$$

通过变量置换,可以将一维信号 $s(t)$ 转换成二维形式。令

$$t = k\tau_{\text{prt}} + \tau$$
$$t_k = k\tau_{\text{prt}}$$

则有

$$s(\tau, t_k) = \sigma A[t_k]W_a[\theta_a(t_k)]\exp\left\{-j\frac{4\pi}{\lambda}R(t_k)\right\} \cdot$$
$$a\left[\tau - \frac{2R(t_k)}{c}\right]\exp\left\{-j\phi\left[\tau - \frac{2R(t_k)}{c}\right]\right\}$$
$$= \sigma A[t_k]W_a[\theta_a(t_k)]\exp\left\{-j\frac{4\pi}{\lambda}R(t_k)\right\}\delta\left[\tau - \frac{2R(t_k)}{c}\right]\otimes_\tau$$
$$\{a(\tau)\exp[-j\phi(\tau)]\}$$

$$(4-29)$$

式中:$\otimes_\tau$ 为对 τ 的卷积运算;$A[\cdot]$ 为矩形窗函数,表示雷达系统开机工作时间约束。当 $\sigma = 1$ 时,$s(\tau, t_k)$ 等于点目标冲激响应 $h(\tau, t_k)$。

$$h(t, t_k) = A[t_k]W_a[\theta_a(t_k)]\exp\left\{-j\frac{4\pi}{\lambda}R(t_k)\right\}\delta\left[\tau - \frac{2R(t_k)}{c}\right]\otimes_\tau$$
$$\{a(\tau)\exp[-j\phi(\tau)]\}$$
$$= h_1(\tau, t_k)\otimes_\tau h_2(\tau)$$

$$(4-30)$$

式中:$h_1(\tau,t_k)$ 和 $h_2(\tau)$ 分别为方位向冲激响应函数和距离向冲激响应函数,可表示为

$$h_1(\tau,t_k) = A[t_k]W_a[\theta_a(t_k)]\exp\left\{-j\frac{4\pi}{\lambda}R(t_k)\right\}\delta\left[\tau-\frac{2R(t_k)}{c}\right] \quad (4-31)$$

$$h_2(\tau) = a(\tau)\exp\{-j\phi(\tau)\} \quad (4-32)$$

令 $x = v \cdot k\tau_{\text{prt}}, r = \frac{c}{2}\tau, v$ 表示载体飞行速度,x 表示方位向位置,r 表示距离向位置,则冲激响应函数可表示为

$$\begin{aligned}h(r,x) &= A[x]W_a[\theta_a(x)]\exp\left\{-j\frac{4\pi}{\lambda}R(x)\right\}\delta[r-R(x)]\otimes_r\frac{2}{cv}a(r)\exp\{-j\phi(r)\}\\ &= h_1(r,x)\otimes_r h_2(r)\end{aligned}$$
$$(4-33)$$

$$h_1(r,x) = A[x]W_a[\theta_a(x)]\exp\left\{-j\frac{4\pi}{\lambda}R(x)\right\}\delta[r-R(x)] \quad (4-34)$$

$$h_2(r) = \frac{2}{cv}a(r)\exp\{-j\phi(r)\} \quad (4-35)$$

对于面散射目标,雷达系统的回波信号可以表示为各目标 $\sigma(x,r)$ 产生回波信号叠加后的结果,此时,二维回波信号可以表示为

$$\begin{aligned}s(r,x) &= [\sigma(r,x)\cdot W_r(r)]\otimes[h_1(r,x)\otimes_r h_2(r)]\\ &= [\sigma(r,x)\cdot W_r(r)\otimes h_1(r,x)]\otimes_r h_2(r)\end{aligned} \quad (4-36)$$

式中:$W_r(r)$ 为雷达系统的距离向天线方向性函数。

从式(4-36)可见:星载 SAR 回波信号可以表示为目标散射特性乘以距离向天线方向性函数,再相继与两个冲激响应函数的卷积处理结果。距离冲激响应函数 $h_2(r)$ 为距离 r 的一维函数,与方位 x 无关;方位冲激响应函数 $h_1(r,x)$ 是距离 r 和方位 x 的二维函数。需要补充说明的是,在上述回波信号数学模型的推导过程中并没有区分不同的工作模式,该回波信号数学模型适用于星载 SAR 系统的各种不同工作模式,不同工作模式回波信号的区别体现在方位向离轴角及方位向天线方向性函数的计算方式上。

4.2.2 星载 SAR 回波信号频谱分析

重新考察回波信号的数学模型

$$s(\tau,t_k) = \int\!\!\int_{-\infty}^{+\infty}\sigma(x',y')A[t_k]W_a[\theta(t_k,x',y')]\exp\left\{-j\frac{4\pi}{\lambda}R(t_k,x',y')\right\}\cdot$$

$$a\left[\tau - \frac{2R(t_k,x',y')}{c}\right] \cdot \exp\left\{-\mathrm{j}\phi\left[\tau - \frac{2R(t_k,x',y')}{c}\right]\right\}\mathrm{d}x'\mathrm{d}y'$$

(4-37)

式中:$\sigma(x',y')$ 为 (x',y') 处散射元的散射系数;$\theta(t_k,x',y')$ 为 t_k 时刻 (x',y') 处散射元与雷达天线相位中心连线的方位向离轴角;$W_a(\theta)$ 为视线夹角 θ 方向的方位向天线增益;$R(t_k,x',y')$ 为 t_k 时刻 (x',y') 处散射元到雷达天线相位中心的距离;$\sigma(x',y')\mathrm{d}x'\mathrm{d}y'$ 为 (x',y') 处微面积散射元的散射强度;λ 为雷达工作波长。

从式(4-37)可见,雷达系统接收回波信号存在 3 个幅度约束:①发射信号脉冲宽度的约束 $a(\cdot)$;②雷达系统方位向天线增益的约束 $W_a(\cdot)$;③雷达系统开机工作时间的约束 $A[\cdot]$。其中,发射信号脉冲宽度与距离向观测带宽度共同决定了雷达系统需要的回波窗时间长度,用以确保整个场景内的回波信号都能被雷达系统所接收;方位向天线增益约束 $W_a(\cdot)$ 与开机工作时间约束 $A[\cdot]$ 共同影响接收回波信号的多普勒频率分布特性,进而决定雷达系统能获得的方位向分辨率和方位向成像幅宽。下面分别分析方位向天线增益约束 $W_a(\cdot)$ 及开机工作时间约束 $A[\cdot]$ 对回波信号多普勒带宽的影响。简化星地空间几何关系如图 4-7 所示,其中 T_s 表示雷达系统的开机工作时间,S_w 表示方位向观测带宽度,R 表示雷达系统与地面场景中心之间的最短斜距。

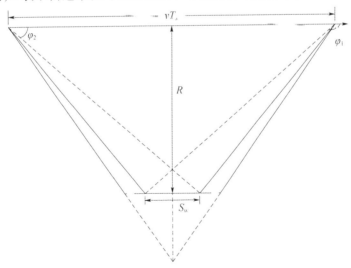

图 4-7 简化空间几何关系

若不考虑方位向天线增益约束的影响,有效场景内目标回波信号的多普勒带宽由雷达系统开机工作时间内各目标回波信号瞬时多普勒频率的最大值和

最小值决定。考虑到瞬时多普勒频率正比于斜视角的余弦值,此时,由开机工作时间决定的多普勒带宽 B_{a1} 可表示为

$$B_{a1} = \frac{2v}{\lambda} [\cos(\varphi_2) - \cos(\varphi_1)] \quad (4-38)$$

式中:v 为平台飞行速度;φ_1 和 φ_2 分别为工作过程中平台与地面目标连线和飞行方向间的最大夹角和最小夹角,可表示为

$$\varphi_1 = \pi - \tan^{-1}\left(\frac{vT_s + S_w}{2R}\right) \quad (4-39)$$

$$\varphi_2 = \tan^{-1}\left(\frac{vT_s + S_w}{2R}\right) \quad (4-40)$$

将式(4-39)和式(4-40)代入式(4-38),多普勒带宽 B_{a1} 可近似表示为

$$B_{a1} = \frac{2v}{\lambda}\left[\frac{2(vT_s + S_w)}{\sqrt{4R^2 + (vT_s + S_w)^2}}\right] \approx \frac{2v}{\lambda}\left[\frac{vT_s + S_w}{R}\right] \quad (4-41)$$

若不考虑雷达系统开机工作时间的影响,接收回波信号的多普勒带宽将由方位向天线增益函数决定,可表示为

$$B_{a2} \approx \frac{2v}{\lambda}\left[\frac{(S_{La} + S_w)|1 - H_f|}{H_f R} + \frac{S_{La}}{R}\right] \quad (4-42)$$

式中:S_{La} 为方位向天线 3dB 波束宽度所对应的地面距离;H_f 为雷达系统的混合度因子;$|\cdot|$ 为求绝对值运算。对于星载 SAR 系统而言,各种工作模式接收回波信号的多普勒带宽由两部分约束产生多普勒带宽的交集决定。

1. 聚束工作模式

当雷达系统工作于聚束工作模式时,混合度因子 $H_f = 0$,方位向天线增益确定的多普勒带宽趋于无穷大,表明:聚束工作模式回波信号的多普勒带宽由雷达系统的开机工作时间决定。考虑到聚束工作模式的方位向观测带宽度近似等于方位向天线 3dB 波束宽度照射区域,相应的回波信号的方位多普勒带宽可修正为

$$B_s \approx \frac{2v}{\lambda}\left[\frac{vT_s + S_w}{R}\right]$$
$$= \frac{2v^2 T_s}{\lambda R} + \frac{2v}{L_a} \quad (4-43)$$

回波信号的多普勒带宽由两部分构成:

(1) 聚束工作模式下方位向天线波束扫描引入的多普勒带宽 B_a,决定了各地面目标回波信号的多普勒带宽及能够实现的方位向分辨率,可表示为

$$B_a = \frac{2v^2 T_s}{\lambda R} \qquad (4-44)$$

（2）方位向天线 3dB 波束宽度对应的多普勒带宽 B_{3dB}，可表示为

$$B_{3dB} = \frac{2v}{L_a} \qquad (4-45)$$

考虑到聚束工作模式方位向观测带宽度等同于方位向天线 3dB 波束宽度对应的地面场景宽度，因此，B_{3dB} 也可表示为方位向观测带宽度对应的多普勒带宽。图 4-8 给出了聚束工作模式回波信号的频率历程。场景内所有目标占据相同的波束照射时间，但不同目标占据的多普勒频谱范围不同，整个回波信号的多普勒带宽由方位向天线波束扫描引入的多普勒带宽 B_a 和方位向天线 3dB 波束宽度对应的多普勒带宽 B_{3dB} 两部分构成。

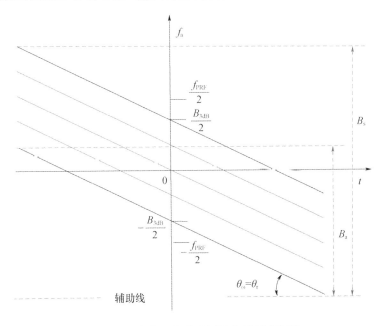

图 4-8　聚束工作模式回波信号频率历程

2. 条带工作模式

当雷达系统工作于条带工作模式时，混合度因子近似为 1，此时，由方位向天线增益函数决定的多普勒带宽 B_{3dB} 可简化为

$$B_{3dB} = \frac{2v}{\lambda} \frac{S_{La}}{R} = \frac{2v}{L_a} \qquad (4-46)$$

考虑到方位向天线 3dB 波束宽度对应的地面场景宽度 S_{La} 小于 $vT_s + S_w$，天

线增益函数决定的方位向多普勒带宽 B_{3dB} 小于开机工作时间决定的方位向多普勒带宽 B_{a_1},因此,条带工作模式回波信号多普勒带宽由方位向天线增益函数决定,反比于方位向天线尺寸,与方位向观测带宽度、开机工作时间无关。同时考虑到方位向天线增益函数的调制作用,沿方位向不同位置目标在不同时刻被天线波束照射,因此,各地面目标回波信号在时域内存在时移现象。图 4-9 给出了条带工作模式回波信号的频率历程。场景内不同目标受天线波束照射的时间不同,占据不同的时间范围,但所有目标占据相同的多普勒频带范围,且回波信号的多普勒带宽等于方位向天线 3dB 波束宽度对应的多普勒带宽。

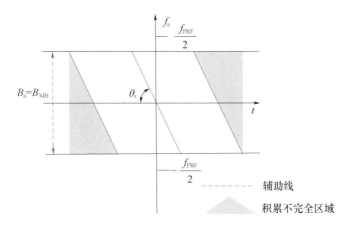

图 4-9 条带工作模式回波信号频率历程

3. 滑动聚束工作模式

当雷达系统工作于滑动聚束工作模式时,方位向天线增益函数决定的多普勒带宽 B_{a_2} 小于开机工作时间决定的多普勒带宽 B_{a_1},回波信号的多普勒带宽由方位向天线增益函数决定。考虑到滑动聚束工作模式的混合度因子小于 1,接收回波信号的多普勒带宽可简化为

$$B_s = \frac{2v}{\lambda}\left[\frac{S_{La}}{H_f R} + \frac{S_w(1-H_f)}{H_f R}\right] \qquad (4-47)$$

从式(4-47)可见:

(1) 滑动聚束工作模式回波信号的多普勒带宽由两部分所构成:①各地面目标接收回波信号的多普勒带宽,受方位向天线 3dB 波束宽度和天线波束控制规律影响,决定了雷达系统能获得的方位向分辨率;②地面场景所造成的多普勒频谱扩展,受方位向观测带宽度和天线波束控制规律影响,表征了雷达系统为实现指定方位向观测带宽度所需的方位向波束扫描角度。

(2) 两部分多普勒带宽的符号相同,表明天线波束扫描引入的多普勒调频率与各目标回波信号的多普勒调频率同相,因此,波束扫描增加了地面目标被天线波束的照射时间,增大了场景中各目标回波信号的多普勒带宽,相应的能够实现更高的方位向分辨率。

(3) 由于天线波束扫描所引入的多普勒调频率与各目标回波信号的多普勒调频率同相,天线波束宽度引入的瞬时多普勒带宽被包含在滑动聚束工作模式多普勒带宽之内,因此,天线波束宽度不会引入附加的多普勒频谱扩展。

图 4 - 10 给出了滑动聚束工作模式回波信号的频率历程。场景内不同目标回波信号既存在时间上的偏移,又存在频谱上的偏移。回波信号的多普勒带宽由各目标回波信号的多普勒带宽 B_a 和地面场景的多普勒频谱扩展 B_w 构成。天线波束扫描引入的多普勒调频率与场景内各目标回波信号的多普勒调频率同相,增加了地面目标被天线波束的照射时间,因此,滑动聚束工作模式各目标占据的时间范围大于对应条带工作模式各目标占据的时间范围。

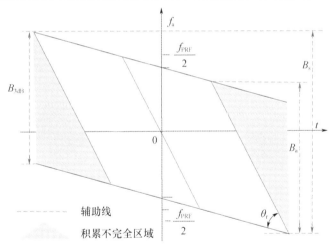

图 4 - 10 滑动聚束工作模式回波信号频率历程

4. TOPSAR 工作模式

当雷达系统工作于 TOPSAR 工作模式时,方位向天线增益函数决定的多普勒带宽 B_{a_2} 小于开机工作时间决定的多普勒带宽 B_{a_1},回波信号的多普勒带宽由方位向天线增益函数决定。考虑到 TOPSAR 工作模式的混合度因子大于 1,接收回波信号多普勒带宽可简化为

$$B_s = \frac{2v}{\lambda}\left[-\frac{S_{La}}{H_f R} + \frac{S_w(H_f - 1)}{H_f R} + \frac{2S_{La}}{R} \right] \qquad (4-48)$$

从式(4-48)可见：

(1) TOPSAR 工作模式回波信号的多普勒带宽由 3 个部分构成：①各地面目标接收回波信号的多普勒带宽，受方位向天线 3dB 波束宽度和天线波束控制规律影响，决定了雷达系统能够获得的方位向分辨率；②地面场景造成的多普勒频谱扩展，受方位向观测带宽度和天线波束控制规律影响，表征了雷达系统为实现指定方位向观测带宽度所需的方位向波束扫描角度；③天线波束宽度引入的多普勒频谱扩展，考虑到左右两侧均存在多普勒频率扩展，该项因子存在系数 2。

(2) 前两部分多普勒带宽的符号相反，表明天线波束扫描引入的多普勒调频率与各目标回波信号的多普勒调频率反相，缩短了地面目标被天线波束的照射时间，进而为距离向波束切换提供支撑。

(3) 由于天线波束扫描所引入的多普勒调频率与各目标回波信号的多普勒调频率反相，天线波束宽度引入的瞬时多普勒带宽并不包含在观测目标区域回波信号多普勒带宽之内，因此，天线波束宽度会造成多普勒频谱扩展。

图 4-11 给出了 TOPSAR 工作模式回波信号的频率历程。场景内不同目

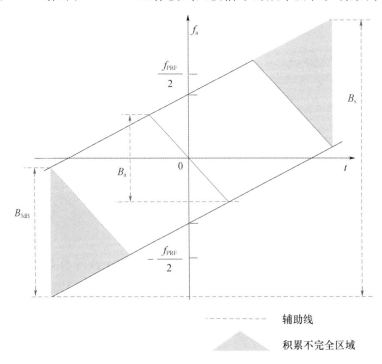

图 4-11　TOPSAR 工作模式回波信号频率历程

标回波信号间既存在时间上的偏移,又存在频谱上的偏移。回波信号的多普勒带宽由各地面目标多普勒带宽 B_a、地面场景的多普勒频谱扩展 B_w、方位向天线 3dB 波束宽度所对应的多普勒带宽 B_{3dB} 等 3 部分构成。另外,由于天线波束扫描引入的多普勒调频率与场景内各目标回波信号的多普勒调频率反相,缩短了地面目标被天线波束的照射时间,为实现距离向波束切换提供了支撑。

4.3 星载 SAR 回波信号仿真模型

回波信号仿真大致可以分为两种思路:第一种思路从星载 SAR 回波生成的物理过程入手,通过模拟星载 SAR 回波信号产生的实际物理过程来实现回波信号的仿真[97-98];第二种思路从星载 SAR 系统的角度入手,将星载 SAR 系统看作一个线性系统,回波信号的生成过程可等效为以地面场景数据作为输入,经过星载 SAR 线性系统后得到系统输出响应的过程,并且认为该过程同星载 SAR 成像处理是互逆的过程,通过构造成像处理逆过程来实现星载 SAR 回波信号的仿真[47,74,99]。相比之下,第一类仿真方法的模型精度更高,且能够灵活的模拟各种星载 SAR 系统误差,但其仿真计算量随场景规模成比例增长;第二类仿真方法的运算量较小,仿真速度较快,但仿真精度相对较低,同时难以注入各种星载 SAR 系统误差。本节针对这两类回波信号仿真方法分别进行介绍。

4.3.1 基于回波生成过程的星载 SAR 回波信号仿真方法

假设雷达系统发射一串相干脉冲并接收,相干接收后的视频复信号 $s(\tau,t)$ 可表示为

$$s(\tau,t) = \sum_{i=1}^{N} \sigma_i(x,y) W_a(\theta(t,x,y)) \exp\left\{-j\frac{4\pi}{\lambda}R(t,x,y)\right\} \cdot a\left[\tau - \frac{2R(t,x,y)}{c}\right] \cdot$$

$$\exp\left\{-j\phi\left[\tau - \frac{2R(t,x,y)}{c}\right]\right\} + n(t)$$

(4-49)

式中:$\sigma(x,y)$ 为 (x,y) 处散射元的散射系数;$\theta(t,x,y)$ 为 t 时刻 (x,y) 处的散射元与天线瞄准线之间的视线夹角;$W_a(\theta)$ 为视线夹角 θ 方向的方位向天线增益;λ 为雷达的工作波长;$R(t,x,y)$ 为 t 时刻 (x,y) 处散射元到雷达天线相位中心的距离;N 为场景中包含的散射点数目;$n(t)$ 为接收机系统噪声。

由式(4-49)可以看出,除散射元视线夹角 θ 和散射元到天线相位中心的

距离(以下称之为视线距离)$R(t,x,y)$未知外,其他均是已知量,信号模拟的主要工作是如何确定散射元的视线距离和视线夹角。由于视线夹角本身又是视线距离矢量$\boldsymbol{R}(t,x,y)$的函数,因此,信号仿真工作主要集中在如何确定视线距离矢量$\boldsymbol{R}(t,x,y)$上。

视线距离是地球形状、卫星轨道、天线视角、雷达在空间的位置、卫星姿态等因子的函数。综合考虑地球椭球体、卫星椭圆轨道、卫星姿态误差、天线波束误差等诸多因素的影响,视线距离的计算比较复杂。如果直接在惯性参照系(不转动地心坐标系)中建立直角坐标系去计算视线距离,需要解一元四次方程,若进一步考虑摄动效应的影响,计算将更加复杂。为了简化计算,采用坐标转换的方法,将散射元的位置从场景坐标系转换到天线坐标系中,在天线坐标系内计算天线相位中心与地面目标间的视线距离和视线夹角,实现回波信号的精细仿真。

4.3.1.1 模型关键参数的仿真计算

前提约定:

(1)选择不转动地心坐标系作为惯性参考系。

(2)假定地球是绕短轴以ω_e匀速转动的规则椭球体,地球表面上某点的位置可由其经度Λ和纬度Φ来确定。

(3)不考虑摄动效应的影响,假定卫星在牛顿引力作用下沿开普勒轨道绕地球运动,其运动轨道是以地心为一个焦点、长轴为a,偏心率为e的椭圆。卫星椭圆轨道同地球的空间几何关系由6个轨道要素来确定。

(4)假定雷达天线瞄准线指向卫星运动方向的右侧,其天线视角为θ_L。

(5)卫星的姿态角为偏航角θ_y、俯仰角θ_p、滚转角θ_r。

1. 确定仿真中心时刻 t

图4-12给出了星载SAR空间几何关系示意图。图4-12(a)中粗虚线表示卫星的轨道,卫星位于轨道上的某一位置S,其波束中心与地球表面相交于P点,卫星S与地心O连线与地表相交于E点,经过北极点P_N和P点的经线与赤道相交于A点,经过北极点P_N和E点的经线与赤道相交于B点,C点所对应的经度表示卫星轨道的升交点赤经,K点对应于卫星轨道的近地点。DE表示雷达卫星的星下点轨迹,经过P点做与星下点轨迹DE平行的曲线PD',北极点P_N、D和D'点在同一经线上,与赤道相交于F点。$\angle POA = L$表示波束指向点的纬度;$\angle PSO = \theta_L$表示天线视角;$\angle COK = \omega$表示近地点幅角;$\angle FOD = i$表示轨道倾角;$\angle POE = \varphi$表示地心角。

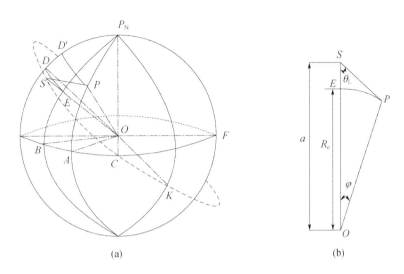

图 4-12 星载 SAR 空间几何关系图

(a)空间几何关系示意图;(b)波束视角平面示意图。

提取卫星位置 S、波束与地表交点 P 以及地心 O 构成一个三角形,如图 4-12(b) 所示,在该平面内计算地心角 φ,可表示为

$$\varphi = \arcsin\left(\frac{a}{R_e}\sin\theta_L\right) - \theta_L \tag{4-50}$$

式中:a 为卫星的轨道半长轴;R_e 为地球的平均半径;θ_L 为天线视角。

图 4-13 给出了卫星星下点轨迹和天线波束瞄准点轨迹投影示意图,其中 $P_N'O$ 与 DOE 平面垂直,并与地球表面相较于 P_N' 点。以此为基础,可以计算获得 $\gamma_1 = \angle P_N O'P$ 和 $\gamma_2 = \angle D'O'P$,即

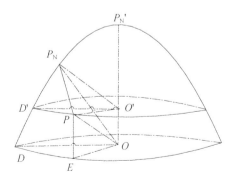

图 4-13 卫星星下点轨迹和天线波束瞄准点轨迹投影示意图

$$\gamma_1 = \arccos\left(\frac{K_T^2 + \cos^2\varphi - 2 + 2\cos(90 - L_1)}{2\cos\varphi K_T}\right) \quad (4-51)$$

$$\gamma_2 = \arccos\left(\frac{\cos\gamma_1}{\cos\varphi}\right) \quad (4-52)$$

式中:L_1 为仿真场景处的纬度;

$$K_T = \sqrt{[\sin(i-90) - \sin\varphi]^2 + [\cos(i-90)]^2} \quad (4-53)$$

此时,对应的升交点幅角 μ 可表示为

$$\mu = \begin{cases} \dfrac{\pi}{2} - \gamma_2 & \text{卫星上行} \\ \dfrac{\pi}{2} + \gamma_2 & \text{卫星下行} \end{cases} \quad (4-54)$$

相应的可以确定波束照射指定纬度 L_1 时,真近心角 θ 和偏心角 E 的相互关系为

$$\theta = \mu - \omega \quad (4-55)$$

$$E = 2\arctan\left[\sqrt{\frac{1-e}{1+e}}\tan\left(\frac{\theta}{2}\right)\right] \quad (4-56)$$

式中:ω 为近地点幅角;e 为卫星轨道的偏心率。在此基础上,根据偏心角 E 与平均近心角 M 间的关系,确定波束指向指定纬度 L_1 时雷达系统在卫星轨道上的平均近心角 M,进而确定波束指向指定纬度的时刻,即仿真中心时刻 t,可表示为

$$M = E - e\sin E \quad (4-57)$$

$$t = \tau_0 + M\sqrt{\frac{a^3}{\mu}} \quad (4-58)$$

式中:τ_0 为雷达系统的过近心点时刻。

2. 确定仿真场景中心的位置

仿真场景中心是仿真中心时刻天线波束与地球表面的交点,其位置的确定涉及卫星位置、天线波束指向和地球椭球模型,若直接在转动地心坐标系内求解仿真场景中心位置,难以获得精确的解析解,为此可采用坐标转换的方式来简化场景中心的确定难度。假设雷达系统的仿真中心时刻为 t,利用开普勒轨道方程式(3-1)、式(3-14)和式(3-15),确定该时刻卫星的真近心角 θ 和极矢径 r,以此为基础,确定雷达卫星在不转动地心坐标系内的位置矢量(x_{os}, y_{os}, z_{os}),可表示为

$$\begin{pmatrix} x_{\text{os}} \\ y_{\text{os}} \\ z_{\text{os}} \end{pmatrix} = \boldsymbol{A}_{\text{ov}} \cdot \begin{pmatrix} r\cos\theta \\ r\sin\theta \\ 0 \end{pmatrix} \quad (4-59)$$

仿真场景中心点为天线波束与地球表面的交点,其位于天线坐标系的 Y 轴上。若以天线坐标系为参考,假设场景中心点与雷达天线相位中心之间的间距为 y,则在天线坐标系内场景中心的坐标可表示为 $(0,y,0)$,该矢量反映了场景中心相对于天线相位中心间的位置关系。若将该矢量与卫星质心的位置矢量以及天线相位中心相对于卫星质心的位置矢量相叠加,即可获得场景中心相对于地心的位置矢量。考虑到各矢量在不同坐标系内定义,需要将所有矢量转换到相同的坐标系内,为了便于后续分析,采用转动地心坐标系作为参考坐标系来进行分析,此时,场景中心在转动地心坐标系内的位置矢量可表示为

$$\begin{pmatrix} x_{\text{go}} \\ y_{\text{go}} \\ z_{\text{go}} \end{pmatrix} = \boldsymbol{A}_{\text{go}}\boldsymbol{A}_{\text{ov}}\boldsymbol{A}_{\text{vr}}\boldsymbol{A}_{\text{re}}\boldsymbol{A}_{\text{ea}} \begin{pmatrix} 0 \\ y \\ 0 \end{pmatrix} + \boldsymbol{A}_{\text{go}} \begin{pmatrix} x_{\text{os}} \\ y_{\text{os}} \\ z_{\text{os}} \end{pmatrix} + \boldsymbol{A}_{\text{go}}\boldsymbol{A}_{\text{ov}}\boldsymbol{A}_{\text{vr}}\boldsymbol{A}_{\text{re}} \begin{pmatrix} x_e \\ y_e \\ z_e \end{pmatrix} \quad (4-60)$$

式中:(x_e,y_e,z_e) 为在卫星星体坐标系内天线相位中心相对于卫星质心之间的位置矢量。若已知仿真中心时刻天线相位中心的位置 (x_e,y_e,z_e),则式(4-60)右端仅变量 y 为未知量。同时,考虑到仿真场景中心位于地球表面,将该位置矢量代入地球椭球方程可以求解变量 y,进而获得仿真场景中心的位置矢量 $(x_{\text{go}},y_{\text{go}},z_{\text{go}})$。

相应的,仿真场景中心的经度 Λ 和纬度 Φ 可分别表示为

$$\tan\Lambda = \frac{y_{\text{go}}}{x_{\text{go}}} \quad (4-61)$$

$$\sin\Phi = \frac{z_{\text{go}}}{\sqrt{x_{\text{go}}^2 + y_{\text{go}}^2 + z_{\text{go}}^2}} \quad (4-62)$$

3. 计算回波信号的多普勒参数

由开普勒方程得到 t 时刻真近心角 θ 和矢径 r,进而获得卫星的位置矢量 $\boldsymbol{R}_s$、速度矢量 $\boldsymbol{V}_s$、加速度矢量 $\boldsymbol{A}_s$ 和加速度变化率矢量 $\dot{\boldsymbol{A}}_s$,分别为

$$\boldsymbol{R}_s = \begin{pmatrix} x_{\text{os}} \\ y_{\text{os}} \\ z_{\text{os}} \end{pmatrix} = \boldsymbol{A}_{\text{ov}} \begin{pmatrix} r\cos\theta \\ r\sin\theta \\ 0 \end{pmatrix} \quad (4-63)$$

$$\boldsymbol{V}_{\mathrm{s}} = \begin{pmatrix} V_{\mathrm{sx}} \\ V_{\mathrm{sy}} \\ V_{\mathrm{sz}} \end{pmatrix} = \sqrt{\frac{\mu}{a(1-e^2)}} \boldsymbol{A}_{\mathrm{ov}} \begin{pmatrix} -\sin\theta \\ e + \cos\theta \\ 0 \end{pmatrix} \qquad (4-64)$$

$$\boldsymbol{A}_{\mathrm{s}} = \begin{pmatrix} A_{\mathrm{sx}} \\ A_{\mathrm{sy}} \\ A_{\mathrm{sz}} \end{pmatrix} = -\frac{\mu(1+e\cos\theta)^2}{a^2(1-e^2)^2} \boldsymbol{A}_{\mathrm{ov}} \begin{pmatrix} \cos\theta \\ \sin\theta \\ 0 \end{pmatrix} \qquad (4-65)$$

$$\dot{\boldsymbol{A}}_{\mathrm{s}} = \begin{pmatrix} \dot{A}_{\mathrm{sx}} \\ \dot{A}_{\mathrm{sy}} \\ \dot{A}_{\mathrm{sz}} \end{pmatrix} = \frac{\mu^{3/2} \cdot (1+e\cos\theta)^3}{[a(1-e^2)]^{7/2}} \boldsymbol{A}_{\mathrm{ov}} \begin{bmatrix} \sin\theta + 3e \cdot \cos\theta \cdot \sin\theta \\ -\cos\theta + e \cdot (2\sin^2\theta - \cos^2\theta) \\ 0 \end{bmatrix}$$

$$(4-66)$$

式中:μ 为地球的引力参数。

假定 $\boldsymbol{A}_{\mathrm{go}} = \boldsymbol{I}$(地球不转动地心坐标系 E_{o} 与转动的地心坐标系 E_{g} 重合),瞄准点在不转动地心坐标系中的位置矢量可表示为

$$\boldsymbol{R}_{\mathrm{t}} = \begin{pmatrix} x_{\mathrm{t}} \\ y_{\mathrm{t}} \\ z_{\mathrm{t}} \end{pmatrix} = \boldsymbol{A}_{\mathrm{ov}} \boldsymbol{A}_{\mathrm{vr}} \boldsymbol{A}_{\mathrm{re}} \boldsymbol{A}_{\mathrm{ra}} \begin{pmatrix} 0 \\ R_{\gamma} \\ 0 \end{pmatrix} + \begin{pmatrix} x_{\mathrm{os}} \\ y_{\mathrm{os}} \\ z_{\mathrm{os}} \end{pmatrix} + \boldsymbol{A}_{\mathrm{ov}} \boldsymbol{A}_{\mathrm{vr}} \boldsymbol{A}_{\mathrm{re}} \begin{pmatrix} x_{\mathrm{e}} \\ y_{\mathrm{e}} \\ z_{\mathrm{e}} \end{pmatrix} \qquad (4-67)$$

式中:R_{γ} 为瞄准点在天线坐标系中的 Y 轴坐标,$R_{\gamma} = |\boldsymbol{R}_{\gamma}|$。

考虑到地球的转动角速度矢量为 $\boldsymbol{\omega}_e = [0, 0, \omega_e]^{\mathrm{T}}$,则瞄准点处的速度矢量 $\boldsymbol{V}_{\mathrm{t}}$、加速度矢量 $\boldsymbol{A}_{\mathrm{t}}$、加速度变化率矢量 $\dot{\boldsymbol{A}}_{\mathrm{t}}$ 分别为

$$\boldsymbol{V}_{\mathrm{t}} = \begin{pmatrix} V_{\mathrm{tx}} \\ V_{\mathrm{ty}} \\ V_{\mathrm{tz}} \end{pmatrix} = \boldsymbol{\omega}_e \times \boldsymbol{R}_{\mathrm{t}} = \begin{pmatrix} -\omega_e y_{\mathrm{t}} \\ \omega_e x_{\mathrm{t}} \\ 0 \end{pmatrix} \qquad (4-68)$$

$$\boldsymbol{A}_{\mathrm{t}} = \begin{pmatrix} A_{\mathrm{tx}} \\ A_{\mathrm{ty}} \\ A_{\mathrm{tz}} \end{pmatrix} = \boldsymbol{\omega}_e^2 \cdot \boldsymbol{R}_{\mathrm{t}} = \begin{pmatrix} -\omega_e^2 x_{\mathrm{t}} \\ -\omega_e^2 y_{\mathrm{t}} \\ 0 \end{pmatrix} \qquad (4-69)$$

$$\dot{\boldsymbol{A}}_{\mathrm{t}} = \begin{pmatrix} \dot{A}_{\mathrm{tx}} \\ \dot{A}_{\mathrm{ty}} \\ \dot{A}_{\mathrm{tz}} \end{pmatrix} = \boldsymbol{\omega}_e^3 \cdot \boldsymbol{R}_{\mathrm{t}} = \begin{pmatrix} \omega_e^3 y_{\mathrm{t}} \\ -\omega_e^3 x_{\mathrm{t}} \\ 0 \end{pmatrix} \qquad (4-70)$$

以此为基础,通过矢量运算处理,获得卫星平台与地面目标之间的相对位置矢量$\boldsymbol{R}_{st}$、相对速度矢量$\boldsymbol{V}_{st}$、相对加速度矢量$\boldsymbol{A}_{st}$和相对加速度变化率矢量$\dot{\boldsymbol{A}}_{st}$,可表示为

$$\boldsymbol{R}_{st} = \begin{pmatrix} x_t - x_{os} \\ y_t - y_{os} \\ z_t - z_{os} \end{pmatrix} \tag{4-71}$$

$$\boldsymbol{V}_{st} = \begin{pmatrix} V_{tx} - V_{sx} \\ V_{ty} - V_{sy} \\ V_{tz} - V_{sz} \end{pmatrix} \tag{4-72}$$

$$\boldsymbol{A}_{st} = \begin{pmatrix} A_{tx} - A_{sx} \\ A_{ty} - A_{sy} \\ A_{tz} - A_{sz} \end{pmatrix} \tag{4-73}$$

$$\dot{\boldsymbol{A}}_{st} = \begin{pmatrix} \dot{A}_{tx} - \dot{A}_{sx} \\ \dot{A}_{ty} - \dot{A}_{sy} \\ \dot{A}_{tz} - \dot{A}_{sz} \end{pmatrix} \tag{4-74}$$

在获得卫星平台与地面目标间的相对位置矢量$\boldsymbol{R}_{st}$、相对速度矢量$\boldsymbol{V}_{st}$、相对加速度矢量$\boldsymbol{A}_{st}$及相对加速度变化率矢量$\dot{\boldsymbol{A}}_{st}$后,代入式(3-42)~式(3-45),即可获得回波信号的多普勒参数。

4. 设置地面场景

由于地面场景中各散射元位于地球表面上,用户提供的场景坐标系为平面坐标系,散射元位置相对于场景中心给出,场景中心的经度为Λ_0、纬度为Φ_0,散射元相对于场景中心的位置为(x_i, y_i),所以在模拟时可假定场景平面坐标系与过场景中心(Λ_0, Φ_0)的当地水平面重合,且X轴沿南北方向,指北为正,Y轴沿东西方向,指东为正。用在地球表面上、离场景中心南北距离为x_i,东西距离为y_i的点S_i代替场景坐标系中的散射元i。

地球表面上点S_i的经度、纬度及在转动地心坐标系中的坐标(x_{gt}, y_{gt}, z_{gt})分别为

$$\Phi_t = \Phi_0 + x_i \frac{\sqrt{E_b^2 \cos^2 \Phi_0 + E_a^2 \sin^2 \Phi_0}}{E_a E_b} \tag{4-75}$$

$$\Lambda_t = \Lambda_o + y_i \frac{\sqrt{E_b^2 \cos^2 \Phi_0 + E_a^2 \sin^2 \Phi_0}}{E_a E_b \cos \Phi_0} \quad (4-76)$$

$$x_{gt} = \frac{E_a E_b \cos \Phi_t \cos \Lambda_t}{\sqrt{E_b^2 \cos^2 \Phi_t + E_a^2 \sin^2 \Phi_t}} \quad (4-77)$$

$$y_{gt} = \frac{E_a E_b \cos \Phi_t \sin \Lambda_t}{\sqrt{E_b^2 \cos^2 \Phi_t + E_a^2 \sin^2 \Phi_t}} \quad (4-78)$$

$$z_{gt} = \frac{E_a E_b \sin \Phi_t}{\sqrt{E_b^2 \cos^2 \Phi_t + E_a^2 \sin^2 \Phi_t}} \quad (4-79)$$

式中:E_a 为地球的半长轴;E_b 为地球的半短轴。

地球表面上点 S_i 在天线坐标系中的坐标可表示为

$$\begin{pmatrix} x_{at} \\ y_{at} \\ z_{at} \end{pmatrix} = \boldsymbol{A}_{ae} \boldsymbol{A}_{er} \boldsymbol{A}_{rv} \boldsymbol{A}_{vo} \boldsymbol{A}_{og} \begin{pmatrix} x_{gt} \\ y_{gt} \\ z_{gt} \end{pmatrix} - \boldsymbol{A}_{ae} \boldsymbol{A}_{er} \boldsymbol{A}_{rv} \boldsymbol{A}_{vo} \begin{pmatrix} x_{os} \\ y_{os} \\ z_{os} \end{pmatrix} - \boldsymbol{A}_{ae} \begin{pmatrix} x_e \\ y_e \\ z_e \end{pmatrix} \quad (4-80)$$

视线距离 R_t 和视线夹角 θ_t 分别为

$$R_t = (x_{at}^2 + y_{at}^2 + z_{at}^2)^{1/2} \quad (4-81)$$

$$\theta_t = \arcsin \left[\frac{x_{at}^2 + z_{at}^2}{x_{at}^2 + y_{at}^2 + z_{at}^2} \right]^{1/2} \quad (4-82)$$

4.3.1.2 多模式星载 SAR 回波信号仿真流程

结合上述介绍的关键参数计算方法,即可开展星载 SAR 回波信号仿真处理。考虑到不同工作模式回波信号的区别主要体现在方位向天线方向性函数的调制方式不同,可以采用相同的仿真流程来完成不同工作模式回波信号的仿真处理。图 4-14 给出了基于回波生成过程的多模式星载 SAR 回波信号仿真处理流程。回波信号仿真过程包含两大部分:①以用户输入的轨道参数、姿态参数、地面场景位置为基础,构建雷达系统的星地空间几何模型,确定各收/发时刻雷达天线相位中心与各地面目标之间的相对距离矢量;②以雷达天线相位中心与各地面目标之间相对距离矢量为基础,结合雷达系统的波束控制规律和天线方向性函数,计算各时刻各目标回波信号的距离延迟、多普勒相位及天线方向增益,并结合雷达系统发射信号参数及回波信号数学模型,生成目标场景的回波信号。具体仿真处理流程如下:

(1) 接收用户输入的仿真参数,包括轨道参数、天线参数、载荷参数、地面场景参数等输入参数。以卫星轨道参数为基准,结合雷达系统的工作视角和地

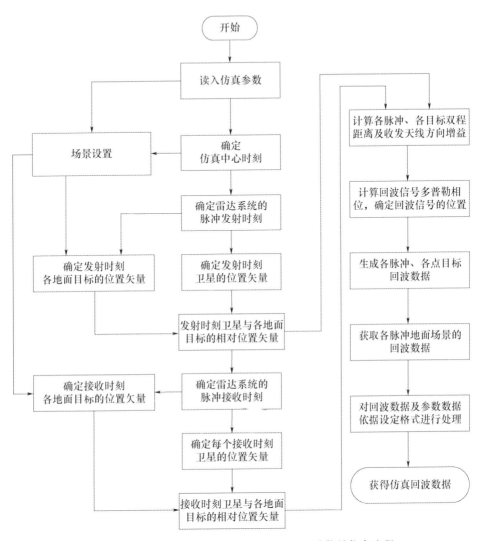

图 4-14 基于回波生成过程的星载 SAR 回波信号仿真流程

面场景的纬度,利用式(4-50)至式(4-58)确定雷达系统照射指定纬度的时刻,并将该时刻设置为仿真中心时刻。

(2) 以卫星轨道参数和仿真中心时刻为基础,确定仿真中心时刻波束指向点的经纬度,并结合用户输入的地面场景参数设置地面场景,明确场景内各地面目标的位置及散射特性。

(3) 以仿真中心时刻为基准,结合用户输入的脉冲重复周期或脉冲重复周期变化规律,确定雷达系统的发射脉冲时刻,并计算各脉冲发射时刻卫星的位置矢量、地面目标的位置矢量以及雷达天线相位中心与地面目标间的相对位置矢量。

（4）结合发射时刻卫星平台与地面目标间的相对距离及雷达平台的运动参数，确定回波信号的接收时刻以及接收时刻卫星的位置矢量、地面目标位置矢量和雷达天线相位中心与地面目标间的相对位置矢量。

（5）以收/发时刻雷达天线相位中心与地面目标间的相对位置矢量为基础，将相对位置矢量转换到天线坐标系内，计算雷达天线相位中心与各地面目标间的双程延迟距离，以及方位向和距离向相对于天线波束指向的离轴角。

（6）以收/发时刻雷达天线相位中心与各地面目标间的双程延迟距离为基础，计算各目标回波信号的多普勒相位以及回波信号在接收回波窗中的位置。以收/发时刻雷达天线相位中心与各地面目标间的相对位置矢量为基础，确定位置矢量相较于天线波束指向的方位向和距离向离轴角，计算各目标的收/发天线方向增益。

（7）以计算获得的各目标收/发天线方向增益、多普勒相位及收发双程延迟距离为基础，结合式(4-49)给出的回波信号数学模型，生成各发射脉冲所对应的各目标回波信号。

（8）将场景内各目标回波信号进行叠加处理，获得对应地面场景的回波信号。结合雷达系统的等效噪声系数等相关指标，生成相应的系统热噪声，叠加到回波信号中，并将仿真回波信号转换为指定数据格式，完成星载 SAR 接收回波信号的仿真处理。

从上述对仿真过程的介绍可知，在仿真过程中需要逐个脉冲计算各地面目标的回波信号。当仿真对象为大场景分布目标时，回波信号仿真处理将面临超大的运算压力。结合回波信号的数学模型可知，雷达系统接收到的回波信号可以看成是目标散射特性乘以距离向天线方向性函数后，再相继与距离冲激响应函数和方位冲激响应函数进行卷积处理的结果。因此，为了进一步提升回波信号的仿真速度，可采用卷积运算方式来替换逐个目标生成线性调频信号，大幅提升仿真处理的运算效率。考虑到在卷积处理过程中，存在默认的量化取整步骤，不可避免会引入量化误差。为了减小量化处理带来的影响，通常采用 32 倍或 64 倍增采样处理来减小量化误差对回波信号仿真的影响。

4.3.2 基于成像处理逆过程的星载 SAR 回波信号仿真方法

为了能够真实地反映回波信号的动态范围、模糊区目标以及各种非理想因素对高分辨率星载 SAR 图像质量的影响，往往需要对大规模（广域）地面场景进行回波信号仿真。基于回波生成过程的星载 SAR 回波信号仿真方法能够精确模拟高分辨率星载 SAR 的回波信号,但计算量十分巨大。基于成像处理逆过程的星载 SAR 回波信号仿真方法将星载 SAR 系统看成是一个线性系统,回波信号的生成可等效为以地面场景数据作为输入,经过星载 SAR 线性系统后得到的系统输出响应。图 4-15 给出了基于成像处理逆过程的星载 SAR 回波信号快速仿真流程框图。

图 4-15 基于成像处理逆过程的星载 SAR 回波信号仿真流程

由图 4-15 可知,基于成像处理逆过程的回波信号仿真方法主要包含两个步骤:①将贴附于地球表面的地面场景映射到方位-斜距平面,生成方位-斜距平面后向散射强度图;②将方位-斜距平面后向散射强度图作为逆 Chirp Scaling 算法处理过程的输入,生成最终的仿真回波信号。

4.3.2.1 方位-斜距平面后向散射强度图像快速仿真

后向散射强度图像仿真的主要任务是将地面场景目标由地球表面映射到星载 SAR 的方位-斜距平面上,形成后向散射强度图。这种映射主要包括地面场景目标空间几何位置的转换和后向散射强度的计算,而后向散射强度同雷达天线入射角度相关,因此映射的主要工作集中在将地面场景目标由地球表面向方位-斜距平面的转换上。

由于高分辨率星载 SAR 空间几何关系复杂,难以直接得到从地球表面到方位-斜距平面的精确映射关系。本节参考 4.3.1 节中基于回波生成过程的星载 SAR 回波信号仿真方法,建立一种能精确描述地面场景从地球表面到方位-斜距平面对应关系的空间几何转换方法。

后向散射强度图像仿真方法如下:

(1) 根据卫星、地球和场景目标散射元的空间几何关系,计算任意时刻 t 散射元 $\sigma(x,y)$ 到天线相位中心的方位向和距离向天线离轴角。

(2) 选取使方位向天线离轴角为 0 的时刻 t_0 对应的方位向位置 x' 作为散射元 $\sigma(x,y)$ 在方位-斜距平面的方位向位置,而该时刻散射元 $\sigma(x,y)$ 到天线相位中心的视线距离 r 作为散射元在方位-斜距平面的斜距向位置。

（3）基于小面单元模型，计算所在小面单元的法向矢量 $\boldsymbol{\gamma}_\sigma$，根据 $\boldsymbol{\gamma}_\sigma$ 和 t_0 时刻散射元到天线相位中心的视线矢量确定相应的入射角，再根据场景的散射特性、雷达极化方式等因素确定散射元 $\sigma(x,y)$ 的后向散射系数 γ。

经过上述步骤可将散射元 $\sigma(x,y)$ 映射成方位－斜距平面上的散射元 $\gamma(x',r)$，其中方位－斜距平面的斜距方向对应于地球表面的方向同信号发射天线的距离向波束照射方向一致，地球表面到方位－斜距平面的映射关系如图4－16所示。

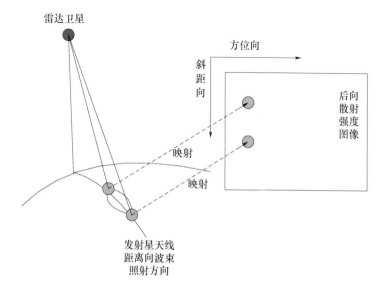

图4－16 地球表面到方位－斜距平面的映射关系示意图

对于包含多个散射元的地面场景，按照上述方法仿真方位－斜距平面后向散射强度图像，在每一个脉冲时刻都要计算每个散射元的视线距离、视线夹角等参数，计算量随散射元数目的增加而增加，当进行广域场景回波仿真时，计算量和运算时间将非常巨大。注意到对于每个散射元，其方位向离轴角随时间的变化都是从正值经过0变化到负值的一个过程，可采用基于散射元方位向顺序依次映射的优化仿真方法，减少仿真计算量。通常，作为输入的地面场景是沿平行卫星飞行方向和垂直飞行方向排列的二维散射元矩阵，如图4－17所示。图4－18给出了后向散射强度图像快速仿真流程。

为了叙述方便，选取沿卫星飞行方向排列的一行散射元 A_1R_1、A_2R_1、$\cdots$、A_NR_1 描述优化仿真方法的过程：

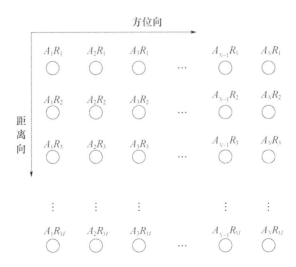

图 4-17 地球表面到方位-斜距平面的映射关系示意图

(1) 在第一个脉冲时刻,首先计算散射元 A_1R_1 的视线距离和方位向天线离轴角。如果 A_1R_1 的方位向天线离轴角大于 0,说明该脉冲时刻方位向波束中心还没有经过散射元 A_1R_1,将其标记为"当前计算散射元";如果 A_1R_1 的方位向天线离轴角小于或等于 0,说明该脉冲时刻方位向波束中心已经扫过散射元 A_1R_1,则继续依次计算散射元 A_2R_1、A_3R_1……直到某散射元方位向天线离轴角大于 0,并将该散射元标记为"当前计算散射元",并进行下一个脉冲时刻的计算。

(2) 对于每个脉冲时刻 $t_k(k \geqslant 0)$,计算"当前计算散射元"A_nR_1 的视线距离和方位向天线离轴角,如果方位向天线离轴角大于 0,说明该脉冲时刻天线方位向波束中心仍没有扫过该散射元,保持散射元 A_nR_1 仍然为"当前计算散射元",进行下一个脉冲时刻 t_{k+1} 的计算;如果方位向天线离轴角小于或等于 0,说明 t_k 时刻天线方位向波束中心已经扫过散射元 A_nR_1,则比较 t_k 和上一个脉冲时刻 t_{k-1} 散射元 A_nR_1 方位向天线离轴角的绝对值,取绝对值小的脉冲时刻作为散射元 A_nR_1 在方位-斜距平面后向散射强度图中的方位向位置,而该脉冲时刻散射元到雷达卫星的视线距离作为散射元 A_nR_1 在方位-斜距平面后向散射强度图中的距离向位置,散射元 A_nR_1 的后向散射强度也可以相应计算得到。同时将散射元 $A_{n+1}R_1$ 作为新的"当前计算散射元",并重复上述过程。

当计算到最后一个脉冲时刻 t_k,整个仿真过程完成,得到方位-斜距平面的后向散射强度图像 $\gamma(x', r)$。

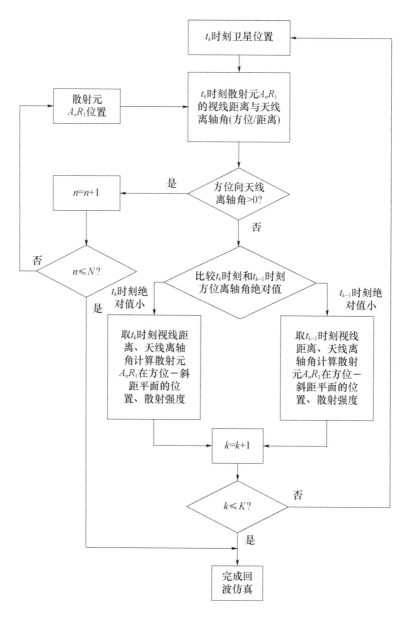

图 4-18 后向散射强度图像快速仿真流程

4.3.2.2 基于逆 Chirp Scaling 算法的回波信号快速仿真

按照上节仿真得到的后向散射强度图像并不等同于 SAR 图像[12]，主要区别在于 SAR 图像受到雷达系统带宽和方位向天线方向图调制的影响，而仿真得到的后向散射强度图像并没有受到这种影响。因此，回波仿真的第二步是将系统带宽限制和方位向天线方向图调制影响注入到后向散射强度图像之中。

设后向散射强度图像 $\gamma(x',r)$，系统发射的线性调频信号 $p(\tau)$，方位向天线方向图 $W_a(t)$。利用变量替换将散射强度图像转换到二维时域空间 $\gamma(t,\tau)$，经过二维傅里叶变换得到二维频域图像信号 $\Gamma(f_a,f_\tau)$，$p(\tau)$ 和 $W_a(t)$ 分别经距离向和方位向傅里叶变换得到 $P(f_\tau)$ 和 $W_A(f_a)$。取 $P(f_\tau)$ 和 $W_A(f_a)$ 的幅度同 $\Gamma(f_a,f_\tau)$ 在频域相乘，再经二维傅里叶逆变换生成注入雷达系统带宽和方位向天线方向图影响的后向散射强度图像 $\gamma'(t,\tau)$。

$$\gamma'(t,\tau) = F^{-1}\{\Gamma(f_a,f_\tau) \cdot |P(f_\tau)| \cdot |W_A(f_a)|\} \quad (4-83)$$

接下来按照 Chirp Scaling 算法[101-102]的逆过程对 $\gamma'(t,\tau)$ 进行处理，其仿真处理流程如图 4-19 所示，其中各因子表达式为

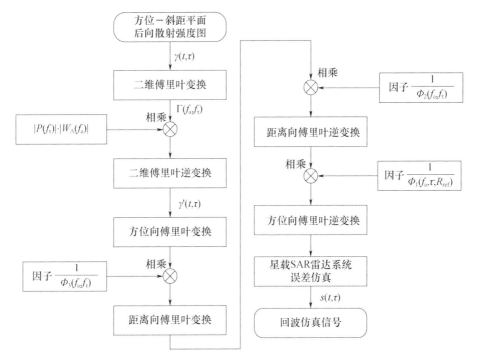

图 4-19 基于逆 Chirp Scaling 算法的回波信号仿真流程

$$\Phi_3(f_a,\tau) = \exp\left\{-j\frac{4\pi R}{\lambda}\left[1 - \sin\varphi \cdot \sqrt{1-\left(\frac{\lambda f_a}{2v}\right)^2}\right]\right\} \cdot \quad (4-84)$$
$$\exp\{j[\Theta_1(f_a) + \Theta_2(f_a;R)]\}$$

$$\Phi_2(f_a,f_\tau) = \exp\left\{-j\frac{\pi f_\tau^2}{b_r(f_a;R_{\text{ref}})[1+C_s(f_a)]}\right\} \cdot \quad (4-85)$$

$$\exp\left\{j\frac{4\pi}{c}R_{\text{ref}}C_s(f_a)f_\tau\right\}$$

$$\Phi_1(f_a,\tau;R_{\text{ref}}) = \exp\{-j\pi b_r(f_a;R_{\text{ref}}) \cdot C_s(f_a)[\tau-\tau_{\text{ref}}(f_a)]^2\} \quad (4-86)$$

式中各符号含义见第 6 章。

经过逆 Chirp Scaling 算法处理,得到仿真的星载 SAR 回波信号 $s(t,\tau)$。

4.4 模糊区域目标回波信号仿真

SAR 采用脉冲工作体制,其接收的回波信号除了包含来自观测区域的有用回波信号外,部分观测带外的无用信号通过天线旁瓣被雷达系统接收,从而对观测区域回波信号产生干扰,形成模糊现象。为了定量化表征模糊能量对获取 SAR 图像的影响,需要结合星载 SAR 的空间几何关系,模拟模糊区域目标的回波信号,并与观测区域回波信号相结合,生成雷达系统的接收回波信号。

为了适应模糊区域回波信号的特点,对回波信号数学模型做如下修改,即

$$s(r_E,x_E) = \left[\sigma\left(r_E+\frac{nc\tau_{\text{prt}}}{2},x_E-nv_g\tau_{\text{prt}}\right) \cdot W_r\left(r_E+\frac{nc\tau_{\text{prt}}}{2}\right)\right]\otimes \quad (4-87)$$
$$[h_1(r_E,x_E)\otimes_r h_2(r_E)]$$

$$h_1(r_E,x_E) = W_a(x_E-nv_g\tau_{\text{prt}})\exp\left\{-j\frac{4\pi}{\lambda}R(x_E-nv_g\tau_{\text{prt}})\right\}\delta\left[r_E+\frac{nc\tau_{\text{prt}}}{2}-R(x_E-nv_g\tau_{\text{prt}})\right]$$

$$h_2(r_E) = \frac{2}{cv}a\left(r_E+\frac{nc\tau_{\text{prt}}}{2}\right)\exp\left[-j\phi\left(r_E+\frac{nc\tau_{\text{prt}}}{2}\right)\right]$$

式中:r_E 和 x_E 分别为距离向位置和方位向位置,与 r 和 x 的位置关系为

$$\begin{cases} x = x_E - nv_g\tau_{\text{prt}} \\ r = r_E + \frac{nc\tau_{\text{prt}}}{2} \end{cases} \quad (4-88)$$

式中:v_g 为天线波束在地面上的移动速度;τ_{prt} 为雷达系统的脉冲重复周期;n 为模糊区域编号,若 $n=0$ 时,回波信号模型退化为式(4-36)模式。

4.4.1 模糊区域的定位

根据模糊区域形成的原因,模糊区域与观测区的参数具有如下关系:距离向

模糊区与观测区的多普勒频率相等,距离延迟时间相差整数个脉冲重复周期;方位向模糊区与观测区的斜距相等,多普勒频率相差整数个脉冲重复频率。因此,在已知观测区域斜距和多普勒频率的条件下,可以获得模糊区域的斜距和多普勒频率,此时,结合多普勒定位原理可以获得模糊区域的位置信息。图 4 – 20 给出了多普勒定位空间几何关系示意图。

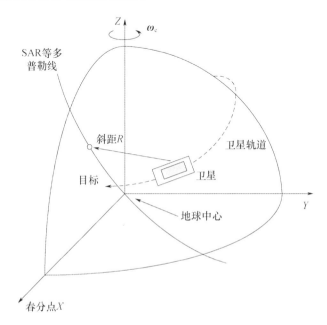

图 4 – 20 多普勒定位空间几何关系示意图

假设目标区域场景中心的斜距和多普勒频率分别为 R_{ref} 和 $f_{a,\text{ref}}$,对应模糊区域的斜距和多普勒频率可表示为

$$\begin{cases} R_F = R_{\text{ref}} + i \cdot \dfrac{c \cdot \tau_{\text{prt}}}{2} \\ f_F = f_{a,\text{ref}} + j \cdot f_{\text{PRF}} \end{cases} \quad (4-89)$$

式中:i 为距离向第 i 个模糊区;j 为方位向第 j 个模糊区;且 i 和 j 不能同时等于 0。

模糊区域满足如下方程:

(1) 模糊区域与卫星平台之间的斜距满足如下距离方程

$$\boldsymbol{R}_F = |\boldsymbol{R}_s - \boldsymbol{R}_{F,t}| \quad (4-90)$$

式中:$\boldsymbol{R}_s$ 为卫星在不转动地心坐标系中的位置矢量;$\boldsymbol{R}_{F,t}$ 为模糊目标在不转动地心坐标系中的位置矢量;$\boldsymbol{R}_F$ 为卫星和模糊目标之间的距离矢量。

(2) 模糊区域的多普勒频率满足如下多普勒方程

$$f_F = \frac{2}{\lambda R}(\boldsymbol{V}_s - \boldsymbol{V}_{F,t}) \cdot (\boldsymbol{R}_s - \boldsymbol{R}_{F,t}) \qquad (4-91)$$

式中:λ 为发射信号的波长;$\boldsymbol{V}_s$ 为卫星在不转动地心坐标系中的速度矢量;$\boldsymbol{V}_{F,t}$ 为模糊目标在不转动地心坐标系中的速度矢量,可由地球的自转速度矢量 $\boldsymbol{\omega}_e$ 和模糊目标在不转动地心坐标系的位置矢量 $\boldsymbol{R}_{F,t}$ 计算得到。

(3) 模糊目标位于地球表面,坐标满足地球椭球方程,可表示为

$$\frac{x_{F,p}^2}{E_a^2} + \frac{y_{F,p}^2}{E_a^2} + \frac{z_{F,p}^2}{E_b^2} = 1 \qquad (4-92)$$

式中:E_a 为地球的半长轴;E_b 为地球的半短轴。

联合式(4-90)~式(4-92),对于地面上任意给定斜距及多普勒频率的模糊目标而言,上述三个方程中仅存在三个未知量,也即模糊目标的位置矢量 $(x_{F,p}, y_{F,p}, z_{F,p})$,通过联立上述三个方程可求解出三个位置变量,进而确定模糊目标在不转动地心坐标系中的位置。

4.4.2 模糊区域回波信号仿真处理[103]

在确定目标位置和模糊目标位置的基础上,采用 4.3.1 节中介绍的基于回波生成过程的星载 SAR 回波信号仿真方法,可以仿真包含观测区域目标和模糊区域目标的星载 SAR 回波信号。图 4-21 给出了模糊区域回波信号仿真流程图。

如图 4-21 所示,与观测区域回波信号仿真相比,增加了两个步骤:①计算模糊区目标的位置矢量;②计算模糊区目标的回波信号。具体仿真步骤如下:

(1) 结合卫星轨道参数及地面场景的位置信息,确定雷达系统照射目标区域的时间,并将该时间设置为仿真中心时刻。

(2) 根据卫星轨道参数、仿真中心时刻、雷达工作视角,确定目标区域场景中心的位置,并结合卫星平台的位置矢量、速度矢量以及目标区域场景中心的位置矢量、速度矢量,计算场景中心的斜距及多普勒中心频率。

(3) 利用目标区域场景中心的斜距及多普勒中心频率,利用式(4-90)~式(4-92)确定模糊区域场景中心在不转动地心坐标系中的位置矢量。

(4) 结合地面场景的参数以及目标区域场景中心位置矢量、模糊区域场景中心位置矢量,设置地面目标场景和模糊目标场景中各散射点的强度信息和位置信息。

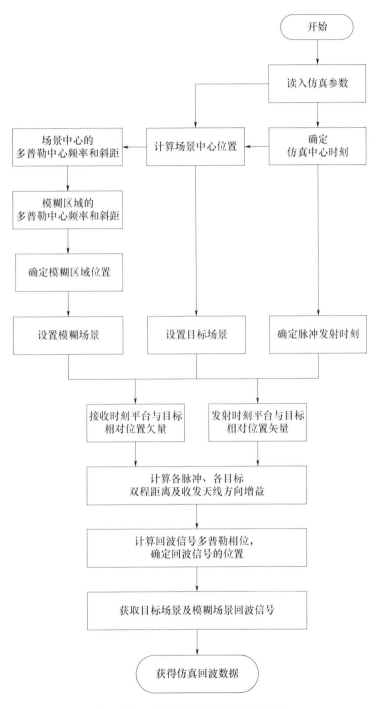

图 4-21 模糊区域回波信号仿真流程

（5）依据用户输入的轨道参数和雷达系统参数，确定雷达系统的各脉冲发射时刻及该时刻卫星平台的位置矢量，结合地面场景的位置信息，确定各脉冲发射时刻卫星平台与地面目标间的相对位置矢量。

（6）确定场景目标及模糊目标的延迟脉冲数目，计算各目标回波信号的接收时刻，以及接收时刻卫星平台与各地面目标的相对位置矢量。

（7）确定场景目标和模糊目标的双程延迟时间和收发天线方向增益，以此为基础，计算各目标回波信号的多普勒相位、回波信号位置和收/发天线方向增益，生成各发射脉冲对应的各目标回波信号。

（8）将各目标回波信号进行叠加处理，获得涵盖目标区域回波信号和模糊区域回波信号的回波数据，将获取的回波数据依据设定的数据格式进行存储转换，生成最终的回波信号。

4.5　三维场景目标回波信号仿真

SAR系统在距离向通过计算电磁波往返目标需要的时间来测量目标与雷达之间的距离。若满足远场条件，则可以将电磁波看作是平面假设，此时地面距离和斜距近似呈现线性关系，通过斜地转换处理可将获取的斜距图像转换为地距图像，进而获得地面目标场景的二维图像。然而，当地面场景存在高程起伏时，会导致地面目标与天线相位中心间的间距发生变化，进而导致获取图像产生畸变现象。SAR图像的几何畸变主要分为三种：迎坡缩短（Foreshortening）、顶底倒置（Layover）和遮挡（Shadowing）效应，如图4-22所示。

雷达系统按照时间序列记录回波信号，对于面向雷达波束的坡面而言，其在斜距平面上的投影距离小于对应地平面在斜距平面上的投影距离，导致获取图像出现距离向压缩现象，即雷达图像上显示的斜坡长度小于实际长度，该现象称为迎坡缩短，如图4-22（a）所示。当前坡（斜坡迎着雷达波束的照射方向）坡度小于入射角度θ或者后坡（斜坡背向雷达波束照射方向）坡度小于$90°-\theta$时出现迎坡缩短现象，且前坡的收缩比后坡严重。当前坡坡度大于入射角度θ时，坡顶比坡底更接近雷达，此时，在获取雷达图像中表现为坡顶和坡底位置颠倒，该现象称为顶底倒置，如图4-22（b）所示。当雷达波束到达坡顶和坡底的距离一样时，坡顶和坡底的回波信号同时被雷达系统接收，在雷达图像上显示为同一个点。沿着直线传播的雷达波束受到高大目标的遮掩，导致部分区域回

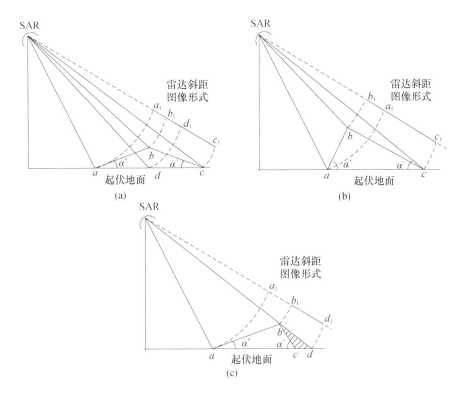

图 4-22 SAR 图像中的几何畸变示意图
(a)迎坡缩短;(b)顶底倒置;(c)遮挡效应。

波信号无法被雷达系统接收,在获取雷达图像中体现为暗区,该现象称为遮挡效应,如图 4-22(c)所示。

4.5.1 数字高程的分形插值

三维场景仿真需要获取各像素点的数字高程和目标散射特性。然而,实测获得的三维高程数据难以满足高精度仿真的应用需求,需要通过插值处理来生成精细的地面场景,满足高精度信号仿真的应用需求。理论上,自然表面在不同尺度都具有统计自相似性,可以采用分形布朗运动模型来进行描述,将分形布朗运动模型应用于数字高程的插值处理,可以获得精细化的数字高程数据。

假设场景坐标系中的任意一点坐标为 (x,y),$z(x,y)$ 为该点对应的数字高程,则根据分形布朗模型有[104-105]

$$F(\zeta) = p\left[\frac{z(x+\Delta x, y+\Delta y) - z(x,y)}{\|(\Delta x, \Delta y)\|^{F_H}} < \zeta\right] \qquad (4-93)$$

式中:$F(\zeta)$ 为随机变量 ζ 的累积概率密度函数,服从 $N(0,F_\sigma^2)$ 的高斯分布,平坦区域的 F_σ 值较小,陡峭区域的 F_σ 值较大;参数 F_H 为自相似参数,用来描述地面的粗糙程度,满足 $0<F_H<1$,平滑区域的值较大,粗糙区域的值较小;$\|(\Delta x,\Delta y)\|=\sqrt{\Delta x^2+\Delta y^2}$ 为样本的采样间隔。根据分形布朗场的随机统计特性,可以得出式(4-93)的等价表示为

$$\ln\{E[|z(x+\Delta x,y+\Delta y)-z(x,y)|]\}-F_H\ln\{\|(\Delta x,\Delta y)\|\}=\ln C$$

(4-94)

式中:$E(\cdot)$ 为求数学期望;C 为随机变量的均值,可表示为 $C=\dfrac{2F_\sigma}{(2\pi)^{1/2}}$。以式(4-94)为基准,利用线性回归模型,提取直线的斜率 F_H 和截距 $\ln C$,获取分形参数。在确定分形参数的基础上,利用分形插值完成数字高程的插值处理。图 4-23 给出了分形插值处理示意图。

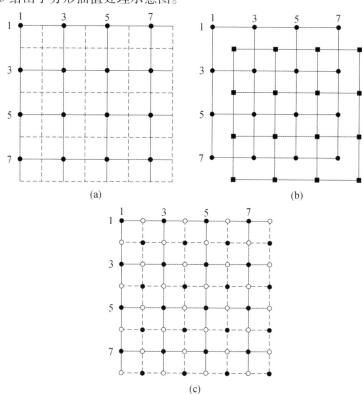

图 4-23 分形插值处理示意图

(a)初始采样位置;(b)奇数位置插值结果;(c)偶数位置插值结果。

假设初始 DEM 数据矩阵大小为 $M \times N$。首先,建立一个大小为 $2M \times 2N$ 的空矩阵,将原始 DEM 数据放置在矩阵行列坐标都为奇数的位置上(图 4.23(a)中黑色实心圆圈所示);然后,利用分形内插公式(4 - 95)得到行列坐标全是偶数位置的高程值[51,109](图 4.23(b)中黑色矩形所示)

$$z(i,j) = \frac{1}{4}(z(i-1,j-1) + z(i+1,j-1) + z(i-1,j+1) + z(i+1,j+1))$$
$$+ \sqrt{1 - 2^{2F_H - 2}} \parallel \Delta x \parallel^{F_H} F_\sigma \cdot G$$

(4 - 95)

式中:G 为服从 $N(0,1)$ 分布的随机变量;F_σ 和 F_H 为自然场景的分形维数特征量;$\parallel \Delta x \parallel$ 为 DEM 矩阵的样本间距。

最后,利用内插公式(4 - 96)得到行列坐标中有一个为偶数位置的高程值(图 4.23(c)中空心圆圈所示)

$$z(i,j) = \frac{1}{4}(z(i,j-1)) + z(i+1,j) + z(i-1,j) + z(i,j+1)) \quad (4 - 96)$$
$$+ 2^{-F_H/2}\sqrt{1 - 2^{2F_H - 2}} \parallel \Delta x \parallel^{F_H} F_\sigma \cdot G$$

至此完成一级插值,得到插值一次的结果。

每次插值处理后,DEM 矩阵大小变为插值前的 2 倍,网格间距变为插值前的 1/2。根据实际需求,可重复此插值过程,完成二级插值,三级插值,……,直到得到符合精度要求的精细 DEM 数据为止。

4.5.2 三维场景散射建模

三维地面场景可以看作是由大量小面元组成的,地面场景的电磁散射特性正是所有小面元后向散射场相干叠加的结果[107]。采用小面元模型来获取目标后向散射系数,图 4 - 24 给出了小面元空间几何关系示意图。坐标 $O_i - XYZ$ 是三维空间中的任意一个小面元 α 的局部坐标系,S 表示雷达平台位置。此时,小面元所在平面方程可表示为

$$H_{i,j} = pi\Delta x + qj\Delta y + z \quad (4 - 97)$$

式中:p 为 X 轴方向上的斜率;q 为 Y 轴方向上的斜率;z 为小面元中心的高度;Δx 为沿着 X 轴方向上的采样间隔;Δy 为沿着 Y 轴方向上的采样间隔。

采用最小二乘法求解参数 p、q、z,拟合小面元的最佳方程,即

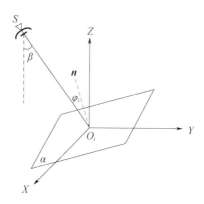

图 4-24 小面元空间几何关系

$$\min F(p,q,z) = \sum_{i=0}^{M-1} \sum_{j=0}^{N-1} (H_{i,j} - h_{i,j})^2 \\ = \sum_{i=0}^{M-1} \sum_{j=0}^{N-1} (pi\Delta x + qj\Delta y + z - h_{i,j})^2 \quad (4-98)$$

式中:$h_{i,j}$ 为散射点的真实高度。利用小面元平面方程,可以获得小面元所在平面的单位法向矢量 $\boldsymbol{n}$,可表示为

$$\boldsymbol{n} = \sqrt{\frac{1}{1+p^2+q^2}}[p,q,-1] \quad (4-99)$$

与此同时,计算天线相位中心与小面元间的入射矢量 $\boldsymbol{k}_i$

$$\boldsymbol{k}_i = \frac{\boldsymbol{SO}_i}{|\boldsymbol{SO}_i|} \quad (4-100)$$

则电磁波在小面元上的局部入射角可表示为

$$\varphi_i = \arccos(\boldsymbol{k}_i \cdot \boldsymbol{n}) \quad (4-101)$$

结合雷达系统的工作频段、极化方式以及目标场景类型,采用 Ulaby 提出的目标散射系数的经验模型,地面目标散射特性可表示为[108]

$$\sigma_0 = P_1 + P_2\exp\{-P_3\varphi_i\} + P_4\cos(P_5\varphi_i + P_6) \quad (4-102)$$

式中:$P_1 \sim P_6$ 为模型参数,模型参数选取参见参考文献[108]。

4.5.3 目标场景遮挡效应

对地形结构遮挡区域的判断是一个相当复杂的过程,大幅增加回波信号仿真的运算量。目前,解决遮挡区域判断问题的方法主要有下视角比较算法、Z-Buffer 算法等。

1. 下视角比较算法[109]

下视角比较法通过对波束进行细分,比较波束照射下不同目标的下视角,进而判断目标的遮挡情况。图 4-25 给出了雷达波束角度划分示意图,其中图 4-25(a)给出了波束在方位向的划分示意图,图 4-25(b)给出了波束在距离向的划分示意图。

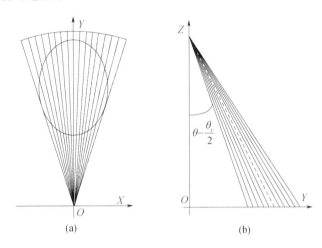

图 4-25 雷达波束角度划分的示意图

(a)方位向波束划分示意图;(b)距离向波束划分示意图。

假设雷达波束中心下视角为 θ_L,中心斜距为 R_s,方位向波束宽度为 θ_a、距离向波束宽度为 θ_r,小面元地面投影的方位向采样间隔为 ρ_a,距离向采样间隔为 ρ_r,则雷达波束方位向划分数量为

$$N_a = \text{ceil}\left(\frac{R_s \theta_a}{\rho_a}\right) \tag{4-103}$$

式中:ceil(·)为向上取整。雷达波束的距离向划分数量为

$$N_r = \text{ceil}\left\{\frac{R_s \cos\theta_L \left[\tan\left(\theta_L + \frac{\theta_r}{2}\right) - \tan\left(\theta_L - \frac{\theta_r}{2}\right)\right]}{\rho_r}\right\} \tag{4-104}$$

经过雷达波束划分后,可采用下视角比较法来确定阴影区域,图 4-26 给出了任意时刻波束指向线的剖面示意图。

假设当前分析点为 P_m,计算当前分析点的下视角 θ_m,并通过比较 P_m 点的下视角 θ_m 与该像素之前像素点的最大下视角 $\theta_{\max}$ 来确定 P_m 点是否被遮挡。如果 $\theta_m < \theta_{\max}$,表明 P_m 点被遮挡;否则,表明 P_m 点没有被遮挡。引入遮挡函数的概念,定义如下

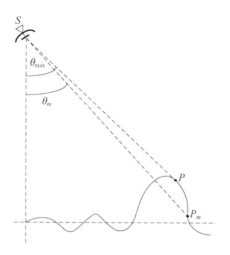

图 4-26 任意时刻波束指向线的剖面示意图

$$\text{Lighted}(\varphi, r_g) = \begin{cases} 1, \text{照亮区域} \\ 0, \text{阴影区域} \end{cases} \quad (4-105)$$

式中：φ 为当前点的方位角度；r_g 为当前点的地距。若已知当前小面元的后向散射系数 σ_i，则在考虑阴影判断后小面元的后向散射系数变为 $\sigma_i \cdot \text{Lighted}(\varphi, r_g)$。综上所述，遮挡区域判断的详细过程如下所述：

（1）将某一方位时刻的雷达波束进行角度划分。

（2）选定某一方位角度，计算地距最近点的下视角为 θ，并令 $\theta_{\max} = \theta$，该点的遮挡函数值为 1，$m = 1$，指向下一个点。

（3）计算当前点的下视角为 θ，比较 $\theta_{\max}$、θ。若 $\theta \leq \theta_{\max}$，则当前点的遮挡函数为 0，否则遮挡函数为 1；令 $\theta_{\max} = \max(\theta, \theta_{\max})$，$m$ 的值累加 1，指向下一个点。

（4）循环执行（3），直至 $m = N_r$，选定下一方位角度。

（5）循环执行（2）~（4），直至遍历所有的方位角度后结束。

2. Z-Buffer 算法

Z-Buffer 算法是目前主流的遮挡检测算法之一，其通过比较同一视线上不同点距离雷达位置的远近来进行判断，距离雷达远的目标将会被距离雷达近的目标所遮挡。图 4-27 给出了任意时刻波束指向线的剖面示意图，其中 S 表示雷达位置，O 表示地面场景中心，黑色粗实线表示三维场景。

如图 4-27 所示，过场景中心点做视线的垂线 MN，并采用式（4-103）和式（4-104）所示的天线波束划分方法将该直线进行网格化分。以该直线为基准，将场景中所有目标沿波束方向投影到该直线上，并计算场景目标点到投影

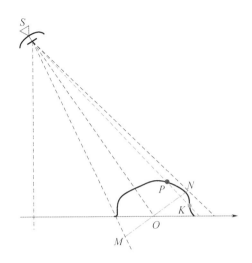

图 4 – 27   Z – Buffer 处理示意图

点之间的距离(远离雷达方向为正,靠近雷达方向为负)。若某一网格点上存在多个投影点时,比较各目标点到投影点的距离,将距离最近点的遮挡函数设置为 1,其余点的遮挡函数设置为 0;若只有一个目标点投影到该网格内时,将该目标点的遮挡函数设置为 1。当完成所有目标点的投影分析后,可以得到场景内所有目标点的遮挡函数值,将其与小面元后向散射系数 σ_i 相乘,获得考虑阴影判断后的小面元后向散射系数。综上所述,遮挡区域判断的详细过程如下:

(1) 提取某一方位时刻雷达波束视线方向的垂直平面,通过波束划分将该平面进行网格化处理,并将网格内所有值初始化为无穷大。

(2) 依次将场景内所有目标点沿波束方向投影到垂直平面上,计算目标点到投影点之间的距离,并将该距离与网格内数值进行比较。若目标点到投影点间的距离小于网格内数值,用其替换网格内的数值,并保留该目标点的位置及散射信息。

(3) 遍历场景内所有目标点,网格内保留的目标点为被天线波束照射到的像素点,其遮挡函数设置为 1,其余目标点均被遮挡,遮挡函数设置为 0,完成遮挡效应的判断。

当完成遮挡效应判断后,综合 4.5.1 节中获得的三维坐标和 4.5.2 节中获得的目标散射特性,共同构建三维目标场景的散射特性,将其代入 4.3.1 节中介绍的回波信号仿真方法,即可完成三维场景回波信号的仿真处理。

第 5 章
信息传输链路仿真

SAR 系统通过发射线性调频信号,并接收目标的后向散射信号完成对地探测。接收到的回波信号不仅受地面目标散射特性影响,也受信息传输链路的影响。为了精细模拟星载 SAR 系统接收的回波信号,需要分析信息传输链路中各环节对接收信号的影响。本章结合星载 SAR 回波信号的生成过程,从卫星平台特性、有效载荷特性、天线系统特性、大气传输特性入手,分析各环节因素对接收信号的影响,并构建各环节因素的仿真模型,实现高分辨率星载 SAR 回波信号的精细仿真。

5.1 卫星平台特性仿真

卫星平台特性是星载 SAR 回波信号仿真的基础,直接影响天线相位中心与地面目标之间的相对位置矢量,进而影响回波信号的仿真精度。卫星平台特性对回波信号的影响可以分为两个方面:运动特性和姿态特性。平台运动特性影响天线相位中心与地面目标间相对距离的变化规律,导致仿真回波数据的多普勒相位偏离实际回波数据;平台姿态特性将在回波信号中引入附加的幅度调制,导致仿真回波数据的方向图调制偏离实际回波数据。

5.1.1 平台运动特性仿真

5.1.1.1 平台运动特性影响分析[85]

平台运动特性的影响可以分为两个方面:①受各种摄动力的作用导致卫星运动轨迹偏离开普勒轨道模型。若利用开普勒轨道模型进行回波信号仿真,将造成仿真中的平台运行轨迹偏离实际运行轨迹,进而影响回波数据的仿真精度;②受轨道测量技术影响,导致测量获取的星历参数存在偏差,该偏差并不影响回波信号生成,但会造成解算多普勒参数产生偏差,进而影响后续成像仿真。

卫星在轨道上始终受空间环境中各种摄动力的作用,包括地球形状非球形和质量不均匀产生的附加引力、高层大气的气动力、太阳和月球的引力、太阳光照射压力等。在摄动力作用下,卫星轨道不再遵循二体轨道模型,其周期、偏心率、升交点赤经和倾角不断地变化。在分析天体(地球、太阳、月亮)对卫星的引力作用时,通常采用引力位函数(或称势函数)[85],即引力场在空间任何一点的位函数 U,处在该点上单位质量卫星受到的引力 $\boldsymbol{F}$ 可表示为

$$\boldsymbol{F} = \mathrm{grad} U \tag{5-1}$$

此位函数与坐标系的选择无关。如天体的质量 m 集中于一点时,其位函数为

$$U_o = \frac{Gm}{r} \tag{5-2}$$

式中:G 为引力常数;r 为集中质点到空间某点的距离。均匀质量的圆球天体对外部各点的位函数与整个球体质量集中于中心时的位函数相同,它的梯度方向总是指向球中心,这也是二体问题的基础。当考虑地球、太阳、月亮等摄动力时,位函数由两部分构成

$$U = U_o + R \tag{5-3}$$

式中:R 为摄动力的位函数,也称为摄动函数。此时,卫星的运动方程可表示为

$$\ddot{\boldsymbol{r}} = -\frac{Gm}{r^3}\boldsymbol{r} + \mathrm{grad} R \tag{5-4}$$

根据所研究的问题,运动方程式(5-4)的具体形式各不相同,可直接用摄动力表示或用摄动函数表示,轨道参数可以表示成球坐标形式或轨道要素。

1. 卫星轨道要素的摄动方程

定义第二卫星轨道坐标系 Ox_o', Oy_o', Oz_o',其原点在卫星质心上,坐标轴 Ox_o',Oy_o',Oz_o' 的单位矢量分别对应于 $\boldsymbol{\mu}_r, \boldsymbol{\mu}_t, \boldsymbol{\mu}_n$。其中,$\boldsymbol{\mu}_r$ 表示沿地心距方向,$\boldsymbol{\mu}_t$ 表示在卫星瞬时轨道平面内垂直于 $\boldsymbol{\mu}_r$,$\boldsymbol{\mu}_n$ 与瞬时轨道平面的法线平行,如图 5-1 所示。

在此坐标系内,摄动力可分解为径向 F_r、横向 F_t、法向 F_n 三个分量,即摄动力可写成

$$\begin{aligned}\boldsymbol{F}' &= \mathrm{grad} R \\ &= F_r \boldsymbol{\mu}_r + F_t \boldsymbol{\mu}_t + F_n \boldsymbol{\mu}_n\end{aligned} \tag{5-5}$$

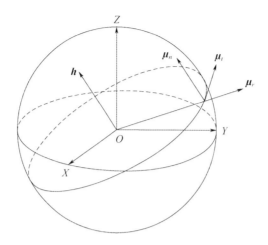

图 5-1 第二轨道坐标系定义示意图

式中：R 为摄动函数。受摄动力作用，卫星的轨道不再是开普勒椭圆，但在每一个瞬时时刻，新的瞬时地心距 r 和速度 v 决定了一个新的瞬时椭圆轨道，这一系列瞬时椭圆轨道就构成了实际轨道。

卫星运动的最基本特征是它的能量 E 和动量矩 h 是恒定的。在分析摄动影响时，考虑摄动力引起这两个基本量的变化，进而引申出轨道要素的变化。摄动力对卫星做的功等于卫星机械能量的增加，即

$$\frac{dE}{dt} = \boldsymbol{F}' \cdot \boldsymbol{v} \tag{5-6}$$

式中：v 为卫星的瞬时速度。以此为基础，可以获得摄动力引起的各轨道要素的变化[85]。

摄动力引起的半长轴变化为

$$\frac{da}{dt} = \frac{2e\sin\theta}{n\sqrt{1-e^2}}F_r + \frac{2(1+e\cos\theta)}{n\sqrt{1-e^2}}F_t \tag{5-7}$$

摄动力引起的偏心率变化为

$$\frac{de}{dt} = \frac{\sqrt{1-e^2}\sin\theta}{na}F_r + \frac{\sqrt{1-e^2}}{na^2e}\left[\frac{a^2(1-e^2)}{r} - r\right]F_t \tag{5-8}$$

摄动力引起的升交点赤经变化为

$$\frac{d\Omega}{dt} = \frac{r\sin(\omega+\theta)}{na^2\sqrt{1-e^2}\sin i}F_n \tag{5-9}$$

摄动力引起的轨道倾角变化为

$$\frac{\mathrm{d}i}{\mathrm{d}t} = \frac{r\cos(\omega+\theta)}{na^2\sqrt{1-e^2}}F_n \qquad (5-10)$$

摄动力引起的近地点幅角变化为

$$\frac{\mathrm{d}\omega}{\mathrm{d}t} = \frac{\sqrt{1-e^2}}{nae}\left[-(\cos\theta)F_r + \left(\frac{2+e\cos\theta}{1+e\cos\theta}\sin\theta\right)F_t\right] - \frac{r\sin(\omega+\theta)\cos i}{na^2\sqrt{1-e^2}\sin i}F_n \qquad (5-11)$$

摄动力引起的平近点角变化为

$$\frac{\mathrm{d}M}{\mathrm{d}t} = n - \frac{1-e^2}{nae}\left[F_r\left(\frac{2er}{p}-\cos\theta\right) + F_t\left(1+\frac{r}{p}\right)\sin\theta\right] \qquad (5-12)$$

2. 卫星轨道摄动因素分析

非球形摄动:对于近地轨道而言,摄动的主要因素是地球的扁状,以仅考虑带谐项 J_2 为例,产生的带谐摄动力可近似表示为

$$\begin{aligned}F_r &= -\frac{3}{2}J_2\frac{\mu R_e^2}{r^4}[1-3\sin^2 i\sin^2(\omega+\theta)] \\ F_t &= -\frac{3}{2}J_2\frac{\mu R_e^2}{r^4}\sin^2 i\sin 2(\omega+\theta) \\ F_n &= -\frac{3}{2}J_2\frac{\mu R_e^2}{r^4}\sin 2i\sin(\omega+\theta)\end{aligned} \qquad (5-13)$$

将摄动力代入轨道要素摄动方程,可以获得含带谐项 J_2 影响下的轨道要素。

日月引力摄动:考虑到卫星与地心间的距离 r 远小于卫星与太阳、月球的距离 r',忽略 $\left(\frac{r}{r'}\right)$ 的平方项,则日、月作用在单位质量的卫星的摄动力 F' 可表示为

$$\begin{aligned}F'_r &= rn'^2(3\cos^2\xi'-1) \\ F'_t &= 3rn'^2\cos\xi'\left(\frac{r'}{r'}\cdot\boldsymbol{\mu}_t\right) \\ F'_n &= 3rn'^2\cos\xi'\left(\frac{r'}{r'}\cdot\boldsymbol{\mu}_n\right)\end{aligned} \qquad (5-14)$$

式中:对于太阳,$n'^2 = n_s^2$,$n_s = \left(\frac{Gm_s}{r_{os}^3}\right)^{1/2}$ 为太阳视运动的平均转速,m_s 为太阳质量,r_{os} 为地-月系统质心到太阳的平均距离;对于月球,$n'^2 = \sigma n_m^2$,$\sigma = \frac{m_m}{m_e+m_m}$,

m_e 和 m_m 分别为地球和月球质量，n_m 为月球绕地球的平均转速；ξ' 为日、月与卫星相对地心的张角。

太阳光压摄动：卫星受到太阳光照射时，太阳辐射能量的一部分被吸收，另一部分被反射，这种能量转换使卫星受到力的作用，称为太阳辐射压力。作用在卫星单位表面积上的辐射压力

$$d\boldsymbol{F} = pdA|\cos\alpha|[(1-c)\boldsymbol{\mu}_1 - c'\boldsymbol{\mu}_F] \qquad (5-15)$$

式中：p 为太阳光压强度；α 为太阳光入射角；$\boldsymbol{\mu}_1$，$\boldsymbol{\mu}_F$ 分别为入射光、反射光方向的单位矢量；c，c' 分别为表面吸收率和反射率。卫星表面对太阳光的反射比较复杂，有镜面反射和漫反射。在讨论太阳光压对卫星轨道的影响时，可以认为光压的方向与太阳光的入射方向一致，作用在单位卫星质量上的光压可以统一写成

$$\boldsymbol{F}_s = -Kp\left(\frac{A}{m}\right)\boldsymbol{S} \qquad (5-16)$$

式中：A 为垂直于太阳光的卫星截面积；m 为卫星的质量；系数 K 与卫星表面材料、形状等性质有关，若全吸收，则 $K=1$；太阳光压强度等于单位面积的阳光辐射功率与光速的比，取阳光单位面积的平均辐射功率为 1.4kW/m^2，得太阳光压强度为 $p = 4.65 \times 10^{-6} \text{N/m}^2$；$\boldsymbol{S}$ 是地心指向太阳的单位矢量。当卫星轨道倾角很小时，光压摄动在三个坐标方向上的分量可表示为

$$F_r = -\frac{F_s}{2}[(1-\cos i_s)\cos(\Omega+\mu+l_s) + (1+\cos i_s)\cos(\Omega+\mu-l_s)]$$

$$F_t = \frac{F_s}{2}[(1-\cos i_s)\sin(\Omega+\mu+l_s) + (1+\cos i_s)\sin(\Omega+\mu-l_s)]$$

$$F_n = -F_s \sin i_s \sin l_s$$

$$(5-17)$$

式中：l_s 为太阳在黄道上的黄经；i_s 为黄道与赤道的夹角；$\mu = \omega + \theta$。

大气阻力摄动：在近地轨道上，大气相当稀薄，但卫星以很高速度且长时间在高层大气中穿行，微小大气阻力的积累最终显出其影响的重要性，导致轨道衰减。以大气分子撞击卫星表面建立阻力模型，气动阻力产生的阻力可表示为

$$F_A = \frac{1}{2}c_d \rho S v^2 \qquad (5-18)$$

式中：c_d 为气动系数，可近似取 1；ρ 为大气密度；S 为迎风面积，即几何面积乘以面积外法线与速度的方向余弦。气动阻力沿卫星速度的负方向，在轨道径向和切向的分量可表示为

$$\begin{cases} F_r = -F_A \sin\beta \\ F_t = -F_A \cos\beta \end{cases} \quad (5-19)$$

式中：β 为飞行角，即卫星速度与当地水平线夹角。气动阻力主要引起卫星轨道半长轴和偏心率的摄动，将式(5-19)代入轨道要素摄动方程，可获得大气阻力摄动对卫星轨道的影响。

5.1.1.2　平台运动特性仿真建模

在星载 SAR 回波信号仿真过程中，依托于开普勒轨道模型，获取各仿真时刻雷达天线相位中心与地面目标间的相对位置矢量，计算回波信号的双程距离延迟时间、天线方向图增益和方位多普勒相位信息，完成回波信号的仿真处理。若进一步考虑各摄动力所带来的影响，可结合 5.1.1.1 节中介绍的各种摄动力模型修正卫星轨道要素，将非球形摄动、日月摄动、太阳光压摄动和大气阻力摄动等因素的影响注入仿真模型，获得含各项摄动因素的卫星平台位置矢量，进而实现将各摄动影响注入星载 SAR 回波信号仿真系统。图 5-2 给出了含轨道摄动因素的仿真流程图。仿真处理过程中，结合各摄动因素对轨道要素的影响，采用递推计算的方式获取各时刻的瞬时轨道要素；以此为基础计算发射时刻卫星的位置矢量及卫星与地面目标的相对位置矢量；确定各目标回波信号的接收时刻，计算接收时刻卫星的位置矢量及卫星与地面目标的相对位置矢量；综合发射时刻与接收时刻天线相位中心与地面目标间的相对位置矢量，计算回波信号的双程距离延迟时间、方位多普勒相位及二维天线方向图增益函数，完成该时刻回波信号的仿真处理。

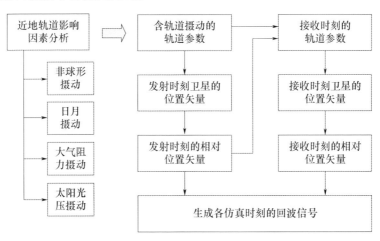

图 5-2　含轨道摄动因素的仿真流程

成像处理时,利用获取的星历数据解算回波信号的多普勒参数,完成对获取回波信号的成像处理。当星历数据存在测量误差时,会导致解算的成像参数偏离理想参数,进而造成处理结果出现散焦现象。考虑到星历参数测量误差并不影响回波信号仿真处理,仅影响后续多普勒参数的解算,因此,星历参数测量误差仿真处理可通过对辅助数据中的星历参数注入误差来实现,图 5-3 给出了轨道参数测量误差的模拟流程图。首先根据选用的轨道参数及采用的摄动模型,计算各时刻卫星的轨道要素;接着,结合卫星的总体技术指标仿真卫星轨道测量误差;最后,将仿真的轨道参数与测量误差相叠加,生成含误差的星历数据,并将含误差的星历数据写入回波信号的辅助参数中,实现将卫星轨道测量误差注入仿真回波信号中。

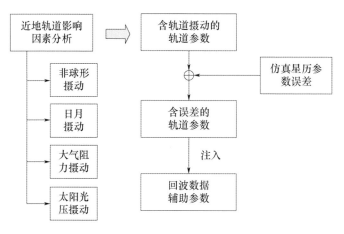

图 5-3 轨道参数测量误差模拟流程图

5.1.2 平台姿态特性仿真

5.1.2.1 平台姿态特性影响分析

卫星姿态是指卫星运行过程中的三轴控制状态,通常采用三轴姿态角来表示,即偏航角 θ_y、俯仰角 θ_p 和滚动角 θ_r。姿态控制系统主要由控制器、敏感器和执行机构三大部分组成,它们连同卫星本体一起组成闭环系统。姿态敏感器测量姿态信息和角速度信息,并经由相应的姿态确定算法计算出卫星的真实姿态,然后根据设计的控制规律产生控制信号,控制信号经过放大,驱动执行机构,产生控制力矩,作用于卫星,使得其姿态和角速度输出达到相应的控制目标,其原理框图如图 5-4 所示。

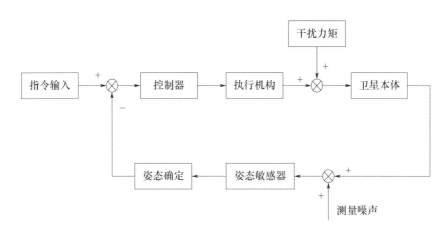

图 5-4 卫星姿态控制系统原理图

由卫星姿态控制系统原理图可知,影响卫星姿态误差和稳定度误差的因素包括:卫星动力学模型、空间干扰力矩模型、挠性帆板振动、姿态测量敏感器的测量误差以及姿态确定算法误差、控制算法误差和执行机构的控制误差等,受各种扰动力矩的影响导致雷达平台产生姿态误差,造成天线波束指向产生偏差,影响获取雷达图像的质量。卫星姿态扰动包括两部分:姿态偏差和姿态抖动,其中姿态偏差为一段时间内卫星姿态扰动的均值,姿态抖动是卫星姿态误差随时间的变化。

1. 姿态偏差对成像性能的影响

由于星载 SAR 天线同平台之间为刚体连接,卫星姿态偏差将会引起天线波束指向发生偏差,卫星姿态偏差角与天线波束指向偏差角之间关系可近似为[110]

$$\begin{cases} \Delta\theta_a = \arctan\left[\dfrac{(\sin\Delta\theta_y \cdot \sin\theta_L + \sin\Delta\theta_p \cdot \cos\theta_L)}{(1 + \cos\Delta\theta_y \cdot \cos^2\theta_L + \cos\Delta\theta_p \cdot \sin^2\theta_L - \cos\Delta\theta_r)}\right] \\ \Delta\theta_r = \arctan\left[\dfrac{(\cos\Delta\theta_y \cdot \cos\Delta\theta_p - 2) \cdot (\cos\theta_L \cdot \sin\theta_L + \sin\Delta\theta_r)}{(1 + \cos\Delta\theta_y \cdot \cos^2\theta_L + \cos\Delta\theta_p \cdot \sin^2\theta_L - \cos\Delta\theta_r)}\right] \end{cases}$$

(5-20)

式中:$\Delta\theta_a$,$\Delta\theta_r$ 分别为天线方位向和距离向的波束指向偏差角;$\Delta\theta_y$,$\Delta\theta_p$,$\Delta\theta_r$ 分别为偏航、俯仰和滚动向的姿态偏差角;θ_L 为天线视角。

考虑到实际情况中姿态偏差角的幅度非常小,因此在实际工程分析中常采用如下近似,即

$$\begin{cases} \Delta\theta_a \approx \Delta\theta_y \cdot \sin\theta_L + \Delta\theta_p \cdot \cos\theta_L \\ \Delta\theta_r \approx \Delta\theta_r \end{cases} \quad (5-21)$$

如式(5-21)所示,当卫星平台存在姿态偏差时会导致天线波束在距离/方位两个方向产生偏差,其中偏航角和俯仰角偏差主要造成方位向波束指向偏差,滚动角偏差主要造成距离向波束指向偏差。

星载 SAR 系统通过控制回波窗开启时间及二维天线波束指向实现对目标区域的有效观测。当雷达系统存在姿态偏差时,天线波束指向区域偏离理想观测区域,进而导致观测区域目标受到非理想天线方向图调制。考虑到距离/方位天线波束对地面目标的调制方式不同,因此,距离/方位波束指向偏差会产生不同的影响。

当存在距离向波束指向偏差时,波束照射区域将偏离理想场景,导致场景内各距离门目标天线方向图增益偏离理想值,如图 5-5(a) 所示,进而造成获取图像的信噪比和模糊性能偏离设计值,尤其对于场景边缘而言,信噪比和距离模糊性能损失严重。当对获取图像进行距离向方向图校正处理,照射天线方向图与校正天线方向图间存在错位,进而在雷达图像中引入方向图校正误差,如图 5-5(b) 所示,影响获取图像的相对及绝对辐射精度。

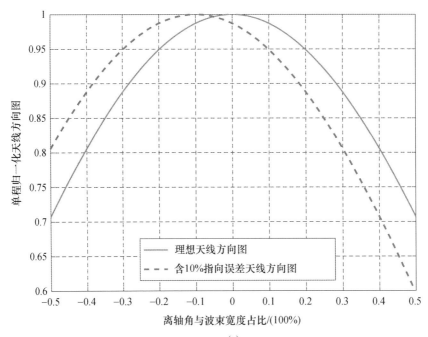

(a)

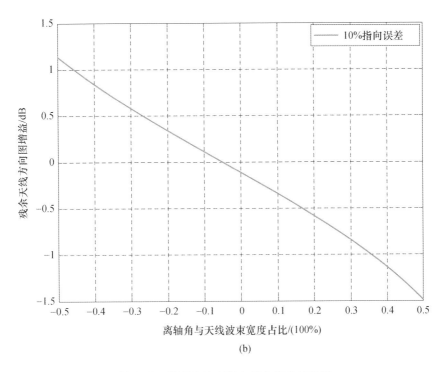

图 5-5 距离向波束指向偏差影响示意图
(a)距离向天线方向增益函数；(b)距离向方向图校正残余误差分布。

当存在方位向波束指向偏差时，回波信号的方位向天线方向图调制将产生偏差，进而造成回波信号的多普勒频谱产生偏移。此时，若采用理想多普勒参数进行成像处理，处理中所截取的信号频谱将偏离主信号区域（见图 5-6），进而导致目标信号能量低于预期，图像信噪比和方位模糊度性能均出现一定程度的下降。若采用杂波锁定/自聚焦处理，能够有效补偿波束指向偏差对获取图像信噪比带来的影响，但会导致获取图像在距离和方位两个方向上产生偏移，偏移量可分别表示为

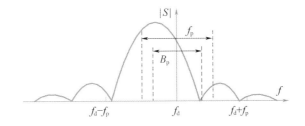

图 5-6 方位向波束指向偏差影响示意图

$$\Delta r = -\frac{\lambda}{2}\left(\frac{f_d}{f_r} \cdot \Delta f_d + \frac{1}{2f_r} \cdot \Delta f_d^2\right) \qquad (5-22)$$

$$\Delta x = v_g \cdot \frac{\Delta f_d}{f_r} \qquad (5-23)$$

式中:v_g 为天线波束在地面上的移动速度;f_r 为回波信号的多普勒调频率;f_d 为回波信号的多普勒中心频率;Δf_d 为方位向波束指向误差所引入的多普勒中心频率误差。

2. 姿态抖动对成像性能的影响

姿态稳定度是指姿态角变化的平均角速率,是衡量姿态稳定程度的指标,通常定义为在合成孔径时间 T_s 内,3 倍的天线指向角速率的均方根值,即

$$\sigma_{ant} = \frac{3}{T_s}\sqrt{\int_0^{T_s}\left(\frac{d[\theta(t)]}{dt}\right)^2 dt} \qquad (5-24)$$

式中:$\theta(t)$ 为天线指向偏差角随时间的变化规律。

考虑到任意波形总能进行谐波分解,即表示为不同频率、不同振幅简谐波的线性叠加。假设指向抖动为正弦规律

$$\Delta\theta(t) = \theta_{am} \cdot \sin(\omega_0 t + \phi_0) \qquad (5-25)$$

式中:ϕ_0 为初始相位;θ_{am} 为抖动幅度;ω_0 为抖动角频率。有

$$\sigma_{ant} = 3\theta_{am}\omega_0\sqrt{\frac{1}{2}\left(1 + \frac{\sin 2\omega_0 T_s}{2\omega_0 T_s}\right)} \qquad (5-26)$$

姿态抖动将导致天线波束指向发生抖动,进而在回波信号中引入周期性幅度调制。考虑到方位向天线方向性函数和距离向天线方向性函数对回波信号的调制方式不同,将会造成不同的影响。

1)方位向波束抖动造成的影响

偏航角和俯仰角姿态抖动主要造成天线波束出现方位向波束抖动。假设天线照射口面均匀分布,则星载 SAR 点目标方位向回波信号可近似表示为

$$s_i(t) = W_a(t) \cdot W_r(\theta_{r0}) e^{-j\pi f_r t^2} \qquad (5-27)$$

式中:

$$W_a(t) \approx \begin{cases} \dfrac{\sin^2\left(\dfrac{\pi L_a}{\lambda}\left(\dfrac{v\sin\varphi}{R}t - \theta_{am}\sin(\omega_0 t + \phi_0)\right)\right)}{\left(\dfrac{\pi L_a}{\lambda}\left(\dfrac{v\sin\varphi}{R}t - \theta_{am}\sin(\omega_0 t + \phi_0)\right)\right)^2} & \text{条带/滑聚/TOPSAR 工作模式} \\[2em] \dfrac{\sin^2\left(\dfrac{\pi L_a}{\lambda}(\theta_a - \theta_{am}\sin(\omega_0 t + \phi_0))\right)}{\left(\dfrac{\pi L_a}{\lambda}(\theta_a - \theta_{am}\sin(\omega_0 t + \phi_0))\right)^2} & \text{聚束工作模式} \end{cases}$$

$$W_r(\theta_r) \approx \frac{\sin^2\left(\frac{\pi L_r}{\lambda}\theta_r\right)}{\left(\frac{\pi L_r}{\lambda}\theta_r\right)^2}$$

式中:f_r 为多普勒调频率;$W_a(\cdot)$ 和 $W_r(\cdot)$ 分别为方位向和距离向天线方向性函数;L_a 和 L_r 分别为方位向和距离向的天线长度;θ_a 和 θ_r 分别为方位向和距离向波束离轴角;v 为卫星同地面目标间的相对运动速度;R 为斜距;φ 为等效斜视角。

成像处理后,输出点目标响应可表示为

$$s_o(t) = s(t) - s_{\omega a}(t) \tag{5-28}$$

式中:$s(t)$ 为主信号,即理想条件下的点目标扩散函数,可表示为

$$s(t) = \begin{cases} e^{j\pi f_r t^2} \int_{-\infty}^{\infty} W_a(\tau) W_r(\theta_r) e^{-j2\pi f_r t\tau} d\tau & \text{条带/滑聚/TOPSAR 工作模式} \\ e^{j\pi f_r t^2} \int_{-\infty}^{\infty} W_a(\theta_a) W_r(\theta_r) e^{-j2\pi f_r t\tau} d\tau & \text{聚束工作模式} \end{cases}$$

$s_{\omega a}(t)$ 表示偏航或俯仰抖动引起的成对回波,可表示为

$$s_{\omega a}(t) = \begin{cases} \theta_{am}\dfrac{R}{v\sin\varphi}\pi(-f_0-f_r t)s\left(t+\dfrac{f_0}{f_r}\right)e^{-j\pi f_r\left[\left(\frac{f_0}{f_r}\right)^2+2\frac{f_0}{f_r}t\right]-j\phi_0} & \text{条带/滑聚/TOPSAR} \\ -\theta_{am}\dfrac{R}{v\sin\varphi}\pi(f_0-f_r t)s\left(t-\dfrac{f_0}{f_r}\right)e^{-j\pi f_r\left[\left(\frac{f_0}{f_r}\right)^2-2\frac{f_0}{f_r}t\right]+j\phi_0} & \text{工作模式} \\ \dfrac{W_a{'}(\theta_{a0})\theta_{am}}{2W_a(\theta_{a0})}s\left(t+\dfrac{f_0}{f_r}\right)e^{-j\pi f_r\left[\left(\frac{f_0}{f_r}\right)^2+2\frac{f_0}{f_r}t\right]-j\phi_0} & \\ -\dfrac{W_a{'}(\theta_{a0})\theta_{am}}{2W_a(\theta_{a0})}s\left(t-\dfrac{f_0}{f_r}\right)e^{-j\pi f_r\left[\left(\frac{f_0}{f_r}\right)^2-2\frac{f_0}{f_r}t\right]+j\phi_0} & \text{聚束工作模式} \end{cases}$$

从上述分析可知:卫星偏航或俯仰角抖动将会在回波信号中引入成对回波。成对回波的位置与雷达工作模式无关,仅由姿态抖动频率决定,位于主回波 $s(t)$ 两侧 $t_0 = \pm\dfrac{f_0}{f_r}$ 处。成对回波的幅度不仅与姿态抖动幅度有关,还与雷达工作模式有关:当雷达系统工作于聚束工作模式时,各目标方位向天线方向性调制近似为常数,左右两侧成对回波的幅度近似为 $\dfrac{W_a{'}(\theta_{a0})\theta_{am}}{2W_a(\theta_{a0})}s\left(t+\dfrac{f_0}{f_r}\right)$ 和 $\dfrac{W_a{'}(\theta_{a0})\theta_{am}}{2W_a(\theta_{a0})}s\left(t-\dfrac{f_0}{f_r}\right)$;当雷达系统工作于条带/滑聚/TopSAR 工作模式时,各目标经历完整的方位向天线方向性函数调制,左右两侧成对回波的幅度近似为

$\theta_{\text{am}}\dfrac{R}{v\sin\varphi}\pi(-f_0-f_{\text{r}}t)s\left(t+\dfrac{f_0}{f_{\text{r}}}\right)$ 和 $\theta_{\text{am}}\dfrac{R}{v\sin\varphi}\pi(f_0-f_{\text{r}}t)s\left(t-\dfrac{f_0}{f_{\text{r}}}\right)$, 成对回波的两个主瓣被过点 $\pm\dfrac{f_0}{f_{\text{r}}}$ 的线性函数调制,其主瓣被分裂为两个子波瓣,且两个子波瓣的相位恰好相反。

2)距离向波束抖动造成的影响

若滚动向仅存在单频抖动分量,且与方位抖动不耦合,引起的天线波束距离向抖动为

$$\Delta\theta_{\text{r}}(t)=\theta_{\text{rm}}\cdot\sin(\omega_0 t+\phi_0) \qquad (5-29)$$

式中: $\theta_{\text{rm}},\omega_0,\phi_0$ 分别为距离向波束抖动的幅度、角频率和初始相位。存在滚动角指向抖动的天线增益为

$$W(t)=W_{\text{a}}(t)\cdot W_{\text{r}}(\theta_{\text{r}0}-\theta_{\text{rm}}\sin(\omega_0 t+\phi_0))$$

成像处理后,输出点目标响应可表示为

$$s_0(t)=s(t)-s_{\omega r}(t) \qquad (5-30)$$

$$s(t)=\mathrm{e}^{\mathrm{j}\pi f_{\text{r}}t^2}\int_{-\infty}^{\infty}W_{\text{a}}(\tau)W_{\text{r}}(\theta_{\text{r}0})\mathrm{e}^{-\mathrm{j}2\pi f_{\text{r}}t\tau}\mathrm{d}\tau$$

$$s_{\omega r}(t)=\dfrac{W_{\text{r}}'(\theta_{\text{r}0})\theta_{\text{rm}}}{2W_{\text{r}}(\theta_{\text{r}0})}s\left(t+\dfrac{f_0}{f_{\text{r}}}\right)\mathrm{e}^{-\mathrm{j}\pi f_{\text{r}}\left[\left(\frac{f_0}{f_{\text{r}}}\right)^2+2\frac{f_0}{f_{\text{r}}}\right]-\mathrm{j}\phi_0}-$$

$$\dfrac{W_{\text{r}}'(\theta_{\text{r}0})\theta_{\text{rm}}}{2W_{\text{r}}(\theta_{\text{r}0})}s\left(t-\dfrac{f_0}{f_{\text{r}}}\right)\mathrm{e}^{-\mathrm{j}\pi f_{\text{r}}\left[\left(\frac{f_0}{f_{\text{r}}}\right)^2-2\frac{f_0}{f_{\text{r}}}\right]+\mathrm{j}\phi_0}$$

式中: $s_{\omega r}(t)$ 为滚动角抖动引起的成对回波。距离向波束抖动所引起的成对回波位于主回波 $s(t)$ 两侧 $t_0=\pm\dfrac{f_0}{f_{\text{r}}}$ 处,左右两侧成对回波的幅度近似为 $\dfrac{W_{\text{r}}'(\theta_{\text{r}0})\theta_{\text{rm}}}{2W_{\text{r}}(\theta_{\text{r}0})}s\left(t+\dfrac{f_0}{f_{\text{r}}}\right)$ 和 $\dfrac{W_{\text{r}}'(\theta_{\text{r}0})\theta_{\text{rm}}}{2W_{\text{r}}(\theta_{\text{r}0})}s\left(t-\dfrac{f_0}{f_{\text{r}}}\right)$。

根据式(5-30)可知:滚动角抖动引入成对回波的幅度正比于距离向天线方向性函数的导数,反比于距离向天线方向性函数。随着目标远离场景中心,距离向波束离轴角不断增加,引入的成对回波急剧增大,对成像质量产生较为严重的影响。因此,滚动向姿态指向稳定度应该根据观测带边缘处的成像质量来确定。

图5-7给出了条带工作模式下姿态抖动对成像质量的影响。其中图5-7(a)和(b)分别给出了偏航/俯仰抖动和滚动抖动对方位向冲激响应函数的影响,抖动幅度分别为0.01倍、0.1倍和0.2倍波束宽度;图5-7(c)和(d)分别给出了

偏航/俯仰抖动和滚动抖动引起的成对回波。图 5-8 给出了抖动幅度为 0.2 倍波束宽度时,成像质量随抖动频率 f_0 的变化曲线。其中图 5-8(a)给出了归一化分辨率 ρ_0 随抖动频率 f_0 的变化曲线;图 5-8(b)给出了方位峰值旁瓣比随抖动频率 f_0 的变化曲线。从仿真结果可见:当抖动频率较低时,成对回波位于主信号的主瓣内,影响成像结果的主瓣宽度和展宽系数;当抖动频率较高时,成对回波位于主信号的旁瓣内,影响成像结果的峰值旁瓣比和积分旁瓣比;当成对回波位于主信号主瓣 3dB 宽度的边缘处,不仅导致成像结果的空间分辨率出现明显恶化,而且造成峰值旁瓣比出现较大的幅度变化,严重影响成像质量。

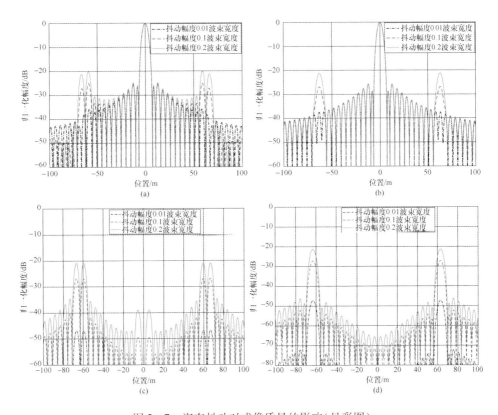

图 5-7 姿态抖动对成像质量的影响(见彩图)

(a)偏航/俯仰抖动对方位向冲激响应函数影响;(b)滚动抖动对方位向冲激响应函数影响;
(c)偏航/俯仰抖动引起的成对回波;(d)滚动抖动引起的成对回波。

5.1.2.2 平台姿态特性仿真建模

当平台存在姿态扰动时,会造成天线波束偏离理想指向,进而导致在回波信号中引入幅度调制误差,影响回波信号的成像处理结果。结合不同的仿真模

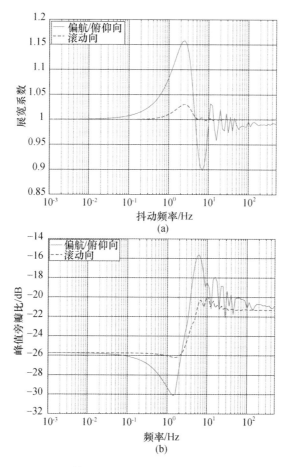

图 5-8 成像质量随抖动频率的变化曲线(见彩图)
(a)归一化分辨率随抖动频率的变化曲线;(b)方位峰值旁瓣比随抖动频率的变化曲线。

型可以采用不同的方式来模拟平台姿态扰动的影响。

若采用基于回波生成过程的星载 SAR 回波信号仿真方法模拟回波信号,仿真系统利用不转动地心坐标系、转动地心坐标系、轨道平面坐标系、卫星平台坐标系、卫星星体坐标系、天线坐标系 6 个坐标系来描述复杂的星地空间几何关系。卫星平台姿态特性体现在卫星平台坐标系和卫星星体坐标系间的转换处理,可表示为

$$\boldsymbol{A}_{ov} = \begin{bmatrix} \cos\theta_y & 0 & -\sin\theta_y \\ 0 & 1 & 0 \\ \sin\theta_y & 0 & \cos\theta_y \end{bmatrix} \begin{bmatrix} \cos\theta_p & -\sin\theta_p & 0 \\ \sin\theta_p & \cos\theta_p & 0 \\ 0 & 0 & 1 \end{bmatrix} \begin{bmatrix} 1 & 0 & 0 \\ 0 & \cos\theta_r & -\sin\theta_r \\ 0 & \sin\theta_r & \cos\theta_r \end{bmatrix}$$

(5-31)

式中:θ_y、θ_p、θ_r 分别表示卫星平台的偏航角、俯仰角和滚动角。当考虑平台姿态扰动时,卫星平台的三轴姿态角修正为

$$\begin{cases} \theta_y' = \theta_y + \Delta\theta_y(t) \\ \theta_p' = \theta_p + \Delta\theta_p(t) \\ \theta_r' = \theta_r + \Delta\theta_r(t) \end{cases} \quad (5-32)$$

式中:$\Delta\theta_y$、$\Delta\theta_p$、$\Delta\theta_r$ 分别为卫星平台的偏航角姿态误差、俯仰角姿态误差、滚动角姿态误差。将含有姿态误差的三轴姿态角注入坐标转换矩阵,可实现将卫星姿态特性注入星载 SAR 回波信号中。图 5-9 给出了三轴姿态误差仿真流程框图。

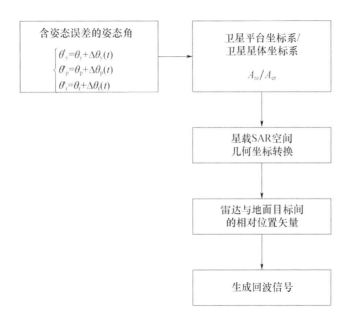

图 5-9 卫星姿态误差与天线指向稳定度仿真流程图

若采用基于成像处理逆过程的星载 SAR 回波信号仿真方法模拟回波信号,考虑到姿态偏差和姿态抖动对回波信号的影响方式不同,需要采用不同的方式分别注入卫星平台的姿态偏差和姿态抖动。

1. 姿态偏差的注入

在基于成像处理逆过程的星载 SAR 回波信号仿真过程中,地面场景到方位-斜距平面后向散射强度图像的映射等效于将地面场景转换为 SAR 图像,因此,卫星平台姿态偏差引起的散射元在雷达图像中位置偏移的影响可以通过

方位-斜距平面后向散射强度图像的偏移进行仿真。具体仿真方法是:在坐标转换矩阵A_{re}、A_{er}中引入卫星姿态误差,改变雷达天线的波束指向,从而引起散射元方位向天线离轴角为0时刻t_0的改变以及该时刻散射元与天线相位中心间距离的改变,使得散射元在方位-斜距平面后向散射强度图像中的位置改变,同时t_0时刻散射元距离向天线离轴角改变引起距离向天线方向图加权改变。由此得到存在卫星平台姿态偏移误差情况下的方位-斜距平面后向散射强度图像。

姿态偏差导致的多普勒频谱偏移可以在逆Chirp Scaling处理中引入:将卫星平台姿态偏差引入多普勒参数计算中,得到存在卫星平台姿态偏差情况下的多普勒参数,将含卫星平台姿态偏差的方位-斜距平面后向散射强度图像和多普勒参数代入逆Chirp Scaling算法中进行回波仿真,得到含卫星平台姿态偏差的回波仿真信号,仿真流程如图5-10所示。

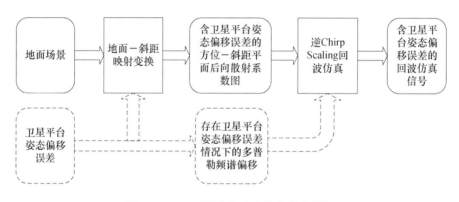

图5-10　卫星平台姿态偏差仿真流程图

2. 姿态抖动的注入

卫星姿态抖动误差将引起天线波束指向的抖动。由于抖动误差是慢时间t的函数,因此卫星姿态抖动误差主要引起散射元回波信号在方位向受到幅度调制。根据成对回波理论[1],将在雷达图像中引入成对回波,成对回波的幅度和位置由抖动误差的幅度和频率决定。

卫星平台姿态抖动误差的仿真方法是:首先根据卫星平台姿态抖动误差计算出方位向幅度调制,然后注入方位向天线方向图中,从而在对方位-斜距平面后向散射强度图像进行方位向天线方向图调制中引入卫星平台姿态抖动误差,仿真流程如图5-11所示。

第 5 章　信息传输链路仿真

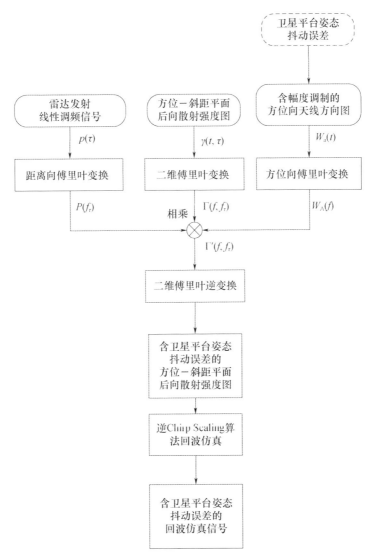

图 5-11　卫星平台姿态抖动误差仿真流程图

5.2　有效载荷特性仿真

5.2.1　有效载荷特性影响分析

SAR 通过发射线性调频信号,并采用脉冲压缩技术实现距离向高分辨率对地观测。对于星载 SAR 系统而言,线性调频信号先后通过发射通道、TR 组件、接收通道等,接收到的线性调频信号难免发生畸变。对于载荷幅相误差的影响可以分为周期性误差和非周期性误差两种情况来进行讨论,结合成对回波理论[1],可有效分析系统幅相误差带来的影响。

5.2.1.1 周期性幅相误差对成像处理的影响[1]

对于雷达系统有效载荷的发射及接收通道而言,可以采用系统传递函数来描述

$$H(f_\tau) = |H(f_\tau)| e^{j\psi(f_\tau)} \tag{5-33}$$

式中:$|H(f_\tau)|$为传递系统的幅频特性;$\psi(f_\tau)$为传递系统的相频特性。对于一个理想的传递系统而言,其幅频特性为常数,相频特性为线性函数。然而,受各种误差的影响,导致系统的幅频特性和相频特性偏离理想值,此时,传递系统的幅频特性和相频特性可表示为

$$\begin{cases} |H(f_\tau)| = a_0 + \sum_i a_i \cos(2\pi c_i f_\tau) \\ \psi(f_\tau) = 2\pi b_0 f_\tau + \sum_j 2\pi b_j \sin(2\pi d_j f_\tau) \end{cases} \tag{5-34}$$

对接收回波信号进行脉冲压缩处理,压缩处理后的信号可表示为

$$s(\tau;t) = W_r(\theta_{ro}) W_a(\theta_a(t)) \int_{-\frac{B_r}{2}}^{\frac{B_r}{2}} \exp\left\{-j2\pi f_\tau \frac{2R(t)}{c}\right\} H(f_\tau) \exp(j2\pi f_\tau \tau) df_\tau \tag{5-35}$$

式中:B_r为发射信号带宽;c为光速。

对于理想传递系统而言,其压缩处理结果可表示为

$$s_o(\tau;t) = W_r(\theta_{ro}) W_a(\theta_a(t)) a_0 \frac{\sin\left(\pi B_r \left(\tau - \frac{2R(t)}{c}\right)\right)}{\pi\left(\tau - \frac{2R(t)}{c}\right)} \tag{5-36}$$

1. 仅存在幅频特性误差时的影响分析

当存在幅频特性误差时,将在回波信号中引入幅度调制误差。考虑到任意周期函数均可表示为各阶三角函数的叠加,不失一般性,仅考虑余弦幅频误差的影响,此时,接收信号压缩结果可表示为

$$\begin{aligned} s(\tau;t) &= W_r(\theta_{ro}) W_a(\theta_a(t)) \int_{-\frac{B_r}{2}}^{\frac{B_r}{2}} \exp\left\{-j2\pi f_\tau \frac{2R(t)}{c}\right\} \\ &\quad [a_0 + a_1 \cos(2\pi c_1 f_\tau)] \exp(j2\pi f_\tau \tau) df_\tau \\ &= s_o(\tau;t) + \frac{a_1}{2a_0} s_o(\tau + c_1;t) + \frac{a_1}{2a_0} s_o(\tau - c_1;t) \end{aligned} \tag{5-37}$$

由上式可以看出,余弦幅频误差将在压缩结果中引入成对回波,且成对回波具有和理想压缩结果相同的形状。成对回波位于目标的左右两侧,位置偏移量由余弦函数的频率 c_1 决定;成对回波的幅度由余弦函数的幅度 a_1 决定,成对回波的幅度与主信号幅度之比可表示为 $a_1/2a_0$,左右两侧虚假目标同相。图 5-12 给出了含幅频特性误差时的仿真结果,其中图 5-12(a)为含幅频特性误差时的压缩处理结果,图 5-12(b)为将主信号和两侧成对回波取出插值后在同一幅图中的显示结果,图 5-12(c)为将两侧成对回波重叠显示结果,图 5-12(d)为将两侧成对回波相除后的相位。仿真时设定 $a_0=1, a_1=0.5$, $c_1=1.0\times10^{-5}$。从仿真结果可见,当仅存在幅频特性误差时,引入的成对回波左右对称,幅度关系满足式(5-37),且左右两侧成对回波同相。

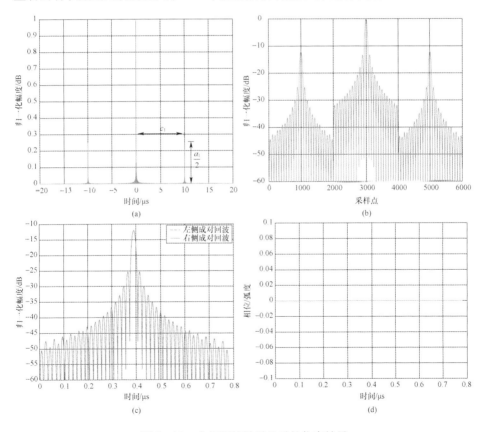

图 5-12　含幅频特性误差时的仿真结果

(a)压缩结果幅度变化;(b)压缩结果幅度插值对比结果;
(c)左右成对回波重叠显示结果;(d)左右成对回波相除后相位。

2. 仅存在相频特性误差时的影响分析

当存在相频特性误差时,将在回波信号中引入相位调制误差。不失一般性,仅考虑正弦相频误差的影响,此时,接收信号压缩处理结果可表示为

$$s(\tau;t) = W_r(\theta_{ro})W_a(\theta_a(t)) \cdot \int_{-\frac{B_r}{2}}^{\frac{B_r}{2}} \exp\left\{-j2\pi f_\tau \frac{2R(t)}{c}\right\}$$

$$\exp[j2\pi b_0 f_\tau + j2\pi b_1 \sin(2\pi d_1 f_\tau)]\exp(j2\pi f_\tau \tau)df_\tau$$

$$= W_r(\theta_{ro})W_a(\theta_a(t)) \cdot \int_{-\frac{B_r}{2}}^{\frac{B_r}{2}} \exp\left\{-j2\pi f_\tau \frac{2R(t)}{c}\right\}$$

$$\exp\{j2\pi b_0 f_\tau\}\left\{1 + \sum_i \frac{[j2\pi b_1 \sin(2\pi d_1 f_\tau)]^i}{i!}\right\}\exp(j2\pi f_\tau \tau)df_\tau$$

$$(5-38)$$

式中:b_0 为系统的群延迟。

与余弦幅频误差仅产生一对成对回波不同,正弦相频误差将产生无穷多对成对回波。考虑到雷达系统引入的相频误差通常较小,且成对回波的幅度随着远离主信号逐渐降低。此时,第一成对回波 $s_{p1}(\tau;t)$ 可表示为

$$s_{p1}(\tau;t) = W_r(\theta_{ro})W_a(\theta_a(t)) \cdot \int_{-\frac{B_r}{2}}^{\frac{B_r}{2}} \exp\left\{-j2\pi f_\tau \frac{2R(t)}{c}\right\} \cdot$$

$$\exp(j2\pi b_0 f_\tau)[j2\pi b_1 \sin(2\pi d_1 f_\tau)]\exp(j2\pi f_\tau \tau)df_\tau$$

$$= \pi b_1 s_0(\tau + b_0 + d_1;t) - \pi b_1 s_0(\tau + b_0 - d_1;t) \quad (5-39)$$

如式(5-39)所示,成对回波的位置偏移量由正弦函数的频率 d_1 决定;幅度由正弦函数的幅度 b_1 决定,且左右两侧虚假目标反相。图 5-13 给出了含相频特性误差时的仿真结果,其中图 5-13(a)为含相频特性误差时的压缩处理结果,图 5-13(b)为将主信号和两侧成对回波取出插值后在同一幅图中的显示结果,图 5-13(c)为将两侧成对回波重叠显示结果,图 5-13(d)为将两侧成对回波相除后的相位。仿真时设定 $\pi b_1 = 0.2, d_1 = 1.0 \times 10^{-5}$。从仿真结果可见,当仅存在相频特性误差时,所引入的成对回波左右对称,幅度关系满足式(5-39)所示关系,且左右两侧成对回波反相。

3. 同时存在幅频特性误差和相频特性误差时的影响分析

当同时存在幅频特性误差和相频特性误差时,接收信号压缩处理结果可表示为

$$s(\tau;t) = W_r(\theta_{ro})W_a(\theta_a(t)) \cdot \int_{-\frac{B_r}{2}}^{\frac{B_r}{2}} \exp\left\{-j2\pi f_\tau \frac{2R(t)}{c}\right\}\exp(j2\pi b_0 f_\tau)$$

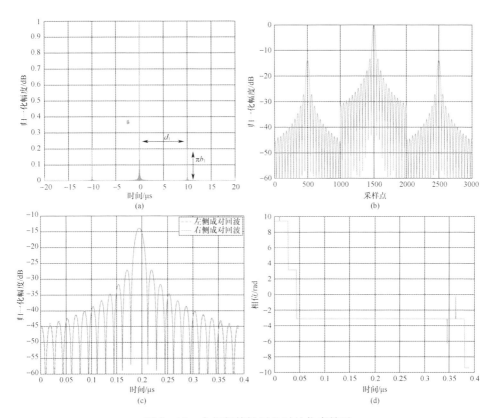

图 5-13 含相频特性误差时的仿真结果

(a)压缩结果幅度变化;(b)压缩结果幅度插值对比结果;
(c)左右成对回波重叠显示结果;(d)左右成对回波相除后相位。

$$\left\{1+\sum_i \frac{[\mathrm{j}2\pi b_1 \sin(2\pi d_1 f_\tau)]^i}{i!}\right\}[a_0 + a_1\cos(2\pi c_1 f_\tau)]\exp(\mathrm{j}2\pi f_\tau \tau)\mathrm{d}f_\tau$$

$$(5-40)$$

忽略相频特性高次项带来的影响,压缩处理结果可表示为

$$s(\tau;t) \approx s_0(\tau+b_0;t) + \frac{a_1}{2a_0}s_0(\tau+b_0+c_1;t) + \pi b_1 s_0(\tau+b_0+d_1;t) +$$

$$\frac{a_1}{2a_0}s_0(\tau+b_0-c_1;t) - \pi b_1 s_0(\tau+b_0-d_1;t) +$$

$$\pi b_1\left(\frac{a_1}{2a_0}s_0(\tau+b_0+d_1+c_1;t) + \frac{a_1}{2a_0}s_0(\tau+b_0+d_1-c_1;t)\right) -$$

$$\pi b_1\left(\frac{a_1}{2a_0}s_0(\tau+b_0-d_1+c_1;t) + \frac{a_1}{2a_0}s_0(\tau+b_0-d_1-c_1;t)\right) + \cdots$$

$$(5-41)$$

从式(5-41)可见,若同时存在幅频特性误差和相频特性误差,压缩处理结果中不仅具有两种畸变单独影响产生的成对回波,而且还包含两种畸变相互影响产生的成对回波。若相位抖动频率与幅度抖动频率相同时,幅频特性误差引入的成对回波与相频特性误差引入的成对回波位于相同位置。考虑到幅频特性误差引入的成对回波左右同相,而相频特性误差引入的成对回波左右反相,其结果导致合成成对回波出现左右不对称现象。图 5-14 给出了同时含有幅频特性误差和相频特性误差时的仿真结果,其中图 5-14(a)为同时含有幅频特性误差和相频特性误差时的脉冲压缩处理结果,图 5-14(b)为将主信号和两侧成对回波取出插值后在同一幅图中的显示结果。仿真时设定 $a_0=1, a_1=0.5, \pi b_1=0.2, c_1=1.0\times10^{-5}, d_1=1.0\times10^{-5}$。从仿真结果可见,当同时存在幅频特性误差和相频特性误差时,合成后左侧成对回波相消,右侧成对回波相长,左右两侧成对回波将不再对称。

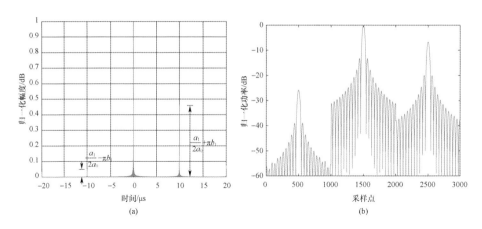

图 5-14 同时含幅频特性误差和相频特性误差时的仿真结果
(a)压缩结果幅度变化;(b)压缩结果幅度插值对比结果。

5.2.1.2 非周期相位误差对成像处理的影响

当存在非周期相位误差时,通常先将其分解,再分析各次相位误差对成像性能的影响。为了减小各次相位误差间的耦合效应,通常采用勒让德展开处理来进行分解[1]。勒让德展开处理的表达式为

$$\varphi(t) = \sum_{n=0}^{\infty} a_n P_n(t) \qquad (5-42)$$

式中:$P_n(t)$ 为归一化的勒让德多项式,其前五项为

$$P_1(t) = \sqrt{\frac{3}{T}}\left(\frac{2t}{T}\right)$$

$$P_2(t) = \sqrt{\frac{5}{T}}\left(\frac{6t^2}{T^2} - \frac{1}{2}\right)$$

$$P_3(t) = \sqrt{\frac{7}{T}}\left(\frac{20t^3}{T^3} - \frac{3t}{T}\right)$$

$$P_4(t) = \sqrt{\frac{9}{T}}\left(\frac{70t^4}{T^4} - \frac{15t^2}{T^2} + \frac{3}{8}\right)$$

$$P_5(t) = \sqrt{\frac{11}{T}}\left(\frac{252t^5}{T^5} - \frac{70t^3}{T^3} + \frac{15t}{4T}\right)$$

式中：$-\frac{T}{2} \leq t \leq \frac{T}{2}$。

由于勒让德多项式具有正交性，即

$$\int_{-\frac{T}{2}}^{\frac{T}{2}} P_i(t) P_j(t) \mathrm{d}t = \delta_{ij} = \begin{cases} 0 & \text{当 } i \neq j \text{ 时} \\ 1 & \text{当 } i = j \text{ 时} \end{cases} \tag{5-43}$$

因此，可有效减小各次相位误差间的耦合影响。

1. 一次相位误差影响分析

当系统传递函数存在一次相位误差时，误差函数可表示为

$$H(f_\tau) = \mathrm{e}^{\mathrm{j}a_1 P_1(f_\tau)} \tag{5-44}$$

式中：a_1 为一次相位误差系数。

理想线性调频信号通过该系统后，忽略常数项，回波信号可表示为

$$S_{1,\mathrm{signal}}(f_\tau) \approx \mathrm{rect}\left(\frac{f_\tau}{B_\mathrm{r}}\right) \exp\left\{\mathrm{j}\left(-\frac{\pi f_\tau^2}{K_\mathrm{r}} + a_1 P_1(f_\tau)\right)\right\} \tag{5-45}$$

对其进行脉冲压缩处理，压缩处理结果可表示为

$$s_{1,\mathrm{o}}(t) = s_\mathrm{o}\left(t + a_1 \frac{\sqrt{12}}{2\pi B_\mathrm{r}^{3/2}}\right) \tag{5-46}$$

式中：B_r 为发射线性调频信号的带宽；$s_\mathrm{o}(t)$ 为理想信号压缩结果。

从式（5-46）可见：一次相位误差并不影响回波信号的聚焦效果，仅造成压缩结果出现距离向的位置偏移。当然，若系统存在较大的一次相位误差时，将会导致距离压缩结果出现较大的位置偏移，进而造成方位压缩处理时出现多普勒参数失配现象，影响二维聚焦处理效果。图5-15给出了含一次相位误差时的压缩处理结果。

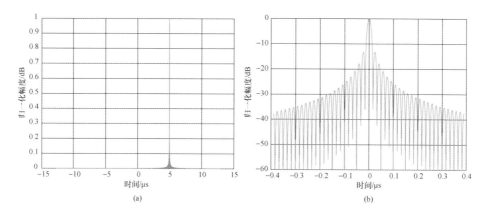

图 5-15 含一次相位误差情况下的压缩处理结果

(a)压缩结果幅度变化;(b)插值处理显示结果。

2. 二次相位误差影响分析

当系统传递函数存在二次相位误差时,误差函数可表示为

$$H(f_\tau) = e^{ja_2 P_2(f_\tau)} \quad (5-47)$$

式中:a_2 为二次相位误差系数。

理想线性调频信号通过该系统后,忽略常数项,回波信号可表示为

$$S_{2,\text{signal}}(f_\tau) \approx \text{rect}\left(\frac{f_\tau}{B_r}\right)\exp\left\{j\left(-\frac{\pi f_\tau^2}{K_r} + a_2\sqrt{\frac{5}{B_r}}\left(\frac{6f_\tau^2}{B_r^2} - \frac{1}{2}\right)\right)\right\} \quad (5-48)$$

此时,引入二次相位误差的峰峰值可表示为

$$\varphi_{2m} = \varphi_2\left(\frac{B_r}{2}\right) = \frac{3a_2}{2}\sqrt{\frac{5}{B_r}} \quad (5-49)$$

式中:B_r 为发射线性调频信号的带宽。受二次相位误差的影响,导致脉冲压缩处理时无法精确补偿回波信号中的二次相位,压缩处理结果的包络将呈现菲尼尔积分结果。二次相位误差将会造成压缩波形主瓣展宽,导致分辨率变坏。与此同时,也将造成压缩波形主瓣峰值下降,旁瓣电平提升,成像结果的峰值旁瓣比和积分旁瓣比均出现一定程度的下降。图 5-16 给出了脉冲压缩性能随二次相位误差的变化曲线,其中图 5-16(a)给出了不同二次相位误差条件下的压缩处理结果,图 5-16(b)给出了主瓣展宽随二次相位误差的变化曲线,图 5-16(c)给出了峰值旁瓣比随二次相位误差的变化曲线,图 5-16(d)给出了积分旁瓣比随二次相位误差的变化曲线。加权处理采用系数为 1/3 的简化泰勒权,权函数可表示为

$$W(f_\tau) = \frac{1}{3} + \frac{2}{3}\cos^2\frac{\pi f_\tau}{B_r} \tag{5-50}$$

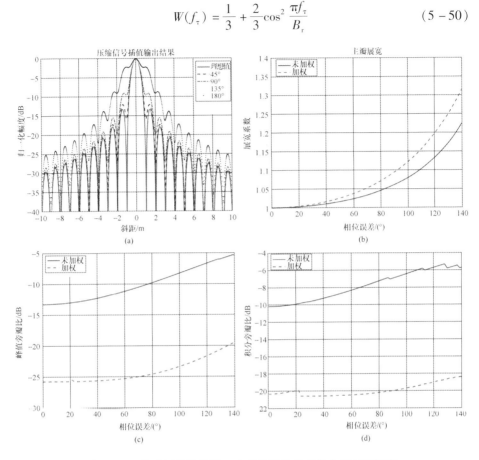

图 5-16 脉冲压缩性能随二次相位误差的变化曲线(见彩图)

(a)压缩结果的幅度变化曲线;(b)主瓣展宽随二次相位误差的变化曲线;
(c)峰值旁瓣比二次相位误差的变化曲线;(d)积分旁瓣比随二次相位误差的变化曲线。

从仿真结果可知,二次相位误差造成压缩结果出现了主瓣展宽、旁瓣抬高、峰值能量下降等现象,进而导致处理结果的空间分辨率、峰值旁瓣比、积分旁瓣比等均出现一定程度的恶化。随着二次相位误差的增大,恶化程度不断增加。当二次相位误差达到45°时,相位误差所造成的主瓣展宽达到1.012,峰值旁瓣比损失 1.22dB;若进一步考虑加权处理,主瓣展宽达到1.023,峰值旁瓣比损失 0.17dB。

3. 三次相位误差影响分析

当系统传递函数存在三次相位误差时,误差函数可表示为

$$H(f_\tau) = e^{ja_3 P_3(f_\tau)} \tag{5-51}$$

式中:a_3 为三次相位误差系数。

理想线性调频信号通过该系统后,忽略常数项,回波信号可表示为

$$S_{3,\text{signal}}(f_\tau) \approx \text{rect}\left(\frac{f_\tau}{B_r}\right)\exp\left\{j\left(-\frac{\pi f_\tau^2}{K_r} + a_3\sqrt{\frac{7}{B_r}}\left(\frac{20 f_\tau^3}{B_r^3} - \frac{3 f_\tau}{B_r}\right)\right)\right\} \quad (5-52)$$

此时,引入三次相位误差的峰峰值可表示为

$$\varphi_{3m} = \varphi_3\left(\frac{B_r}{2}\right) = 2a_3\sqrt{\frac{7}{B_r}} \quad (5-53)$$

假设传输系统的三次相位误差较小,忽略常数项,回波信号可近似表示为

$$S_{3,\text{signal}}(f_\tau) \approx \text{rect}\left(\frac{f_\tau}{B_r}\right)\exp\left\{j\left(-\frac{\pi f_\tau^2}{K_r}\right)\right\} \cdot (1 + k_3 f_\tau^3 - k_1 f_\tau) \quad (5-54)$$

式中:$k_3 = a_3\dfrac{\sqrt{2800}}{B_r^{7/2}}$;$k_1 = a_3\dfrac{\sqrt{63}}{B_r^{3/2}}$。

压缩处理结果可表示为

$$s_{3,0}(t) = s_0(t) + \frac{k_3}{8\pi^3}s_0^{(3)}(t) - \frac{k_1}{2\pi}s_0^{(1)}(t) \quad (5-55)$$

式中:$s_0^{(3)}(t)$ 为 $s_0(t)$ 的三阶微分处理结果;$s_0^{(1)}(t)$ 为 $s_0(t)$ 的一阶微分处理结果。

图 5-17 对比给出了 Sinc 函数、Sinc 函数的一阶微分结果、Sinc 函数的三阶微分结果及 Sinc 函数的一阶微分和三阶微分合成结果。从仿真结果可见,Sinc 函数的一阶微分结果和三阶微分结果均为非对称性结构,其与理想信号压缩结果合成后将造成左右两侧旁瓣出现非对称性畸变。以图 5-17 所示情形为例,将导致右侧旁瓣电平增高,左侧旁瓣电平减小。

图 5-18 给出了脉冲压缩性能随三次相位误差的变化曲线,其中图 5-18(a) 给出了不同三次相位误差条件下的压缩处理结果,图 5-18(b) 给出了主瓣展宽随三次相位误差的变化曲线,图 5-18(c) 给出了峰值旁瓣比随三次相位误差的变化曲线,图 5-18(d) 给出了积分旁瓣比随三次相位误差的变化曲线。从仿真结果可见,三次相位误差将会造成压缩结果出现非对称性畸变,进而导致处理结果的空间分辨率、峰值旁瓣比、积分旁瓣比等均出现一定程度的恶化,且随着三次相位误差的增大,恶化程度不断增加。相较于二次相位误差而言,三次相位误差对压缩结果的峰值旁瓣比影响较大,而对主瓣展宽的影响相对较小。当三次相位误差达到 45° 时,压缩结果的峰值旁瓣比损失将达到 3.12dB;若考虑加权处理,则峰值旁瓣比损失进一步达到 7.07dB。

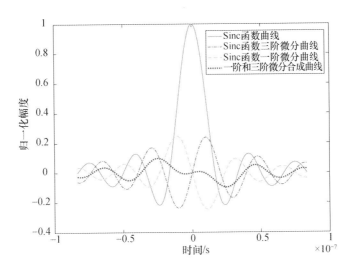

图 5-17 Sinc 函数及其三阶微分处理结果

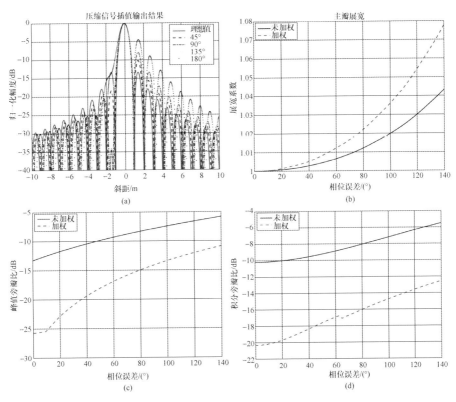

图 5-18 脉冲压缩性能随三次相位误差的变化曲线(见彩图)

(a)压缩结果的幅度变化曲线;(b)主瓣展宽随三次相位误差变化曲线;

(c)峰值旁瓣比随三次相位误差变化曲线;(d)积分旁瓣比随三次相位误差变化曲线。

5.2.2 有效载荷特性仿真建模

对于星载 SAR 有效载荷仿真建模,核心在于模拟有效载荷通道特性引入的系统幅相误差、系统热噪声、A/D 量化噪声、系统饱和噪声等,以此为基础,将有效载荷特性注入到仿真回波信号中。

1. 发射线性调频信号幅相误差建模

对于星载 SAR 系统而言,发射/接收系统的通道幅相特性可采用如下模型来表征

$$A(f_\tau) = \sum_{n=0}^{N} \alpha_n f_\tau^n + \alpha_{\text{random}}$$

$$\Phi(f_\tau) = \sum_{n=0}^{N} \varphi_n f_\tau^n + \varphi_{\text{random}} \quad (5-56)$$

式中:f_τ 为距离频率;N 为模型阶数;α_n 为通道幅频特性的第 n 阶系数;α_{random} 为服从正态分布的随机幅度误差;φ_n 为通道相频特性的第 n 阶系数;φ_{random} 为服从正态分布的随机相位误差。

信号发生器产生的中频线性调频信号经过雷达系统的带通滤波器进行滤波,这一过程的数学表达式可表示为

$$S(t) = S_{\text{chirp}}(t) \otimes h(t) \quad (5-57)$$

式中:$S_{\text{chirp}}(t)$ 为发射的线性调频信号;$h(t)$ 为带通滤波器的冲激响应函数。在频域内信号 $S(f_\tau)$ 可表达式为

$$S(f_\tau) = S_{\text{chirp}}(f_\tau) H(f_\tau) \quad (5-58)$$

由于带通滤波器的非理想幅频特性和相频特性,造成滤波处理后的线性调频信号出现幅度调制和相位误差。模拟发射调频信号的幅相误差,首先构造带通滤波器的冲激响应(滤波器的幅相特性可以根据要求的幅度、相位误差构造,也可以根据实际测量雷达系统的带通滤波器冲激响应特性构造);然后将带通滤波器的冲激响应函数和线性调频信号在频域内相乘,得到滤波后的调频信号频率特性;最后通过与回波仿真得到的脉冲回波信号在频域相乘,将调频信号的幅相误差注入仿真回波信号中。

另一种仿真方法是利用实测的内定标数据代替仿真的 Chirp 信号,进行傅里叶变换后同回波仿真得到的脉冲回波信号在频域相乘。图 5-19 给出了调频信号幅相误差模拟过程的示意图。

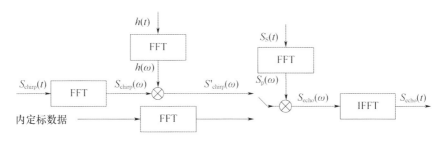

图 5 – 19　调频信号幅相误差模拟过程示意图

2. 接收机系统幅相误差建模

回波信号被接收机接收,信号经过接收机的带通滤波器进行滤波。由于带通滤波器的非理想幅频特性和相频特性,造成滤波处理后的线性调频信号出现幅度调制和相位误差。接收机幅相误差的模拟同调频信号幅相误差的模拟类似,将接收机带通滤波器的冲激响应以及回波信号变换到频域,在频域内相乘,然后变换回时域,以实现将接收机幅相误差注入仿真回波信号中。图 5 – 20 给出了接收机幅相误差模拟过程的示意图。

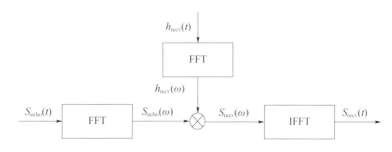

图 5 – 20　接收机幅相误差模拟过程示意图

3. 雷达系统热噪声建模

雷达系统内的电子设备在工作状态中会产生热噪声,该热噪声功率的表达式为

$$p = kTB \tag{5-59}$$

式中:k 为玻耳兹曼常数;T 为系统工作温度(开氏温度);B 为系统带宽。

在 I/Q 两个通道,雷达系统热噪声可认为是相互正交的高斯白噪声,它的存在将使回波信号的信噪比下降。可以通过在接收回波信号量化之前,对 I/Q 通道数据分别叠加上相互正交的高斯白噪声,实现对雷达系统热噪声的模拟。模拟过程如图 5 – 21 所示。

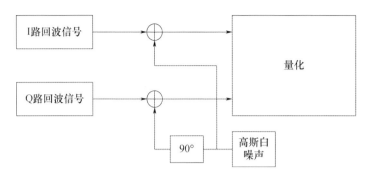

图 5-21　雷达系统热噪声模拟流程图

4. A/D 量化噪声及系统饱和噪声建模

A/D 量化噪声和系统饱和噪声的影响都属于量化误差。A/D 量化噪声是对回波信号进行量化而产生的,可以通过对仿真生成的全精度回波信号进行量化处理,实现对 A/D 量化噪声的模拟。系统饱和噪声是由于最大量化电平的限制,使回波信号出现了削波失真,进而产生量化误差,通过设定量化电平的数值,可以模拟不同情况下的系统饱和噪声。A/D 量化噪声、系统饱和噪声影响的模拟过程如图 5-22 所示。

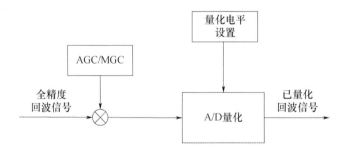

图 5-22　A/D 量化噪声及系统饱和噪声影响的模拟流程图

5.3　天线系统特性仿真

5.3.1　天线系统特性建模分析[82]

相控阵天线由多个天线单元组成,通过修正各天线单元通道传输信号的相位与幅度,改变相控阵列天线口径照射函数,实现天线波束的快速扫描与形状变化。图 5-23 给出了相控阵天线工作原理示意图。发射时,发射机输出信号通过功率分配网络分为 N 路信号,再经移相器移相后送至每一个天线单元,向空中辐射,使天线波束指向预定方向;接收时,N 个天线单元接收到的回波信号分别通过移相器和功率相加器,实现信号合成,然后送至接收机。发射和接收信号的转换依靠收发开关实现。

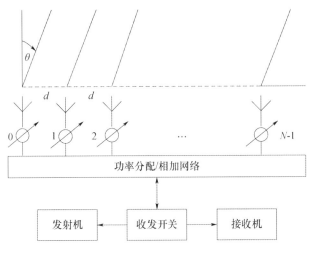

图 5 – 23 相控阵天线工作原理图

1. 矩形排列的平面相控阵天线

图 5 – 24 给出了平面相控阵的空间几何关系示意图。天线阵列位于 yoz 平面,共有 $M \times N$ 个天线单元,天线单元间距分别为 d_1 和 d_2。设目标所在方向以方向余弦表示为 $(\cos\alpha_x, \cos\alpha_y, \cos\alpha_z)$,各天线单元到目标方向之间存在的路程差决定了信号传输过程中的相位差,沿 Y 轴(水平)和 Z 轴(垂直)方向相邻天线单元之间的空间相位差可分别表示为

$$\begin{cases} \Delta\phi_1 = \dfrac{2\pi}{\lambda}d_1\cos\alpha_y \\ \Delta\phi_2 = \dfrac{2\pi}{\lambda}d_2\cos\alpha_z \end{cases} \quad (5-60)$$

若天线阵内由移相器提供的相邻天线单元之间的阵内相位差,沿 Y 轴与 Z 轴分别为

$$\begin{cases} \Delta\phi_{B\alpha} = \dfrac{2\pi}{\lambda}d_1\cos\alpha_{y_0} \\ \Delta\phi_{B\beta} = \dfrac{2\pi}{\lambda}d_2\cos\alpha_{z_0} \end{cases} \quad (5-61)$$

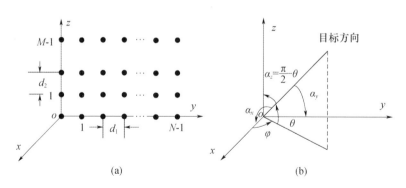

图 5 – 24　等间距排列的平面相控阵天线示意图

式中:$\cos\alpha_{y_0}$ 与 $\cos\alpha_{z_0}$ 为波束最大值指向的方向余弦。

若第 (i,k) 单元的幅度加权系数为 a_{ik},则图 5 – 24 所示平面相控阵天线的方向图函数 $F(\cos\alpha_y,\cos\alpha_z)$ 在忽略天线单元方向图影响的条件下,可表示为

$$F(\cos\alpha_y,\cos\alpha_z) = \sum_{i=0}^{N-1}\sum_{k=0}^{M-1} a_{ik}\exp\{j(i(\Delta\phi_1 - \Delta\phi_{Ba}) + k(\Delta\phi_2 - \Delta\phi_{B\beta}))\}$$

(5 – 62)

考虑到

$$\begin{cases}\cos\alpha_z = \sin\theta \\ \cos\alpha_y = \cos\theta\sin\varphi\end{cases}$$

(5 – 63)

故平面相控阵天线的方向图函数又可表示为

$$F(\theta,\varphi) = \sum_{i=0}^{N-1}\sum_{k=0}^{M-1} a_{ik}\exp\left\{j\left[i\left(\frac{2\pi}{\lambda}d_1\cos\theta\sin\varphi - \Delta\phi_{Ba}\right) + k\left(\frac{2\pi}{\lambda}d_2\sin\theta - \Delta\phi_{B\beta}\right)\right]\right\}$$

(5 – 64)

从式(5 – 64)可以看出,通过改变移相器提供的相邻天线单元之间的阵内相位差,即可实现天线波束的相控扫描。当天线口径照射函数为等幅分布时,幅度加权系数 $a_{ik}=1$,式(5 – 64)表示的天线方向图 $F(\theta,\varphi)$ 可改写为

$$F(\theta,\varphi) = \sum_{i=0}^{N-1}\exp\left\{j\left[i\left(\frac{2\pi}{\lambda}d_1\cos\theta\sin\varphi - \Delta\phi_{Ba}\right)\right]\right\} \cdot \sum_{k=0}^{M-1}\exp\left\{j\left[k\left(\frac{2\pi}{\lambda}d_2\sin\theta - \Delta\phi_{B\beta}\right)\right]\right\}$$

(5 – 65)

此时,方向图函数 $|F(\theta,\varphi)|$ 可表示为

$$|F(\theta,\varphi)| = |F_1(\theta,\varphi)| \cdot |F_2(\theta)|$$

(5 – 66)

式中:$|F_1(\theta,\varphi)|$ 和 $|F_2(\theta)|$ 分别为水平方向线阵和垂直方向线阵的天线方向图,可表示为

$$|F_1(\theta,\varphi)| \approx N \frac{\sin\dfrac{N}{2}\left(\dfrac{2\pi}{\lambda}d_1\cos\theta\sin\varphi - \Delta\phi_{Ba}\right)}{\dfrac{N}{2}\left(\dfrac{2\pi}{\lambda}d_1\cos\theta\sin\varphi - \Delta\phi_{Ba}\right)} \qquad (5-67)$$

$$|F_2(\theta)| \approx M \frac{\sin\dfrac{M}{2}\left(\dfrac{2\pi}{\lambda}d_2\sin\theta - \Delta\phi_{B\beta}\right)}{\dfrac{M}{2}\left(\dfrac{2\pi}{\lambda}d_2\sin\theta - \Delta\phi_{B\beta}\right)} \qquad (5-68)$$

2. 三角形排列的平面相控阵天线

为了减小阵列中的天线单元数目或出于其他目的,将天线单元按三角形方式排列,此时阵面分布如图 5-25 所示,该平面阵列天线可以看成由两个水平间距为 $2d_1$,垂直间距为 $2d_2$ 的矩形排列平面阵构成,且两个子阵阵面在水平方向间距为 d_1,垂直方向间距为 d_2。

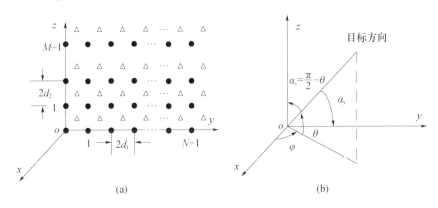

图 5-25 天线单元按三角形排列的平面相控阵天线示意图

此时,天线方向图函数可表示为

$$F(\varphi,\theta) = F_{s1}(\varphi,\theta) \cdot F_{s2}(\varphi,\theta) \qquad (5-69)$$

式中:$F_{s1}(\varphi,\theta)$ 为两个矩形排列的平面阵列天线阵的综合因子方向图(阵列因子方向图),$F_{s2}(\varphi,\theta)$ 为天线单元按矩形排列的平面相控阵天线的方向图,分别可表示为

$$F_{s1}(\varphi,\theta) = 1 + \exp\left\{j\left[\left(\dfrac{2\pi}{\lambda}d_1\cos\theta\sin\varphi - \Delta\phi_{Ba}\right) + \left(\dfrac{2\pi}{\lambda}d_2\sin\theta - \Delta\phi_{B\beta}\right)\right]\right\}$$

$$F_{s2}(\varphi,\theta) = \sum_{i=0}^{N/2-1}\sum_{k=0}^{M/2-1} a_{ik}\exp\left\{j\left[i\left(\dfrac{4\pi}{\lambda}d_1\cos\theta\sin\varphi - 2\Delta\phi_{Ba}\right) + k\left(\dfrac{4\pi}{\lambda}d_2\sin\theta - 2\Delta\phi_{B\beta}\right)\right]\right\}$$

3. 天线形变影响分析

受天线结构误差及环境影响导致天线阵面发生形变,将会造成天线阵列单

元之间的距离和各阵元的位置发生相对变化,从而引起阵元上的电流和口径场相位分布等发生变化,以致引起天线增益下降、副瓣电平升高和波束指向不准确等,降低相控阵天线的电性能。

天线子板热变形包含两种基本形态:阵面弯曲和阵面扭曲,如图 5 - 26 所示。假设天线阵面高度误差函数为 $H_\tau(x,y)$,将其进行二维傅里叶级数分解,建立天线热变形误差的数学模型,即

$$H_\tau(x,y) = \sum_{i=0}^{\infty} \sum_{l=0}^{\infty} a_{il} \cdot \sin\left(\frac{2\pi i}{L_a}x + \beta_{xi}\right) \cdot \sin\left(\frac{2\pi l}{L_r}y + \beta_{yl}\right) \quad (5-70)$$

式中:a_{il} 为阵面起伏的幅度;L_a 和 L_r 分别为天线的长度和宽度;β_{xi} 和 β_{yl} 分别为沿天线阵面 x 和 y 轴方向简谐波动分量的初始角。

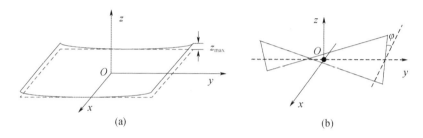

图 5 - 26 天线热变形示意图
(a)弯曲形变;(b)扭曲形变。

将天线阵面不平整度作为定量衡量天线阵面起伏程度的技术指标,定义为热变形误差函数 $H_\tau(x)$ 的均方根,用符号 σ_τ 表示

$$\sigma_\tau = \sqrt{\frac{1}{A}\iint \left[H_\tau^2(x,y) - \overline{H_\tau(x,y)^2} \right] dxdy} \quad (5-71)$$

式中:A 为天线阵面的面积;$\overline{H_\tau(x,y)}$ 为天线阵面的平均高度误差,可表示为

$$\overline{H_\tau(x,y)} = \frac{1}{A}\iint H_\tau(x,y) dxdy$$

由热变形引起的阵元空间相位误差函数可近似为 $\varphi_\tau(x_n,y_m) \approx kH_\tau(x,y)$,则二维天线方向图可近似表示为

$$F(\theta,\varphi) = \sum_{i=0}^{N-1} \sum_{k=0}^{M-1} a_{ik} \exp\left\{ j\left[i\left(\frac{2\pi}{\lambda}d_1\cos\theta\sin\varphi - \Delta\phi_{B\alpha}\right) + k\left(\frac{2\pi}{\lambda}d_2\sin\theta - \Delta\phi_{B\beta}\right)\right]\right\} \cdot$$
$$\exp\{j\varphi_t(x_i,y_k)\}$$

$$(5-72)$$

图 5 - 27 给出了矩形排布相控阵天线和三角形排布相控阵天线含热变形

时所对应的方位天线方向图,其中阵面起伏误差设定为1mm。从仿真结果可见:当存在天线热变形时,会导致天线方向图出现主瓣展宽、旁瓣抬升、增益下降等现象。

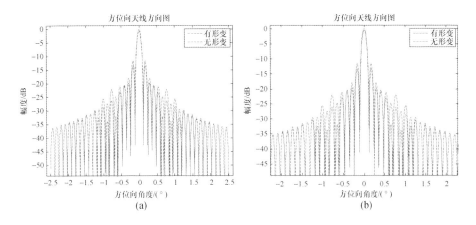

图5-27 含天线形变误差时的天线方向图(见彩图)
(a)矩形阵列排布相控阵天线;(b)三角形阵列排布相控阵天线。

图5-28和图5-29分别给出了矩形排布相控阵天线和三角形排布相控阵天线两种布局条件下,主瓣增益和最大副瓣随起伏误差的变化曲线。从仿真结果可以看出:①随着起伏误差a的增加,天线波束的主瓣宽度不断增加,主瓣增益迅速下降,进而导致获取图像的信噪比下降;②随着起伏误差a的增加,天线旁瓣电平不断增加,进而导致获取图像的模糊性能不断下降。

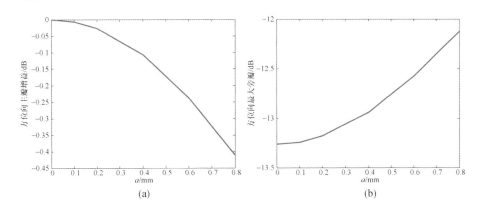

图5-28 矩形阵列排布相控阵天线性能随a值变化曲线
(a)主瓣增益变化曲线;(b)最大旁瓣变化曲线。

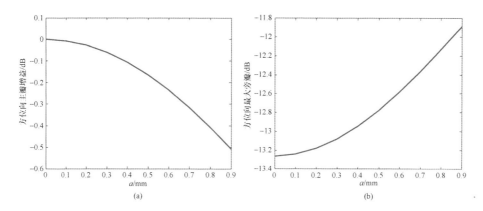

图 5-29　三角形阵列排布相控阵天线性能随 a 值变化曲线
（a）主瓣增益变化曲线；（b）最大旁瓣变化曲线。

5.3.2　天线系统特性仿真建模

天线系统特性对回波信号的影响主要体现在两个方面：①天线方向图形变引起的方向图调制误差；②天线波束指向偏差及指向抖动引起的方向图调制误差。虽然两种误差形式均会导致回波信号幅度调制特性偏离理想信号，但其注入方式存在显著区别。因此，在天线系统特性建模仿真时，需要针对两种情况分别进行考虑。

1. 天线方向图形状误差注入模型

由于工程制造存在误差（如 T/R 组件幅相不一致、T/R 阵元损坏等），实际的雷达天线方向图特性同理想情况存在偏差，将导致雷达系统的信噪比、模糊度、辐射精度等技术指标下降，进而影响获取图像的质量。由于天线方向图特性在回波信号数学模型中体现为对发射线性调频信号和接收回波信号的调制作用，因此，在仿真处理过程中，通过仿真含有各种误差的天线方向图特性或通过实测获得系统的真实天线方向图特性来替换仿真过程中采用的理想 Sinc 函数模式的天线方向图特性，即可实现将天线系统特性注入仿真回波信号中。图 5-30 给出了天线方向图误差注入仿真系统的示意图。首先构造存在工程误差的仿真天线方向图特性或通过试验测试得到真实天线方向图特性，然后用其替换回波仿真中的理想天线方向图，即可实现将天线方向图形状误差注入仿真回波信号中。

2. 天线波束指向误差注入模型

当存在天线波束指向误差时，天线瞄准点偏离理想位置，进而在回波信号

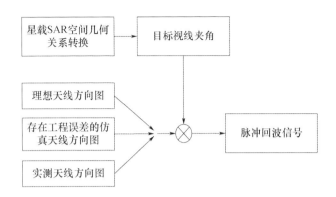

图 5-30 天线方向图形状误差注入仿真系统示意图

中引入方向图调制误差。参见卫星平台姿态误差注入方式,在坐标转换过程中注入天线波束指向误差。卫星星体坐标系与天线坐标系之间的转换关系可表示为

$$\boldsymbol{A}_{ea} = \begin{bmatrix} 1 & 0 & 0 \\ 0 & \cos\theta_R & -\sin\theta_R \\ 0 & \sin\theta_R & \cos\theta_R \end{bmatrix} \begin{bmatrix} \cos\varphi_A & \sin\varphi_A & 0 \\ -\sin\varphi_A & \cos\varphi_A & 0 \\ 0 & 0 & 1 \end{bmatrix} \quad (5-73)$$

式中:θ_R、φ_A 分别为距离向和方位向天线波束指向角。当存在天线波束指向误差时,距离向和方位向波束指向角修正为

$$\begin{cases} \theta_R = \theta_L + \Delta\theta_R(t) \\ \varphi_A = \varphi_0 + \Delta\varphi_A(t) \end{cases} \quad (5-74)$$

式中:$\Delta\theta_R$、$\Delta\varphi_A$ 分别为距离向和方位向波束指向误差。若用于分析天线波束抖动对成像质量的影响,可采用正余弦函数来进行描述,此时天线波束抖动误差可表示为

$$\begin{cases} \Delta\theta_R(t) = \Delta\theta_{R0} + \sum_n A_{Rn}\sin\omega_{Rn}t \\ \Delta\varphi_A(t) = \Delta\varphi_{A0} + \sum_m A_{Am}\sin\omega_{Am}t \end{cases} \quad (5-75)$$

式中:$\Delta\theta_{R0}$ 和 $\Delta\varphi_{A0}$ 分别为距离向和方位向天线波束指向偏差;$A_{Rn}\sin\omega_{Rn}t$ 和 $A_{Am}\sin\omega_{Am}t$ 分别为距离向和方位向天线波束指向抖动。将注入指向偏差和指向抖动的天线波束指向角引入卫星星体坐标系与天线坐标系间的转换矩阵,实现将天线波束指向误差注入星载 SAR 回波信号中。图 5-31 给出了将天线波束指向误差注入仿真系统的示意图。

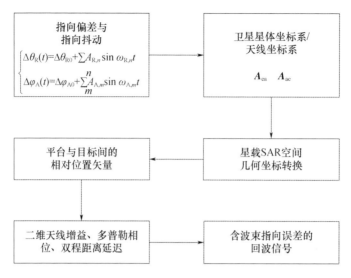

图 5-31　天线方向图指向误差注入仿真系统示意图

5.4　大气传输特性仿真

地球表面并非理想的真空环境,如图 5-32 所示,从地球表面至约 12km 为对流层,60~1000km 为电离层。当雷达电磁波在天线与目标之间传输时,对流层和电离层会引入附加的系统幅相误差,影响获取信号的聚焦效果。

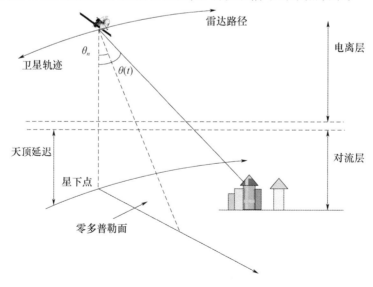

图 5-32　星载 SAR 信号传输示意图

5.4.1 电离层传输特性仿真

5.4.1.1 电离层结构

电离层的形成是由于高层大气受太阳紫外线、X 射线等辐射而电离产生的大量电子和离子。地球上空的大气密度随高度的增加而减少。低空大气的密度较大,气体分子碰撞频繁,电离后的电子和离子可以很快地复合,在宏观上呈中性。而高空大气的密度稀薄,电离作用较快而复合作用较慢,因此,高层大气中存在的电子和离子数量较多。由于大气层气体成分、分子密度、温度等随高度变化以及其他影响大气电离的因素,导致电离层电子密度也随高度有规律地变化,呈现分层结构。此外,由于各种原因的不稳定性影响,电子密度存在不规则体结构。

1. 背景电离层结构

背景电离层一般指电子密度在水平方向几百千米范围内不变或变化很慢,垂直方向服从分层结构。从大尺度的角度看,电离层通常按照电子密度和组成成分的不同,沿海拔分成 D 区、E 区、F 区以及 F 区以上空间,如图 5 – 33 所示。

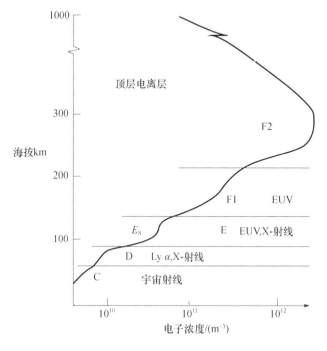

图 5 – 33 电离层的分层结构

将描述电子浓度垂直剖面的数学模型称为电离层模型,可分为理论模型和经验模型[111-112]。理论模型主要根据电离层的形成机理和电离层物理化学特性推导而来,包括卡普曼(Chapman)模型、抛物线模型、线性模型、指数模型等,其中最经典的是卡普曼模型。1931年,卡普曼首次提出较成熟的电离层形成理论。根据太阳辐射是电离层形成的主要因素,以及电离层中电离和复合两种相反作用处于动态平衡的基本机理,在一定简化条件下,推导出近似表达式,即电离层电子密度N_e可表示为

$$N_e(h) = N_{emo} \exp\left\{ \frac{1 - z - \sec\chi \cdot e^{-z}}{2} \right\} \quad (5-76)$$

式中:N_{emo}为太阳天顶角$\chi = 0$时的最大峰值电子密度;$z = \frac{h - h_m}{H}$,h为高度,H为大气标高,h_m为峰值电子密度所在高度。

此外,采用抛物曲线来近似层内电子浓度随高度变化的模型称为抛物线模型,电离层电子密度N_e可表示为

$$N_e(h) = \begin{cases} N_m \cdot \left[1 - \left(\frac{h - h_m}{Y_m}\right)^2 \right] & |h - h_m| \leq Y_m \\ 0 & |h - h_m| > Y_m \end{cases} \quad (5-77)$$

式中:N_m为最大峰值电子密度;Y_m为半厚度;h为高度;h_m为峰值电子密度所在高度。

由于电离层状态随空间、时间和地球物理条件会发生很大的变化,至今为止,还没有一致公认的比较理想的电离层预报方式,往往是根据需要和所掌握的电离层资料来构造经验模型。经验模型由大量电离层探测资料统计分析而得,一般是对电离层剖面进行分段描述,即在峰值附近的分布近似为抛物线,上电离层的分布大体为指数模型,起始高度附近的低电离层则为线性模型,结合各种预报电离层特征参数的数学处理,导出了多种电离层经验模型。

国际电离层参考模型(International Reference Ionosphere,IRI)是国际无线电科学联合会根据地面观察站测到的大量资料和多年电离层模型研究结果,编制的全球电离层模型[113],并编成计算机程序供查用。IRI是一种统计预报模式,反映的是宁静电离层的平均状态,要求高精度使用时,还需要考虑电离层的瞬间变化。只要给出经度、太阳黑子数、月份以及位置,就可利用计算机计算出60~1000km高度范围内的电子浓度、电子温度、离子温度及某些离子的相对百分比浓度,供工程和科研人员使用。图5-34给出了2001年6月1日UT0:00

全球垂直总电子量(TEC)值。

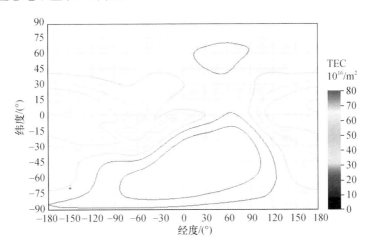

图 5-34　2001 年 6 月 1 日 0：00UT 全球垂直 TEC 值(IRI2001 模型)(见彩图)

此外,还有国际 GNSS 服务(International GNSS Service,IGS)提供的全球电离层地图(GIM),即全球 TEC 分布图。IGS 每天根据分布在全球、全天候观测得到的双频 GPS 资料计算出 TEC 结果,具有台站数多且分布均匀、时间精度合适、数据可靠等特点。IGS 提供的电离层 TEC 资料是在离地面 450km 高的球壳上每 2h、经度方向每 5°(0°~360°)、纬度方向每 2.5°(-87.5°~87.5°)的网格点上给出的,即 2h 一幅全球电离层图,图像有 71×73=5183 个网格点,一天 12 幅电离层图[114]。

2. 不规则体结构

在研究无线电在电离层中的传播时,一般假定电离层结构是光滑的,即只考虑背景电离层。但实际上,电离层的结构非常复杂。电离层内既有数十千米甚至数百千米的大尺度不规则体,也存在几千米甚至几米的中小尺度不规则体。相比于背景电离层,不规则体代表了电子密度在局部区域的微变。图 5-35 是电离层不规则体的一个简单示例。

电离层不规则体主要分布在高纬(极区内)和低纬(赤道南北 10°内)的电离层 F 区[116-120]。不同地区不规则体产生的机理各不相同。赤道地区的大尺度结构和扩展 F 层主要是由流体瑞利—泰勒不稳定性产生;高纬地区电子密度不规则体主要由梯度漂移不稳定性产生;极地地区极光闪烁可以发生在任何时刻。赤道地区的不规则体一般发生在日落之后的数小时内,在极区,白天和黑夜均有电离层不规则体的出现。太阳黑子极大年,不规则体存在的频率最高。

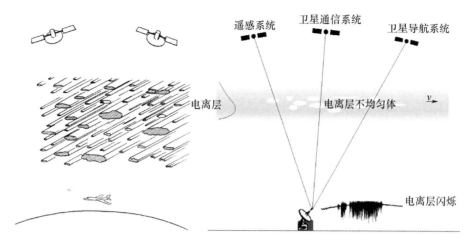

图 5-35 电离层不规则体示意图[115]

5.4.1.2 电离层传输特性影响分析

描述无线电波在电离层中传播的理论基础是磁离子理论推出的阿尔普顿（Appleton）公式[121-123]，忽略电子碰撞和地磁场的影响，电离层的折射率为

$$n = \sqrt{1 - \frac{f_p^2}{f^2}} \tag{5-78}$$

式中：f_p 为等离子体频率；f 为电磁波频率。

根据式(5-78)，电磁波穿过电离层引入的群延迟 Δt 可表示为

$$\Delta t = \int_{path} \left(\frac{1}{v_g} - \frac{1}{c} \right) ds = \int_{path} \left(\frac{1}{c/n_g} - \frac{1}{c} \right) ds$$

$$= \frac{1}{c} \int_{path} \left(\frac{1}{\sqrt{1 - f_p^2/f^2}} - 1 \right) ds \tag{5-79}$$

利用泰勒展开，$\dfrac{1}{\sqrt{1-f_p^2/f^2}} \approx 1 + \dfrac{f_p^2}{2f^2}$，得到

$$\Delta t = \frac{1}{c} \int_{path} \frac{f_p^2}{2f^2} ds \tag{5-80}$$

等离子体频率 f_p 可表示为

$$f_p = \sqrt{\frac{r_e c^2}{\pi} N_e} = \sqrt{80.56 N_e} \tag{5-81}$$

式中：r_e 为经典电子半径；N_e 为电子密度，单位 m^{-3}。

将(5-81)代入(5-80)，有

$$\Delta t = \frac{1}{c}\int_{\text{path}} \frac{80.56 N_e}{2f^2}\mathrm{d}s = \frac{K \cdot \text{TEC}}{cf^2} \qquad (5-82)$$

式中:K 为常数,$K=40.28$;TEC 为总电子量,代表电子密度沿电磁波传播路径的积分,单位 TECU,$1\text{TECU}=10^{16}\text{m}^{-2}$。

如式(5-82)所示,电离层所引入的群延迟效应由电离层总电子量 TEC 和电磁波频率 f 所决定。TEC 包括均匀部分和波动部分:均匀部分相当于背景电离层 TEC 或大尺度电子密度不规则体 TEC,引起距离向色散效应,对不同方位时刻色散影响的差异可忽略;波动部分由中小尺度不规则体引起,主要导致方位向相位波动,称为闪烁效应。

1. 电离层色散效应

对于星载 SAR 系统而言,电磁波信号发射/接收两次经过电离层,引入的双程附加相位可表示为

$$\Delta\varphi(f_\tau) = -4\pi f_\tau \left(\int_{\text{path}} \frac{1}{v_p}\mathrm{d}s - \int_{\text{path}} \frac{1}{c}\mathrm{d}s \right)$$
$$= \frac{4\pi K \cdot \text{TEC}}{cf_\tau} \qquad (5-83)$$

如式(5-83)所示,电离层引入的双程附加相位与电磁波频率有关,线性调频信号的不同频率分量将产生不同的附加相位,产生色散效应。假设理想情况下 SAR 接收到的距离向信号频域表示为 $S_r(f_\tau)$,则受电离层影响后的回波信号可表示为

$$S'_r(f_\tau) = S_r(f_\tau) \cdot \exp\{\mathrm{j}\Delta\varphi(f_\tau)\} \quad |f_\tau - f_c| \leq \frac{B_r}{2} \qquad (5-84)$$

式中:f_c 为信号载频;B_r 为信号带宽。

将附加相位 $\Delta\varphi(f_\tau)$ 在载频 f_c 处进行泰勒展开,忽略三次以上项后,有

$$\Delta\varphi(f_\tau) = \frac{4\pi K \cdot \text{TEC}}{cf_c} - \frac{4\pi K \cdot \text{TEC}}{cf_c^2}(f_\tau - f_c) + \frac{4\pi K \cdot \text{TEC}}{cf_c^3}(f_\tau - f_c)^2 \quad |f_\tau - f_c| \leq \frac{B_r}{2}$$
$$(5-85)$$

经解调,得到基带信号的相位误差可表示为

$$\Delta\varphi(f_\tau) = \frac{4\pi K \cdot \text{TEC}}{cf_c} - \frac{4\pi K \cdot \text{TEC}}{cf_c^2}f_\tau + \frac{4\pi K \cdot \text{TEC}}{cf_c^3}f_\tau^2 \quad |f_\tau| \leq \frac{B_r}{2} \quad (5-86)$$

式中:第一项为常数项;第二项为频域一次相位误差,将导致时域信号产生延迟;第三项为频域二次相位误差,将导致压缩结果出现散焦现象。图 5-36 从

时域解释了电离层影响。

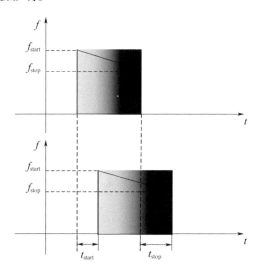

图 5-36 电离层对星载 SAR Chirp 信号的影响

根据式(5-82)得到电离层对 SAR 信号引入的双程延迟时间为

$$\Delta t = \frac{2K \cdot \text{TEC}}{cf_\tau^2} \tag{5-87}$$

对于线性调频信号而言,不同频率分量具有不同的双程时延。脉冲起始频率和终止频率的延迟时间分别为

$$t_{\text{start}} = \frac{2K \cdot \text{TEC}}{cf_{\text{start}}^2} \tag{5-88}$$

$$t_{\text{stop}} = \frac{2K \cdot \text{TEC}}{cf_{\text{stop}}^2} \tag{5-89}$$

此时,回波信号的脉冲宽度修正为

$$\tau'_p = \tau_p + t_{\text{stop}} - t_{\text{start}} \tag{5-90}$$

对于负调频信号而言,$t_{\text{stop}} > t_{\text{start}}$,接收回波信号的脉冲宽度将会变宽;对于正调频信号而言,$t_{\text{stop}} < t_{\text{start}}$,接收回波信号的脉冲宽度将会缩短。忽略常数项及高次相位误差的影响,电离层影响下的 SAR 回波信号可表示为

$$s'(\tau,t) = W(t) \cdot a\left(\tau - \frac{2R(t)}{c} - \frac{2K \cdot \text{TEC}}{cf_c^2}\right) \cdot$$

$$\exp\left\{-j\frac{4\pi R(t)}{\lambda}\right\} \cdot \exp\left\{j\frac{4\pi K \cdot \text{TEC}}{cf_c}\right\} \exp\left\{j\pi K'_r\left(\tau - \frac{2R(t)}{c} - \frac{2K \cdot \text{TEC}}{cf_c^2}\right)^2\right\}$$

$$(5-91)$$

式中：K'_r 为电离层影响下的距离向信号调频率，$K'_r = \dfrac{B_r}{\tau'_p}$；$a(\tau)$ 为电离层影响下的矩形窗函数，可表示为

$$a(\tau) = \begin{cases} 1 & -\dfrac{\tau'_p}{2} \leqslant \tau \leqslant \dfrac{\tau'_p}{2} \\ 0 & \text{其他} \end{cases} \quad (5-92)$$

从式(5-91)可见，受电离层色散效应影响，接收回波信号产生了延迟和脉冲宽度变化，进而导致距离向脉冲压缩波形的平移和散焦。色散效应引入的距离延迟 ΔR 可表示为

$$\Delta R = \dfrac{K \cdot \text{TEC}}{f_c^2} \quad (5-93)$$

从式(5-93)可见，距离延迟 ΔR 正比于电离层总电子量 TEC，反比于发射信号载频的平方。图 5-37 分别给出了 P 波段与 X 波段距离延迟随 TEC 的变化曲线。从仿真结果可见：P 波段受电离层影响较大，距离延迟达到几十米，甚至超过百米；X 波段受电离层影响较小，距离延迟小于 0.5m。

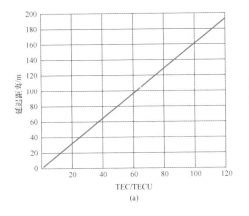
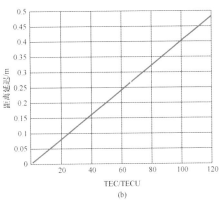

图 5-37　斜距延迟随 TEC 的变化曲线

(a) P 波段；(b) X 波段。

色散效应引入的二次相位误差(Quadratic Phase Error, QPE)在脉冲端处达到最大，可表示为

$$\text{QPE} = \pi \Delta K_r \left(\dfrac{\tau_p}{2}\right)^2 \quad (5-94)$$

式中：$\Delta K_r = K'_r - K_r$。通过将 ΔK_r 展开，化简得到

$$\text{QPE} = \frac{\pi K B_r^2}{c f_c^3} \text{TEC} \tag{5-95}$$

从式(5-95)可见,色散效应引入的二次相位误差由电离层总电子量、发射信号载频、发射信号带宽决定。图 5-38 给出了色散效应引入的二次相位误差随 TEC 的变化曲线。从仿真结果可见:随着电离层总电子量的增加,色散效应引入的二次相位误差线性增加。与此同时,发射信号带宽越大,引入的二次相位误差越大;发射信号的载频越大,引入的二次相位误差越小。

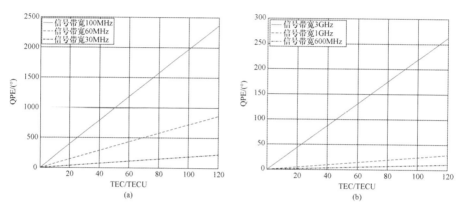

图 5-38　二次相位误差随 TEC 的变化曲线
(a)P 波段;(b)X 波段。

在分析相位误差对成像质量影响时,通常以 45° 相位误差为界。令 QPE 小于 45°,即

$$\text{QPE} = \frac{\pi K B_r^2}{c f_c^3} \text{TEC} \leqslant \frac{\pi}{4} \tag{5-96}$$

考虑到地距分辨率 $\rho_r = \dfrac{c}{2 B_r \sin\theta_i}$,可以获得地距分辨率与电离层总电子量 TEC 的约束关系

$$\rho_r \geqslant \sqrt{\frac{c K \cdot \text{TEC}}{f_c^3 \sin^2\theta_i}} \tag{5-97}$$

图 5-39 给出了不补偿电离层色散效应时允许的最大地距分辨率随载频的变化曲线,仿真时设置入射角为 30°。图 5-40 给出了 VTEC=40TECU(一般情况)和 80TECU(极端情况)下脉冲压缩结果的距离向信号波形。仿真时 P 波段雷达的信号带宽设置为 30MHz,X 波段雷达的信号带宽设置为 3GHz。从

仿真结果可见:对于 P 波段雷达系统而言,需要补偿电离层色散效应影响;对于 X 波段雷达系统而言,仅在超大信号带宽模式下需要补偿电离层色散效应影响。

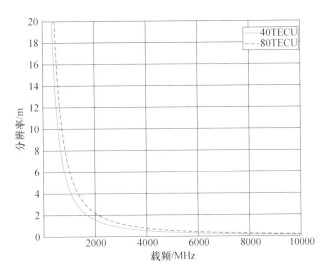

图 5-39 允许的分辨率随载频的变化

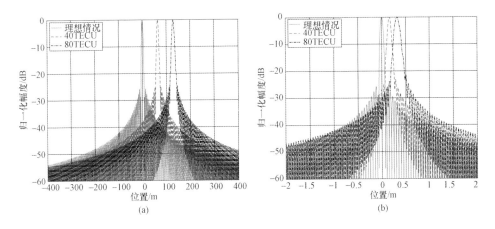

图 5-40 色散效应对距离向信号压缩波形的影响(见彩图)

(a)P 波段;(b)X 波段。

2. 电离层闪烁效应

闪烁效应由电离层中小尺度不规则体引起。描述闪烁效应的一般方法是采用相位屏模型,即将电离层看成一个薄层(相位屏),星载 SAR 信号穿过电离层将引入附加相位。随着卫星的移动,穿过电离层的信号扫过电离层相位屏产生不同的附加相位。由于不规则体的复杂性,附加相位变化为随机相位,只能采用统计方法来描述其特性。通常采用的描述不规则体 TEC 功率谱模型[124]为

$$\text{PSD}_\varphi(\kappa) = T'_{\text{TEC}} \left(\sqrt{\kappa_o^2 + \kappa^2} \right)^{-p} \tag{5-98}$$

式中:κ 为方位向空间波数;$\kappa_o = \dfrac{2\pi}{L_o}$,$L_o$ 为不规则体湍流外尺度;p 为功率谱指数;T'_{TEC} 为正比于电离层扰动的常数,表示为

$$T'_{\text{TEC}} = G \cdot \sec\theta_L \cdot C_k L \cdot T'_{C_k L} \tag{5-99}$$

式中:G 为几何常量;θ_L 为雷达视角;$C_k L$ 为 1km 尺度电离层扰动强度;$T'_{C_k L}$ 表示为

$$T'_{C_k L} = \frac{\sqrt{\pi}\,\Gamma(p/2)}{(2\pi)^2\,\Gamma((p+1)/2)} \left(\frac{2\pi}{1000} \right)^{p+1} \tag{5-100}$$

接收信号的相位功率谱密度可表示为

$$\text{PSD}_\varphi(f) = T' \left(\sqrt{\kappa_o^2 + \kappa^2} \right)^{-p} \frac{\mathrm{d}\kappa}{\mathrm{d}f} \tag{5-101}$$

式中:$\dfrac{\mathrm{d}\kappa}{\mathrm{d}f} = \dfrac{2\pi}{v_{\text{eff}}}$ 为保证能量守恒的转换因子;v_{eff} 为电离层相位屏上信号扫描速度,$v_{\text{eff}} = \dfrac{v_s}{\gamma}$;$\gamma$ 为卫星高度与相位屏高度的比,常用的相位屏高度为 350km;T' 为正比于电离层扰动的常数,表示为

$$T' = (r_e\lambda)^2 \cdot T'_{\text{TEC}} \tag{5-102}$$

式中:r_e 为经典电子半径;λ 为雷达波长。

闪烁效应将产生方位向高阶相位误差,图 5-41 给出了 $C_k L = 10^{33}$ 时一次仿真生成的闪烁相位误差。由于误差具有随机性,只能分析其统计特性。相位误差的均方根(Root Mean Square,RMS)表示为

$$\phi_{\text{RMS}}^2 = 2 \int_{\kappa_C}^{\infty} \text{PSD}_\varphi(\kappa)\,\mathrm{d}\kappa \tag{5-103}$$

式中:$\kappa_C = \dfrac{2\pi}{L_C}$;$L_C$ 为电离层上的合成孔径长度,$L_C = \dfrac{L_S}{\gamma}$;$L_S$ 为合成孔径长度。由式(5-103)可见:方位向分辨率越高,合成孔径时间越长,引入的相位误差也越大。但当 $L_C > L_o$ 时,积分值(相位误差)趋于稳定。

将相位功率谱密度表达式代入式(5-103),可以得到

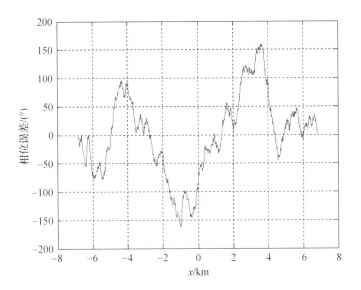

图 5-41　闪烁相位误差（$C_kL=10^{33}$）

$$\phi_{RMS}^2 = 2\int_{\kappa_C}^{\infty} PSD_\varphi(\kappa)d\kappa \approx 2\int_{\kappa_C}^{\infty}(r_e\lambda)^2 T'_{TEC}\kappa^{-p}d\kappa = \frac{2(r_e\lambda)^2 T'_{TEC}}{p-1}\kappa_C^{-p+1}$$

(5-104)

考虑到

$$\kappa_C = \frac{4\pi\gamma v_s^2 \rho_a}{\lambda R v_g^2}$$

(5-105)

式中：R 为最短斜距；ρ_a 为方位向分辨率；v_s 为卫星速度；v_g 为天线波束在地面上的移动速度。由此可以得到双程 ϕ_{RMS}，即

$$\phi_{RMS} = 2\sqrt{\frac{2r_e^2\lambda^{1+p} G\sec\theta_L \cdot C_kL \cdot T'_{C_kL} \cdot (4\pi\gamma \cdot v_s^2/v_g^2 \cdot \rho_a)^{-p+1}}{(p-1)\cdot R^{-p+1}}}$$

(5-106)

以分辨率展宽 2% 为限，对应的 RMS 相位误差约为 20°，则

$$2\sqrt{\frac{2r_e^2\lambda^{1+p} G\sec\theta_L \cdot C_kL \cdot T'_{C_kL} \cdot (4\pi\gamma \cdot v_s^2/v_g^2 \cdot \rho_a)^{-p+1}}{(p-1)\cdot R^{-p+1}}} < \frac{\pi}{9}$$

(5-107)

通常 $p>1$，可以获得方位向分辨率与电离层扰动强度的约束关系

$$\rho_a > \frac{Rv_g^2}{4\pi\gamma v_s^2}\left(\frac{648 r_e^2 \lambda^{1+p} G\sec\theta_L \cdot C_kL \cdot T'_{C_kL}}{\pi^2(p-1)}\right)^{\frac{1}{p-1}}$$

(5-108)

图 5-42 给出了不同闪烁强度条件下允许的方位向分辨率随载频的变化曲线,轨道高度设置为 600km,雷达视角 θ_L 设置为 35°,外尺寸 L_o 设置为 10km,功率谱指数 p 设置为 2.5。从仿真分析可见:随着载频的不断增加,雷达系统受电离层闪烁效应的影响不断减小。对于 P 波段雷达系统而言,在 $C_k L = 10^{32}$ 弱闪烁情况下所允许的分辨率也仅为 10m;而对于 X 波段雷达系统而言,通常可忽略电离层闪烁效应所带来的影响。

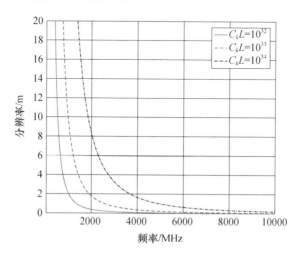

图 5-42 允许的分辨率随载频的变化

图 5-43 分别给出了电离层扰动强度 $C_k L$ 为 10^{32}、10^{33} 和 10^{34} 情况下闪烁效应对 P 波段 SAR 方位信号压缩波形的影响。对每一个扰动强度 $C_k L$ 值,给出单次仿真结果,视角取 35°。

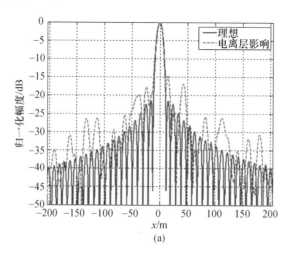

(a)

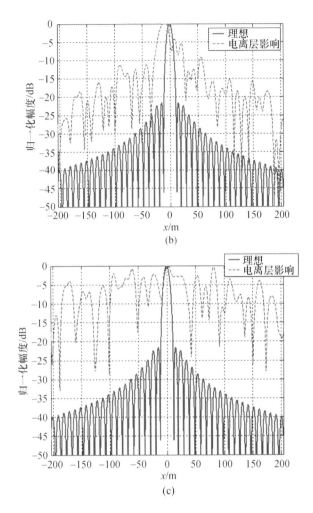

图 5-43 闪烁效应对方位向信号压缩波形的影响(见彩图)

(a) $C_kL=10^{32}$(弱闪烁);(b) $C_kL=10^{33}$(中等闪烁);(c) $C_kL=10^{34}$(强闪烁)。

5.4.1.3 电离层传输特性仿真建模

结合 5.4.1.2 节的分析可知,当 SAR 信号穿过电离层时,受色散效应的影响,在回波信号中引入随频率变化的双程延迟相位因子,即

$$\Delta\phi_{\text{iono}}(f_\tau) = \frac{4\pi K \cdot \text{TEC}}{c(f_\tau + f_0)} \tag{5-109}$$

假设理想星载 SAR 回波信号为 $s(\tau,t)$,当回波信号经过电离层时,受电离层色散效应的影响,等效回波信号经过传递系统 $H_{\text{io}}(f_\tau)$

$$H_{\text{io}}(f_\tau) = \exp\left\{ j\frac{4\pi K \cdot \text{TEC}}{c(f_\tau + f_0)} \right\} \quad (5-110)$$

因此，可将电离层色散效应系统传递函数引入回波信号仿真流程，实现将电离层色散效应注入回波信号中。图 5-44 给出了电离层效应仿真处理流程图。

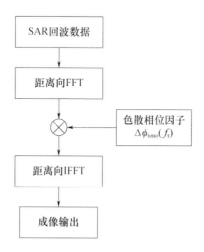

图 5-44 电离层色散效应仿真流程图

电离层闪烁效应一般采用相位屏模型来进行表征。考虑到 TEC 随时间、空间随机变化，导致当信号通过该相位屏时，会引入一个高阶随机相位因子，进而导致接收信号产生畸变。由于电离层闪烁相位只存在于电离层高度处，在仿真过程中需将回波信号等效到电离层高度处，并在频域内注入电离层闪烁相位，实现将电离层闪烁效应注入回波信号中。图 5-45 给出了电离层闪烁效应的仿真流程图。仿真具体步骤如下。

(1) 构造闪烁随机相位。利用高斯白噪声通过具有相位功率谱特性的线性系统模拟生成电离层随机相位屏，即利用相位功率谱密度函数的平方根与复高斯白噪声相乘得到随机相位屏频谱 $F(k)$，即

$$F(k) = \sqrt{2\pi L \cdot \text{PSD}_\varphi \left(\frac{2\pi k}{L} \right)} \cdot \begin{cases} \frac{1}{\sqrt{2}}[N(0,1) + jN(0,1)] & k \neq 0, \frac{N}{2} \\ N(0,1) & k = 0, \frac{N}{2} \end{cases}$$

$$(5-111)$$

式中：$N(0,1)$ 为均值为 0、方差为 1 的高斯随机序列。

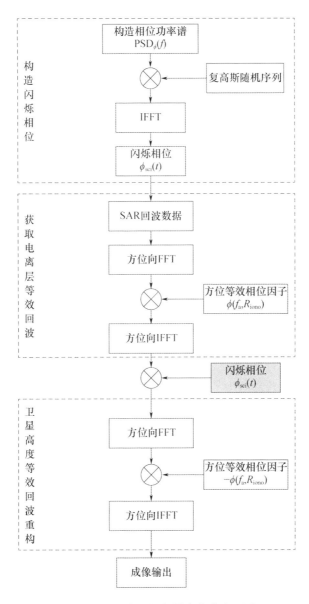

图 5-45 电离层闪烁效应仿真流程图

对构建的随机相位屏频谱进行傅里叶逆变换处理,获得时域内的随机相位误差,构造对应闪烁相位 $\phi_{\mathrm{sci}}(t)$。

(2) 对仿真回波信号进行方位向傅里叶变换处理,将回波信号转换到距离多普勒域内。

$$S(\tau, f_{\mathrm{a}}) = \mathrm{FFT}_{\mathrm{a}}(s(\tau, t)) \qquad (5-112)$$

由于电离层闪烁相位只存在于电离层高度处,引入闪烁相位之前需将原始回波信号等效到电离层高度位置。因此,在距离多普勒域内将回波信号与方位等效相位因子 $\phi(f_a, R_{iono})$ 进行相乘处理,获取电离层高度的等效方位向回波信号频谱 $S_{iono}(\tau, f_a)$。

$$\phi(f_a, R_{iono}) = -\frac{4\pi}{\lambda} R_{iono} \left(\sqrt{1 - \left(\frac{f_a \lambda}{2 v_{ref}}\right)^2} - 1 \right) \quad (5-113)$$

式中:f_a 为方位频率;v_{ref} 为雷达等效速度;R_{iono} 为电离层高度斜距,即

$$R_{iono} = \frac{H_{iono}}{\cos\theta_L} + \left(i - \frac{N_r}{2}\right) \cdot \Delta r \quad (5-114)$$

式中:H_{iono} 为电离层相位屏高度;θ_L 为雷达视角;N_r 为距离向采样点数;Δr 为距离向采样间隔;$i = 0, 1, \cdots, N_r - 1$。

(3) 对等效方位回波信号频谱进行方位向傅里叶逆变换处理,获得电离层高度等效回波 $S_{iono}(\tau, t)$,在二维时域内与第一步构造的闪烁相位因子相乘,得到闪烁效应影响下的电离层高度等效回波 $S_{iono\_sci}(\tau, t)$

$$S_{iono\_sci}(\tau, t) = S_{iono}(\tau, t) \cdot \exp\{j\phi_{sci}(t)\} \quad (5-115)$$

(4) 对回波信号进行方位向傅里叶变换处理,将含电离层闪烁效应的回波信号转换到距离多普勒域内。在距离多普勒域内补偿步骤(2)中引入的方位等效相位因子,即

$$S_{sci}(\tau, f_a) = S_{iono\_sci}(\tau, f_a) \cdot \exp\{-j\phi(f_a, R_{iono})\} \quad (5-116)$$

(5) 将回波信号进行方位向傅里叶逆变换处理,得到注入电离层闪烁效应的回波信号 $S_{sci}(\tau, t)$。

5.4.2 对流层传输特性仿真

5.4.2.1 对流层传输特性影响分析

对流层位于大气底层,为多种气体(氮、氧、氢、二氧化碳等)与水蒸气的混合体,其大气密度随高度的增加大致呈指数下降。当电磁波穿过对流层时,受介质折射指数的影响,传播速率会小于真空中的速度。对流层的电波传播特性通常用折射率 N 表示[125-126],具体为

$$N = k_1 \frac{P}{T} + \left(k_2' \frac{e}{T} + k_3 \frac{e}{T^2}\right) = N_{hyd} + N_{wet} \quad (5-117)$$

$$k_2' = k_2 - \frac{R_d}{R_V} k_1 \quad (5-118)$$

式中:P 为大气总气压;e 为干空气的水汽分压;T 为绝对温度;R_d 和 R_V 分别为干空气和水汽的气体常数;k_1、k_2、k_3 为与折射率有关的通用气体常数;N_{hyd} 为折射率的流体静力学分量,由处于流体静力平衡状态下整个大气产生;N_{wet} 为折射率的非静力学分量,又称为湿分量,由中性大气层中的水汽造成。式(5-117)和式(5-118)中的常数 R_d、R_V、k_1、k_2、k_2'、k_3 的取值如表 5-1 所列。

表 5-1 大气折射率常数[125]

参数	数值
R_d	287.05 J$kg^{-1}K^{-1}$
R_V	461.495 J$kg^{-1}K^{-1}$
k_1	77.6 K·hPa^{-1}
k_2	71.6 K·hPa^{-1}
k_2'	23.3 K·hPa^{-1}
k_3	$3.75 \times 10^5 K^2$·hPa^{-1}

由于电磁波在对流层中的传播速率小于真空中的传播速度,当回波信号穿越对流层时,会产生路径延迟和路径弯曲两种现象,前者是由于传播速度的降低引入,后者是由于对流层空间分布不均匀造成。当入射角小于 87°时,即使在极端折射条件下,路径弯曲引起的大气延迟也可以忽略不计[126-127],因此,对于小入射角的星载 SAR 系统而言,可以忽略路径弯曲带来的影响。通过沿高程方向进行积分,可以得到天顶方向上的对流层延迟

$$\begin{aligned}\Delta D &= 10^{-6}\int_z^{z_{top}} k_1 \frac{P}{T} dh + 10^{-6}\int_z^{z_{top}}\left(k_2'\frac{e}{T} + k_3\frac{e}{T^2}\right)dh \\ &= 10^{-6}\int_z^{z_{top}} N_{hyd} dh + 10^{-6}\int_z^{z_{top}} N_{wet} dh \\ &= \Delta D_{hyd} + \Delta D_{wet}\end{aligned} \quad (5-119)$$

式中:z 为地表高程;z_{top} 为对流层顶高层;ΔD_{hyd} 和 ΔD_{wet} 分别为静力学延迟和湿延迟。静力学延迟占对流层延迟的 90% 以上,在时间和空间均为缓慢变化;湿延迟比静力学延迟小很多,但其与大气中的水分含量有关,随时间和空间变化很大。考虑到雷达信号沿视线方向传播,在分析对流层传输特性对星载 SAR 回波信号影响时,还需要将天顶方向对流层延迟转换至视线方向。

对流层延迟的计算包括两类方法:第一类为射线轨迹法,该方法将对流层按照高度进行分层,分别计算每层的折射率,沿信号传输路径进行积分,求解由于折射率不均匀引入的延迟误差

$$\Delta R = \int N(h)\mathrm{d}l - \int \mathrm{d}l \qquad (5-120)$$

式中:ΔR 为距离延迟;N 为对流层各层折射率;l 为信号传输路径;h 为高度。除了天顶方向,式(5-120)是解析不可积函数,可以通过级数展开法进行求解。由于需要将对流层进行分层,并且分别计算各层的折射率,计算复杂。第二类方法为映射函数法,该方法把对流层延迟表示为天顶延迟 Ψ_{zenith} 与映射函数 $m(\theta(t))$ 的乘积,即

$$\Delta R = \Psi_{\mathrm{zenith}} \cdot m(\theta(t)) \qquad (5-121)$$

式中:入射方位角 $\theta(t)$ 为图 5-32 所示的雷达与目标之间视线方向与星下点之间的夹角。该方法无须进行分层,使用方便,且精度较高。当采用该方法来分析对流层影响时,涉及天顶延迟建模和映射函数建模两个方面。

1. 天顶延迟模型

天顶延迟可以通过观测位置附近的全球定位系统(GPS)信号接收站测量获得,该方法精度较高,但仅适用于布置 GPS 接收机的特定区域。在实际应用中,也可通过获取观测地区的实测气象数据,代入天顶延迟计算模型来获得相应的天顶延迟。在诸多对流层天顶延迟模型中,目前得到国内外公认,且使用较多的是 Hopfield 模型和 Saastamoinen 模型。

1) Hopfield 模型[128-129]

Hopfield 模型是最早提出的一种对流层延迟模型。1969 年,Hopfield 利用全球 18 个气象站台的平均气象资料,分析了各气象参数与海拔高度之间的关系,推导出大气折射率指数与高程之间的关系,进而通过地面气象参数计算出对流层延迟。Hopfield 模型的对流层天顶延迟可表示为

$$\Psi_{\mathrm{zenith}} = 10^{-6} k_1 \frac{P_0}{T_0} \frac{H_{\mathrm{T}} - h}{5} + 10^{-6} [k_3 + 273(k_2 - k_1)] \frac{e_0}{T_0^2} \frac{H_{\mathrm{w}} - h}{5} \qquad (5-122)$$

其中:

$$H_{\mathrm{T}} = 40136 + 148.72(T_0 - 273.15)$$

$$H_{\mathrm{w}} = 11000$$

式中:H_{T} 为干对流层顶高;H_{w} 为湿对流层顶高;P_0 为地面气压;T_0 为地面温度;e_0 为地面水汽压;h 为观测地点的海拔高度;参数 $k_1 = 77.6\mathrm{K/hPa}$,$k_2 = 71.6\mathrm{K^2/hPa}$,$k_3 = 3.747 \times 10^5 \mathrm{K^2/hPa}$。

2) Saastamoinen 模型[129-130]

Saastamoinen 模型把地球的大气分为三层:对流层从地面到 10km 左右高度

处的对流层顶,其气体温度假设为 $\beta = 6.5℃/km$ 递减率;第二层从对流层顶到70km 左右的平流层顶,其大气温度假设成常数;70km 外为电离层。Saastamoinen 模型将式(5-120)的被积函数按照天顶距三角函数进行展开,逐项积分得到大气延迟。Saastamoinen 模型的对流层天顶延迟可表示为

$$\Psi_{\text{zenith}} = 0.002277 \times \frac{\left[P_0 + \left(0.05 + \frac{1255}{T_0 + 273.15}\right)e_0\right]}{f(\varphi, h)} \quad (5-123)$$

其中:

$$\begin{cases} e_0 = rh \times 6.11 \times 10^{\frac{7.5T_0}{T_0 + 273.3}} \\ f(\varphi, h) = 1 - 0.00266\cos2\varphi - 0.00028h \end{cases} \quad (5-124)$$

式中:P_0 为地面气压;T_0 为地面温度;e_0 为地面水汽压;rh 为相对湿度;$f(\varphi,h)$ 为地球自转所引起重力加速度变化的修正;φ 为观测站的地心纬度;h 为观测站的海拔高度。

3) 指数模型[11,131]

德宇航(DLR)在 TerraSAR-X 数据处理过程中采用地面观测站实测数据与指数模型估算相结合的方法估计对流层延迟,其中对流层延迟实测数据由欧洲永久网格区域性参考框架委员会(EUREF)分析中心提供。图 5-46 为 EUREF 提供的位于意大利帕多瓦的 GPS 接收站测量的天顶延迟。天顶延迟随季节改变呈现出周期性变化,即使在同一季节内不同的天气状况也会有不同的天顶延迟。德宇航在实际数据处理中发现,尽管天顶延迟变化幅度不大(幅度最大约为 10cm),但在高精度成像处理中必须考虑不同时间的动态变化。

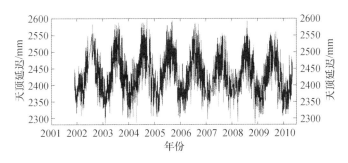

图 5-46 意大利帕多瓦的天顶延迟测量值

指数模型将天顶延迟映射为观测地点高度的函数,高度为 h 的观测点天顶延迟可表示为

$$\Psi_{\text{zenith}} = \Psi_{\text{zenith,sea}} e^{-h/h_0} \qquad (5-125)$$

式中:$\Psi_{\text{zenith,sea}}$ 为海平面的天顶延迟;h_0 为对流层高度,在 TerraSAR-X 数据处理中 h_0 取值为 6000m。若高度为 h_{GPS} 的 GPS 接收站测得的天顶延迟为 $\Psi_{\text{zenith,GPS}}$,则高度为 h 的观测点的天顶延迟可表示为

$$\Psi_{\text{zenith}} = \Psi_{\text{zenith,GPS}} e^{-\left(\frac{h - h_{\text{GPS}}}{h_0}\right)} \qquad (5-126)$$

2. 映射函数模型

考虑到星载 SAR 回波信号沿雷达视线方向传播,需要将天顶方向对流层延迟转换到视线方向。映射函数模型构建了天顶对流层延迟与指定入射方位角对流层延迟间的映射关系,可将天顶对流层延迟映射到指定入射方位角方向。因此,在获得天顶对流层延迟及地面场景方位入射角后,可利用映射函数模型获得星载 SAR 系统的对流层延迟。目前,常用的映射函数有 Marini-Murray 映射函数、CFA2.2 映射函数以及三角映射函数等。

1)Marini-Murray 映射函数[132]

Marini 首先提出将对流层延迟的数学形式写成天顶延迟和映射函数乘积的设想。在平行平面大气层的假设下给出了一种常参数连分的映射函数

$$m(\theta(t)) = \cfrac{1}{\cos(\theta(t)) + \cfrac{a_1}{\cos(\theta(t)) + \cfrac{a_2}{\cos(\theta(t)) + \cfrac{a_3}{\cos(\theta(t)) + a_4}}}} \qquad (5-127)$$

式中:$a_1 = 0.00085599$;$a_2 = 0.0021722$;$a_3 = 0.0060788$;$a_4 = 0.11571$。

2)CFA2.2 映射函数[133]

Marini-Murray 映射模型中的 a_1,a_2,a_3,a_4 都是常参数,没有考虑观测站气象和地球物理参数的影响,限制了映射模型的精度。1985 年,David 提出了 CFA2.2 模型,该模型把映射函数中的常参数写成地面气象和地球物理参数的线性函数,建立了一种新的映射函数模型

$$m(\theta(t)) = \cfrac{1}{\cos(\theta(t)) + \cfrac{a_1}{\cos(\theta(t)) + \cfrac{a_2}{\cos(\theta(t)) + a_3}}} \qquad (5-128)$$

$a_1 = 0.001185[1 + 0.6071 \cdot 10^{-4}(P_0 - 1000) - 0.1471 \cdot 10^{-3} e_0 +$
$0.3072 \cdot 10^{-2}(T_0 - 20) + 0.01965(\beta + 6.5) - 0.5645 \cdot 10^{-2}(h_T - 11.231)]$

$$a_2 = 0.001144[1 + 0.1164 \cdot 10^{-4}(P_0 - 1000) + 0.2795 \cdot 10^{-3} e_0 +$$
$$0.3109 \cdot 10^{-2}(T_0 - 20) + 0.03038(\beta + 6.5) - 0.01217(h_T - 11.231)]$$
$$a_3 = -0.0090$$

式中:P_0 为地面气压;e_0 为地面水汽压;T_0 为地面温度;β 为对流层温度衰减率;h_T 为对流层顶高度。

3) 三角映射函数[11,131]

德宇航在处理 TerraSAR - X 数据时,假设参考点周围的大气是圆周对称且不变的,如图 5 - 47 所示,采用三角投影函数来构建映射函数,可表示为

$$m(\theta(t)) = \frac{1}{\cos(\theta(t))} \quad (5-129)$$

经实际数据处理验证,该模型精度可以满足 TerraSAR - X 方位扫描角为 ±2.2°凝视模式的处理需求。

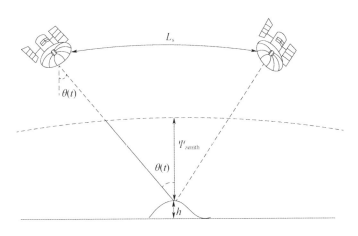

图 5 - 47 三角投影函数示意图

基于 Hopfield 天顶延迟模型及表 5 - 2 所列的气象数据,图 5 - 48 给出了采用不同映射模型获得的距离延迟误差变化曲线。从仿真结果可见,对于常规的星载 SAR 系统而言,不同映射模型引入的延迟误差相差很小,因此,在实际应用中可采用简单且易于实现的三角映射函数来进行补偿。

表 5 - 2 天顶延迟计算中的气象参数

气象参数	温度/K	地面水汽压/hPa	地面气压/hPa	海拔/m
数值	283.15	11.691	1013.25	100

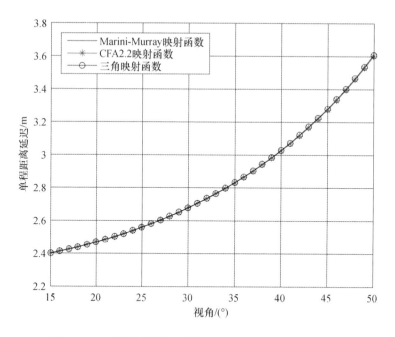

图 5-48 不同映射模型距离延迟误差变化曲线(见彩图)

3. 对流层对星载 SAR 成像性能的影响

对流层为非色散介质,对信号不同频率影响一致,并不影响距离压缩效果。然而,不同采样时刻数据获取几何关系的差异及对流层的时变性,将引入不同的时延误差,进而影响方位聚焦效果。图 5-49 给出了 35°视角下不同方位时刻对流层距离延迟误差变化曲线。不同时刻雷达与地面目标间具有不同的入射方位角,导致不同方位时刻的距离延迟误差不断变化,进而影响方位向的聚焦效果。

当电磁波信号经过对流层时,受对流层延迟效应影响,雷达系统接收回波信号可表示为

$$s_0(\tau,t) = a_0 w_r(\tau - 2R'(t)/c) w_a(t - t_c) \times \\ \exp\{-\mathrm{j}4\pi f_0 R'(t)/c\} \exp\{\mathrm{j}\pi K_r(\tau - 2R'(t)/c)^2\} \quad (5-130)$$

式中:τ 为距离向快时间;w_r 为距离向天线方向图;w_a 为方位向天线方向图;t_c 为中心时刻;K_r 为信号调频率;c 为光速;$R'(t)$ 为距离延迟,$R'(t) = R(t) + \Delta R(t)$;$R(t)$ 为天线相位中心到目标之间的距离;$\Delta R(t)$ 为对流层的距离延迟。

对式(5-130)进行距离向傅里叶变换处理,回波信号可表示为

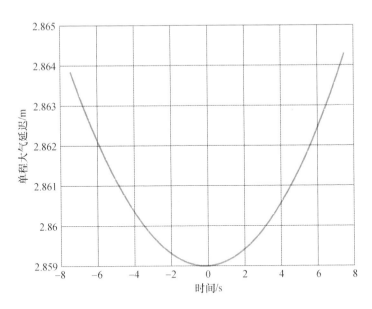

图 5-49 对流层延迟误差随方位时间的变化曲线

$$S_0(f_\tau,t) = a_0 W_r(f_\tau) w_a(t-t_c) \times$$
$$\exp\left\{-j\frac{4\pi(f_0+f_\tau)(R(t)+\Delta R(t))}{c}\right\}\exp\left\{-j\frac{\pi f_\tau^2}{K_r}\right\}$$

(5-131)

由式(5-131)可知,对流层延迟将在距离频域内引入相位误差 $\phi_\varepsilon(f_\tau) = -\frac{4\pi(f_0+f_\tau)\Delta R(t)}{c}$,将会对回波信号产生两个方面的影响:①对于各脉冲信号而言,对流层延迟误差将会引入一次相位误差,进而造成距离向脉冲压缩结果出现位置偏移,导致后续方位向压缩处理产生参数失配,影响距离徙动校正及方位向压缩处理;②对于不同时刻脉冲信号而言,数据获取几何关系的差异将使得入射方位角 $\theta(t)$ 发生变化,进而造成对流层延迟时间的变化,导致方位压缩处理结果出现参数失配现象,影响距离徙动校正及方位向压缩处理。图 5-50 对比给出了延迟误差补偿前后点目标成像处理结果。从仿真结果可见:对于给定的地面目标而言,不同时刻雷达与目标间具有不同的入射方位角,导致不同方位时刻的对流层延迟误差不断变化,进而引入残余距离徙动校正误差和残余方位相位误差,影响目标的二维聚焦效果,且随着孔径时间的增加,对流层延迟误差的影响不断加剧。

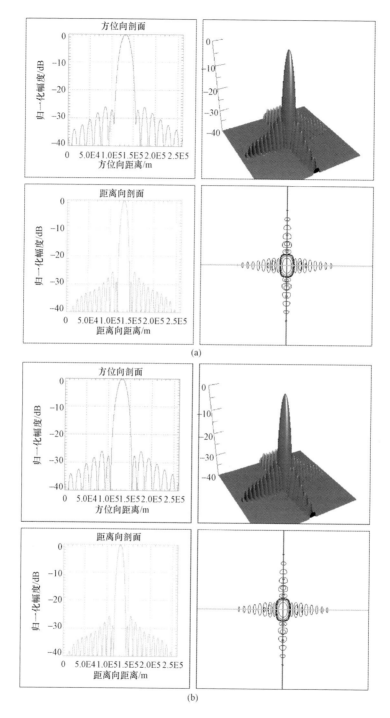

图 5-50 对流层延迟误差对成像结果的影响(见彩图)

(a)不补偿对流层延迟误差的成像结果;(b)补偿对流层延迟误差后的成像结果。

5.4.2.2 对流层传输特性仿真建模

当电磁波信号穿过对流层时,会在回波信号中引入距离延迟误差。结合上节的介绍可知,对流层引入的距离延迟受天顶延迟模型和映射函数模型两个方面的影响,其中天顶延迟模型受当地气象数据影响,映射函数模型由回波信号的入射方位角决定。图 5-51 给出了星地等效关系示意图,其中 O 点表示地心,S 表示卫星位置,T 表示目标位置。

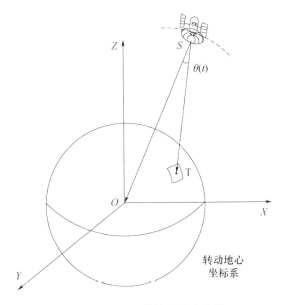

图 5-51 星地等效关系示意图

如图 5-51 所示,雷达入射方位角 $\theta(t)$ 为矢量 $\mathbf{SO}$ 和矢量 $\mathbf{ST}$ 的夹角,可由下式获取

$$\theta(t) = \mathrm{acos}\left(\frac{\mathbf{SO} \cdot \mathbf{ST}}{|\mathbf{SO}| \cdot |\mathbf{ST}|}\right) \qquad (5-132)$$

在已知地面目标点坐标位置的基础上,只需计算各获取时刻卫星的位置坐标,即可通过式(5-132)计算得到该时刻的入射方位角 $\theta(t)$,以此为基础,综合天顶延迟 Ψ_{zenith} 和映射函数模型 $m(\theta(t))$,获取该时刻对流层引入的延迟误差 $\Delta R(t)$。图 5-52 给出了对流层延迟误差的仿真处理流程图。

(1) 以仿真地面场景位置为基础,利用当地气象数据和天顶延迟模型,计算仿真场景位置处的天顶延迟 Ψ_{zenith};

(2) 计算各时刻卫星在不转动地心坐标系中的位置矢量 $\mathbf{SO}$ 以及卫星与地面目标之间的相对位置矢量 $\mathbf{ST}$,计算卫星与地面目标之间的入射方位角 $\theta(t)$,

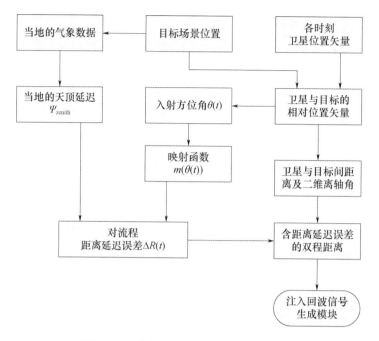

图 5-52　对流层延迟误差仿真处理流程图

以此为基础,计算该时刻卫星与地面目标之间的映射函数模型 $m(\theta(t))$;

(3) 综合天顶延迟 Ψ_{zenith} 和映射函数模型 $m(\theta(t))$,计算该时刻卫星与目标之间的距离延迟误差 $\Delta R(t)$;

(4) 以卫星与地面目标之间的相对位置矢量 **ST** 为基础,计算各时刻卫星与地面目标之间的相对距离 $R(t)$,并与距离延迟误差 $\Delta R(t)$ 相结合,获得各时刻含对流层延迟误差的星地相对距离 $R(t) + \Delta R(t)$;

(5) 将各时刻含对流层延迟误差的星地相对距离 $R(t) + \Delta R(t)$ 注入回波信号仿真模型,生成经过对流层传输后的回波信号,实现将对流层延迟误差注入回波信号中。

第 6 章

星载 SAR 成像仿真

和光学图像"所见即所得"不同,星载 SAR 原始回波信号呈现类噪声特性,如何将类噪声信号转换成可视图像是星载 SAR 技术研究的核心内容。根据是否进行多普勒相位校正处理,SAR 成像处理算法可分为聚焦型处理算法和非聚焦型处理算法。非聚焦型处理算法完全忽略多普勒相位校正这一步骤,仅适用于低分辨率 SAR 回波信号处理,所能够达到的方位向分辨率为 $\sqrt{\lambda R/2}$,分辨率随作用距离增加而恶化,无法满足高分辨率星载 SAR 的应用需求。本章针对高分辨率星载 SAR 成像处理方法进行介绍,在构建星载 SAR 成像处理模型的基础上,对目前常用的各类成像处理方法进行分类总结,并提出了适用于星载 SAR 各种工作模式的三步聚焦成像处理方法,满足高分辨率多模式星载 SAR 成像处理的应用需求。

6.1 星载 SAR 成像处理模型

星载 SAR 通过向地面目标发射线性调频信号,并接收来自目标的后向散射信号,完成对地面目标的观测处理。图 6-1 给出了 SAR 图像获取示意图。如图 6-1 所示,假设地面目标的后向散射系数为 $\sigma(r,x) = \sigma_0(r,x) e^{j\varphi(r,x)}$,式中:$r$ 为斜距;x 为方位位置;σ_0 为目标散射幅度;φ 为目标散射相位。获取的回波数据是地面目标散射系数通过 SAR 回波获取和回波解调子系统的输出,成像处理结果为回波信号经过成像子系统的输出。

结合第 4 章给出的回波信号数学模型,获取的回波信号可以表示为目标散射特性与雷达系统冲激响应函数的卷积处理结果,可表示为

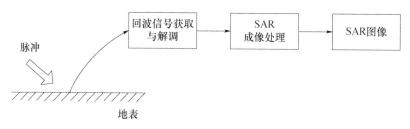

图 6-1　SAR 图像获取示意图

$$ss(\tau,t) = [\sigma(\tau,t) \cdot w_r(\tau)] \otimes [h_1(\tau,t;r) \otimes_\tau h_2(\tau)]$$
$$= [\sigma(\tau,t) \cdot w_r(\tau) \otimes h_1(\tau,t;r)] \otimes_\tau h_2(\tau) \quad (6-1)$$

式中：$h_2(\tau)$ 为距离向冲激响应函数，是一维时不变系统，与雷达系统空间几何关系无关；$h_1(\tau,t)$ 为方位向冲激响应函数，是二维空变系统，由雷达系统的空间几何关系所决定。

假设雷达系统发射线性调频信号，对于场景内的任意目标而言，其回波信号可以表示为

$$ss(\tau,t) = \sigma_0 \exp\{j\varphi_0\} \cdot w_a(t-t_0) \cdot \exp\left\{-j\frac{4\pi R(t)}{\lambda}\right\} \cdot$$
$$w_r\left(\tau - \frac{2R(t)}{c}\right) \cdot a\left(\tau - \frac{2R(t)}{c}\right) \cdot \exp\left\{-j\pi K_r\left(\tau - \frac{2R(t)}{c}\right)^2\right\}$$
$$(6-2)$$

式中：τ 和 t 分别为距离向和方位向时间；$w_r(\cdot)$ 和 $w_a(\cdot)$ 分别为距离向和方位向天线增益函数；$a(\cdot)$ 为矩形窗函数；K_r 为发射信号的调频率；λ 为发射信号波长；$R(t)$ 为 t 时刻目标与雷达天线相位中心之间的间距；c 为光速；σ_0 为目标散射幅度；φ_0 为目标散射相位。

对式（6-2）进行距离向傅里叶变换处理，忽略常数项，距离频域内的回波信号可表示为

$$Ss(f_\tau,t) = \sigma_0 \exp\{j\varphi_0\} \cdot w_a(t-t_0) \cdot W_r(f_\tau) \cdot a\left(-\frac{f_\tau}{K_r}\right) \cdot$$
$$\exp\left\{j\pi \frac{f_\tau^2}{K_r}\right\} \cdot \exp\left\{-j\frac{4\pi R(t)f_\tau}{c}\right\} \cdot \exp\left\{-j\frac{4\pi R(t)}{\lambda}\right\}$$
$$(6-3)$$

式中：f_τ 为距离向频率。

从式（6-3）可以看出，SAR 回波信号的相位因子涵盖了三个指数项：第一个指数项表征回波信号的距离向相位因子，由雷达系统的发射信号所决定；第二个指数项表征了回波信号的距离方位耦合，反映了回波信号的距离徙动特

性;第三个指数项表征回波信号的方位向多普勒相位因子,由天线相位中心与地面目标之间的相对距离所决定。

对式(6-3)进行方位向傅里叶变换处理,回波信号可表示为

$$SS(f_\tau, f_a) = \sigma_0 \exp\{j\varphi_0\} \cdot W_r(f_\tau) \cdot a\left(-\frac{f_\tau}{K_r}\right) \cdot \exp\left\{j\pi \frac{f_\tau^2}{K_r}\right\} \cdot$$

$$\int w_a(t - t_0) \cdot \exp\left\{-j4\pi R(t)\left(\frac{1}{\lambda} + \frac{f_\tau}{c}\right)\right\} \cdot \exp\{-j2\pi f_a t\} dt$$

(6-4)

式中:f_a 为方位向频率。

若采用等效斜视距离模型,天线相位中心与地面目标之间的相对距离可以表示为

$$R(t) = \sqrt{R_0^2 + (vt)^2 - 2R_0 vt\cos\varphi} \qquad (6-5)$$

式中:v 为等效飞行速度;φ 为等效斜视角;R_0 为波束中心时刻的斜距。

回波信号的二维频谱可表示为

$$SS(f_\tau, f_a) = \sigma_0 \exp\{j\varphi_0\} \cdot W_r(f_\tau) w_a\left(-\frac{R_0 \lambda f_a \sin\varphi}{2v^2 \sqrt{1-\left(\frac{\lambda f_a}{2v}\right)^2}}\right) \cdot$$

$$a\left(-\frac{f_\tau}{K_r}\right) \cdot \exp\left\{-j\frac{2\pi R_0 f_a}{v}\cos\varphi\right\} \cdot$$

$$\exp\left\{-j\frac{4\pi R_0 \sin\varphi}{\lambda} \cdot \sqrt{1-\left(\frac{\lambda f_a}{2v}\right)^2} \cdot \sqrt{1+\frac{\frac{2f_\tau\lambda}{c}+\left(\frac{f_\tau}{c}\right)^2}{1-\left(\frac{\lambda f_a}{2v}\right)^2}}\right\} \cdot \exp\left\{j\pi\frac{f_\tau^2}{K_r}\right\}$$

(6-6)

对上式的第二个指数项进行泰勒级数展开处理,并忽略高次项所带来的影响,有

$$\sqrt{1+\frac{\frac{2f_\tau\lambda}{c}+\left(\frac{f_\tau}{c}\right)^2}{1-\left(\frac{\lambda f_a}{2v}\right)^2}} \approx 1 + \frac{1}{D^2(f_a)}\frac{f_\tau\lambda}{c} - \frac{\left(\frac{\lambda f_a}{2v}\right)^2}{2D^4(f_a)}\left(\frac{f_\tau\lambda}{c}\right)^2 \qquad (6-7)$$

式中:

$$D(f_a) = \sqrt{1-\left(\frac{\lambda f_a}{2v}\right)^2}$$

回波信号的二维频谱函数可改写为

$$SS(f_\tau, f_a) = \sigma_0 \exp\{j\varphi_0\} W_r(f_\tau) \cdot a\left(-\frac{f_\tau}{K_r}\right) \cdot$$

$$\exp\left\{j\pi\left(\frac{1}{K_r} + R_0 \sin\varphi \frac{2\lambda}{c^2} \cdot \frac{\left(\frac{\lambda f_a}{2v}\right)^2}{\left[1-\left(\frac{\lambda f_a}{2v}\right)^2\right]^{\frac{3}{2}}}\right) f_\tau^2\right\} \cdot$$

$$W_a\left(-\frac{R_0 \lambda f_a \sin\varphi}{2v^2 \sqrt{1-\left(\frac{\lambda f_a}{2v}\right)^2}}\right) \cdot \exp\left\{-j\frac{4\pi f_\tau R_0 \sin\varphi}{c}\sqrt{1-\left(\frac{\lambda f_a}{2v}\right)^2}\right\} \cdot$$

$$\exp\left\{-j\frac{2\pi R_0 f_a}{v}\cos\varphi\right\} \cdot \exp\left\{-j\frac{4\pi R_0 \sin\varphi}{\lambda} \cdot \sqrt{1-\left(\frac{\lambda f_a}{2v}\right)^2}\right\}$$

(6-8)

从式(6-8)可以看出,回波信号的方位向相位呈现双曲线特性,且变化规律由相对距离 R、等效飞行速度 v 和等效斜视角 φ 决定。若进一步假设雷达系统的合成孔径时间相对较小,即

$$\sqrt{1-\left(\frac{\lambda f_a}{2v}\right)^2} \approx 1 - \frac{1}{2}\left(\frac{\lambda f_a}{2v}\right)^2$$

此时,回波信号的方位向相位也呈现线性调频信号特性,与距离向相似,可采用匹配滤波处理来实现方位向压缩处理。从上面的介绍可知,SAR 成像处理过程可以看成是利用获取的回波数据提取目标区域散射系数的过程,是一个二维相关处理过程,涵盖距离向压缩处理和方位向压缩处理两部分:距离向压缩处理是一维移不变过程且相关核函数已知;方位向压缩处理由于存在距离徙动现象,是一个二维移变相关过程。相比较而言,方位向压缩处理比距离向压缩处理要难得多,如何解决方位向压缩处理的移变问题成为 SAR 成像算法的核心,也导致了各种成像算法在成像质量和运算量上的差异。

6.2 成像处理算法的分类

依据成像处理算法作用域的不同,成像处理算法可分为时域成像处理算法、距离多普勒域成像处理算法、多变换频域成像处理算法、二维频域成像处理算法以及极坐标域成像处理算法等,下面针对各类成像处理算法分别进行介绍。

6.2.1 时域成像处理算法

所谓时域成像处理算法是指在二维时域内完成回波信号的距离徙动校正和方位压缩处理,其代表性算法为后向投影(Back Projection,BP)算法。BP 算法起源于计算机断层扫描技术(CT)[134],其基本思想是针对成像区域内的每一个目标点,计算观测时间内天线相位中心与该目标之间的双程距离,补偿回波信号的多普勒相位,并进行方位向相干叠加处理,实现该目标点的能量聚集,而对于其他目标的回波信号而言,叠加结果趋近于0。因此,可认为最终叠加结果即为该像素点的值,从而恢复出每个目标的散射系数。理论上讲,无论何种雷达工作模式,均可采用后向投影算法来进行成像处理,是一种通用且精确的成像处理算法。图 6-2 给出了后向投影算法的处理流程框图。

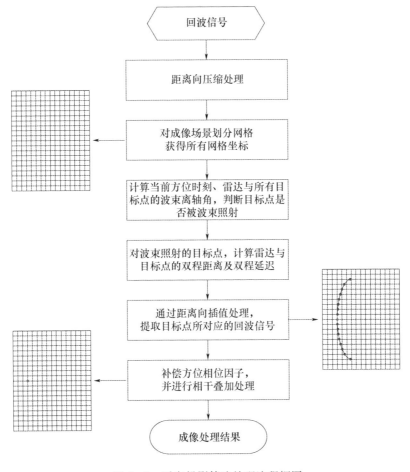

图 6-2 后向投影算法处理流程框图

如图 6-2 所示,采用匹配滤波处理来实现距离向压缩处理。对回波信号进行距离向傅里叶变换处理,将回波信号转换到距离频域内,即

$$Ss(f_\tau,t) = \sigma_0 \exp\{j\varphi_0\} \cdot W_r(f_\tau) \cdot a\left(-\frac{f_\tau}{K_r}\right) \cdot \exp\left\{j\pi\frac{f_\tau^2}{K_r}\right\} \cdot \\ w_a(t-t_0) \cdot \exp\left\{-j4\pi R(t)\left(\frac{1}{\lambda}+\frac{f_\tau}{c}\right)\right\} \quad (6-9)$$

在距离频域内补偿距离向二次相位因子,并采用距离向傅里叶逆变换处理,将回波信号转换回二维时域内,实现距离向压缩处理。忽略常数项因子,距离向压缩处理结果可表示为

$$ss(\tau,t) = \sigma_0 \exp\{j\varphi_0\} \cdot w_a(t-t_0) \cdot \frac{\sin\left(\pi B_r\left[\tau-\frac{2R(t)}{c}\right]\right)}{\pi B_r\left[\tau-\frac{2R(t)}{c}\right]} \cdot \exp\left\{-j\frac{4\pi}{\lambda}R(t)\right\}$$

$$(6-10)$$

BP 算法在时域内完成回波信号的距离徙动校正及方位压缩处理。利用目标与雷达天线相位中心之间相对距离的变化规律提取目标在每个脉冲中的距离向位置,并以此为基础,沿方位向进行相干累加处理,实现方位向压缩处理。考虑到在每个方位时刻计算获得的目标位置并不一定处于采样位置,需要采用插值处理来精确提取目标信息,提升目标方位向相干累加效果。从上述介绍可知,当采用 BP 算法来实现成像处理时,需要逐脉冲提取每个地面目标点的回波信号,并进行相干累加处理,超大的运算量制约成像算法的应用效果。针对 BP 算法计算量巨大的缺点,在 1996 年和 1998 年,McCorkle、Olle Seger 分别提出了四分树和局部 BP 处理算法,通过分块减小时域算法的运算量[135-136];2000 年,Amier Boag 提出一种快速的 BP 算法,即将成像区域分块,通过分级相干累加减小 BP 算法的运算量[137]。基于上述改进,BP 算法具有更广泛的应用领域,最具代表性的应用为双站 SAR 数据成像处理和高轨 SAR 数据成像处理。

6.2.2 距离多普勒域成像处理算法

距离多普勒域成像处理算法主要以距离多普勒(Range Doppler,RD)算法为代表。最初,RD 算法是为处理 SEASAT 数据而提出的高效处理算法,但由于其概念明确、实现方法简单,也被应用于 JERS、ALOS、Radarsat-1、Envisat 等星载 SAR 的数据处理。1990 年,北京航空航天大学利用自主开发的 RD 成像处理软件对 SEASAT 数据进行成像处理,获得了我国首幅星载 SAR 图像。在星载

SAR 发展的孕育期,其分辨率不高,常采用 L 波段和 C 波段有效载荷,其数据处理的难度主要体现在孔径时间内,载荷同目标间的相对运动造成了回波能量轨迹沿距离门弥散,导致方位/距离出现耦合现象。由于这种耦合沿距离向还存在空变特性,因此,如何精确、简单地消除方位/距离耦合对处理的影响,将二维信号处理转变成两个一维信号处理是实现高精度、高效成像处理的关键。在距离多普勒域内完成距离徙动校正(Range Cell Migration Correct,RCMC)是 RD 算法区别于其他算法的最显著特征,也是称其为距离多普勒算法的原因。RD 算法的核心思想是利用方位向信号的时不变特性,在方位频域,即多普勒域内对距离位置相同而方位位置不同的一组目标一次性完成距离徙动校正,高效地实现 RCMC。此外,RD 算法能够沿距离向调整多普勒参数,补偿 RCMC 的距离空变特性[138]。RD 算法存在许多改进和变形,其中时域 – 频域混合相关算法和带有二次距离压缩的改进 RD 算法是两种典型的改进算法。

6.2.2.1 时域 – 频域混合相关算法

时域 – 频域混合相关算法是 Wu 于 1982 年提出的一种精确的成像处理方法[45],其利用匹配滤波处理实现距离压缩处理,通过二维混合相关处理实现距离徙动校正和方位压缩处理,进而获得二维聚焦的成像处理结果。

根据第 4 章中介绍的 SAR 回波信号数学模型,回波信号可简化为

$$ss(r,x) = \sigma(r,x) \otimes [h_1(r,x) \otimes_r h_2(r)] \quad (6-11)$$

式中:

$$h_1(r,x) = w_a(x) \exp\left\{-j\frac{4\pi}{\lambda}R(x)\right\} \delta[r - R(x)] \quad (6-12)$$

$$h_2(r) = a(r) \exp\left\{-j\pi K_r \left(\frac{2r}{c}\right)^2\right\} \quad (6-13)$$

式中:K_r 为调频率;λ 为发射信号波长;c 为光速。

距离向压缩处理完成对 $h_2(r)$ 的匹配滤波。由于 $h_2(r)$ 为一维信号,且为线性调频信号,根据线性调频信号的脉冲压缩原理,选取距离参考函数 $g_r(r)$ 为

$$g_r(r) = h_2^*(-r) = \exp\left\{j\pi K_r \left(\frac{2r}{c}\right)^2\right\} \quad (6-14)$$

距离向压缩处理后的信号近似为

$$\begin{aligned} ss_r(r,x) &= ss(r,x) \otimes_r g_r(r) \\ &= \sigma(r,x) \otimes h_1(r,x) \otimes_r h_2(r) \otimes_r h_2^*(-r) \quad (6-15) \\ &= \sigma(R,x) \otimes h_1(r,x) \otimes_r \frac{\sin C_0 r}{C_0 r} \end{aligned}$$

式中：$C_0 = \dfrac{2\pi K_r \tau_p}{c}$；$\tau_p$ 为脉冲宽度。由于 C_0 很大，$\dfrac{\sin C_0 r}{r}$ 近似为 δ 函数。

设方位参考函数为

$$h_a(r,x) = h_1(r,x) \otimes_r \frac{\sin C_0 r}{C_0 r}$$

$$= w_a(x) \frac{\sin C_0[r - R(x)]}{C_0[r - R(x)]} \exp\left\{-j\frac{4\pi}{\lambda} R(x)\right\} \quad (6-16)$$

由于存在距离徙动，方位参考函数为二维函数。对于距离为 d 的信号，方位匹配滤波器为

$$g_a(r,x;d) = h_c^*(r,-x;d) \quad (6-17)$$

式中：

$$h_c(r,x;d) = \sum_{i=1}^{n_m} h_a(r_i,x)\delta(r - d - r_i) \quad (6-18)$$

式中：n_m 为距离徙动数，即点目标回波信号跨越距离门的数目。

在距离 d 的重建图像线为

$$\sigma'(d,x) = s_r(r,x) \otimes g_a(r,x;d)$$

$$= s_r(r,x) \otimes \sum_{i=1}^{n_m} h_a^*(r_i,-x)\delta(r - d - r_i) \quad (6-19)$$

$$= \sum_{i=1}^{n_m} s_r(d + r_i, x) \otimes_x h_a^*(r_i,-x)$$

其频域表达式为

$$\Omega'(d,f_a) = \sum_{i=1}^{n_m} S_r(d + r_i, f_a) H_a^*(r_i, f_a) \quad (6-20)$$

式中：$\Omega'(d,f_a)$、$S_r(r_i,f_a)$ 和 $H_a(r_i,f_a)$ 分别为 $\sigma'(d,x)$、$s_r(r_i,x)$ 和 $h_a(r_i,x)$ 的傅里叶变换结果。

二维匹配滤波器的方位向长度由合成孔径时间和脉冲重复频率决定，距离向长度由距离徙动量决定。随着距离徙动量的增加，计算量也随之迅速增加。当回波信号具有较大的距离徙动量时，二维混合相关处理所要求的运算量将变得非常巨大，因此，如何缓解超大距离徙动所带来的影响是拓展时域–频域混合相关算法应用范围的核心。

对于星载 SAR 系统而言，卫星等效飞行速度存在沿距离向空变现象。为了实现全场景精确聚焦处理，需要沿距离向更新方位参考函数，更新频率由聚焦深度所决定。聚焦深度可表示为

$$\Delta R = \frac{2\rho_a^2}{\lambda} \qquad (6-21)$$

在聚焦深度内,可以忽略多普勒参数随距离的变化,采用同一方位参考函数来进行方位向压缩处理。当距离徙动量很大时,方位参考函数的距离维加长,而且需要不断更新方位参考函数,进一步增加了成像处理的运算量。如果忽略多普勒参数随距离的变化,则会影响聚焦精度。

6.2.2.2 改进的 RD 成像处理方法

改进的 RD 成像处理算法通过引入二次距离向压缩处理,消除方位频谱在距离向的展宽[138]。根据式(6-16),可以重新设置方位向参考函数为

$$h_a(r,x) = h_1(r,x) \otimes_r \frac{\sin C_0 r}{C_0 r} \qquad (6-22)$$

$$= \left\{ w_a(x)\delta[r - R(x)] \otimes_r \frac{\sin C_0 r}{C_0 r} \right\} \exp\left\{ -j\frac{4\pi}{\lambda}R(x) \right\}$$

把关于 r 的卷积变换为关于 x 的卷积,重新选取 $h_a(r,x)$ 为

$$h_a(r,x) = w_a(x)\left\{ \delta[x - X(r)] \otimes_x \frac{\sin C_1 x}{G_1 x} \right\} \exp\left\{ -j\frac{4\pi}{\lambda}R(x) \right\} \qquad (6-23)$$

这里 $X(r) = R^{-1}[R(x)]$,即 $R(x)$ 的反函数,且

$$C_1 = \frac{C_0 \lambda f_d}{2v} \qquad (6-24)$$

设距离徙动主要由线性项引起,有

$$R(x) \approx r + \frac{\lambda x}{2v} f_d \qquad (6-25)$$

参考函数 $h_a(r,x)$ 的方位频域表达式为

$$H_a(r,f_a) = \left\{ F\{\delta[x - X(r)]\} \cdot F\left(\frac{\sin C_1 x}{C_1 x}\right) \right\} \otimes_{f_a} \qquad (6-26)$$

$$\left\{ F\left\{\exp\left\{-j\frac{4\pi}{\lambda}R(x)\right\}\right\} \otimes_{f_a} F[w_a(x)] \right\}$$

式中:$F(\cdot)$ 为傅里叶变换,并有

$$\begin{cases} F(\delta[x - X(r)]) = \exp\left\{-j\frac{2\pi X(r)}{v}f_a\right\} \\ F\left(\frac{\sin C_1 x}{C_1 x}\right) = \mathrm{rect}\left(\frac{f_a}{f_0}\right) = \begin{cases} 1 & |f_a| \leq \frac{f_0}{2}, f_0 = \frac{\lambda B_r f_d}{c} \\ 0 & \text{其他} \end{cases} \\ F\left(\exp\left\{-j\frac{4\pi}{\lambda}R(x)\right\}\right) \approx \sqrt{\frac{2}{|f_r|}}\exp\{j\varphi(f_a)\} \end{cases} \qquad (6-27)$$

式中：

$$\varphi(f_a) = 2\pi\left[\left(\frac{1}{2f_r}\right)f_a^2 - \frac{f_d}{f_r}f_a + \frac{f_d^2}{2f_r}\right] + \mathrm{SGN}(f_r)\frac{\pi}{4} + \frac{4\pi r}{\lambda} \quad (6-28)$$

SGN(·)为符号函数，则 $H_a(r,f_a)$ 可表示为

$$H_a(r,f_a) = \mathrm{F}(w_a(x))\{\delta[r - \mathrm{F}(R(x))] \otimes_r A(r)\} \cdot \exp\{j\varphi(f_a)\}$$

$$(6-29)$$

式中：

$$\begin{cases} \mathrm{F}(R(x)) \approx R\left[\dfrac{v}{f_r}(f_a - f_d)\right] \\[2mm] \mathrm{F}(w_a(x)) \approx W_a\left[\dfrac{v}{f_r}(f_a - f_d)\right] \\[2mm] A(r) = \dfrac{\lambda f_d}{c}\sqrt{\dfrac{2}{|f_r|}} \int_{-B_r/2}^{B_r/2} \exp\left\{-j2\pi\left[\dfrac{2r}{c}f_\tau + \dfrac{1}{2f_r}\left(\dfrac{\lambda f_d}{c}\right)^2 f_\tau^2\right]\right\}df_\tau \end{cases} \quad (6-30)$$

$A(r)$ 的傅里叶变换为

$$\mathrm{F}\{A(r)\} = \mathrm{rect}\left(\frac{f_\tau}{B_r}\right)\exp\left\{-j\frac{\pi}{f_r}\left(\frac{\lambda f_d}{c}\right)^2 f_\tau^2\right\} \quad (6-31)$$

可以看出，当距离徙动较大时，回波信号频谱存在距离向展宽。采用改进 RD 成像算法获得的重建图像可表示为

$$\sigma'(r,x) = \mathrm{F}^{-1}\left\{\int sS_r(r,f_a)\{\delta[r' - r - \mathrm{F}(R(x))] \otimes_r A^*(r'-r)\} \cdot \exp\{-j\varphi(f_a)\}\mathrm{d}r'\right\}$$

$$(6-32)$$

式中：$\mathrm{F}^{-1}(\cdot)$ 为关于 f_a 的傅里叶反变换。改变式(6-32)积分顺序，则有

$$\sigma'(r,x) = \mathrm{F}^{-1}\left(\int\left\{\int sS_r(r,f_a)A^*(r'-r-r'')\mathrm{d}r'\right\} \cdot \delta[r'' - \mathrm{F}(R(x))] \cdot \exp\{-j\varphi(f_a)\}\mathrm{d}r''\right)$$

$$(6-33)$$

式中：$sS_r(r,f_a)$ 为 $ss_r(r,x)$ 关于 x 的傅里叶变换。式(6-33)中的第一部分 $sS_r(r,f_a)$ 与 $A^*(r)$ 的卷积为二次距离向压缩，也称为方位-距离压缩[138]；第二部分为距离徙动校正。由于数字化处理为离散采样，因此必须进行插值处理。

对于不同的参数，$A(r)$ 的影响不同。当距离徙动较小时，f_d 较小，$A(r)$ 可简化为

$$A(r) = \frac{\lambda f_d}{c}\sqrt{\frac{2}{|f_r|}}\frac{\sin C_0 r}{C_0 r} \quad (6-34)$$

则不需要进行二次距离向压缩。

6.2.3 多变换频域成像处理算法

多变换频域成像处理算法主要以线性变标(Chirp Scaling,CS)算法和频率尺度变标(Frequency Scaling,FS)算法为代表。

6.2.3.1 CS 成像算法

CS 成像算法是一种先进的成像算法。所谓 CS 处理是指线性调频信号与一个具有相关调频率的线性调频信号(CS 因子)相乘,可以使调频信号的相位中心和调频率发生微小的变化。将 CS 处理应用于 SAR 信号处理,修正不同距离上目标距离徙动曲线的微小差别,将所有距离门目标的距离徙动曲线补偿到相同形状,然后进行精确的距离徙动校正和方位向压缩处理。CS 成像算法由 MacDonald Dettwiler 的 Ian Cumming 和 Frank Wong 以及德宇航的 Richard Bamler 团队在 1993 年共同提出,并很快地被应用于德宇航 SAR 地面处理器中[140]。该成像算法的重要贡献在于直接从 SAR 回波信号出发,不需要插值处理,仅通过复乘和 FFT 就可以实现全场景成像处理,大幅提升成像算法的处理效率[101]。

由于频率变标或平移不能过大,否则将引起信号中心频率和带宽的改变,因此,CS 算法对距离徙动的校正是通过两步完成的。首先在距离多普勒域内补偿距离徙动的空变特性,将不同距离位置目标的距离徙动曲线校正成相同的形式,然后在二维频域内完成距离徙动的精确校正,因此,CS 算法是一种多变换频域成像处理算法。另外,CS 算法中考虑了 SRC 对方位频率的依赖问题,其二次压缩效果优于带二次距离向压缩的改进 RD 算法。图 6-3 给出了 CS 成像算法的处理流程图。

精确的距离模型是高精度成像处理的前提,采用等效斜视距离模型来表征平台与目标间的相对距离变化,可表示为

$$R(t;r) = \left[r^2 + (vt)^2 - 2rvt\cos\varphi \right]^{1/2} \quad (6-35)$$

式中:r 为波束中心照射时刻的斜距;v 为等效速度;φ 为等效斜视角。通过参考斜距 r_{ref} 处的多普勒中心频率 $f_d(r_{ref})$ 和多普勒调频率 $f_r(r_{ref})$,可以解算获得参考距离处的等效速度 v_{ref} 和等效斜视角 φ_{ref},即

$$v_{ref} = \sqrt{\left(\frac{\lambda f_d(r_{ref})}{2} \right)^2 - \frac{\lambda r_{ref} f_r(r_{ref})}{2}} \quad (6-36)$$

$$\varphi_{ref} = \arccos\left[\frac{\lambda f_d(r_{ref})}{2v_{ref}} \right] \quad (6-37)$$

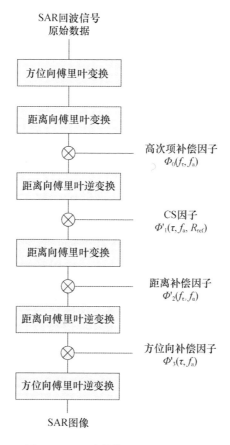

图 6-3 CS 成像算法的处理流程图

对于不同距离目标而言，波束中心照射时的斜距 r 不同，对应的等效斜视角 φ 也不同。

首先进行二维傅里叶变换处理，将回波信号转换到二维频域内，此时回波信号可表示为

$$SS_0(f_\tau,f_a;r) = \sigma \cdot W_a\left[-\frac{r\lambda f_a \sin\varphi}{2v^2\sqrt{1-\left(\frac{\lambda f_a}{2v}\right)^2}}\right] \cdot a\left(-\frac{f_\tau}{K_r}\right) \cdot \exp\left\{j\frac{\pi f_\tau^2}{K_r}\right\} \cdot$$

$$\exp\{j\psi(f_\tau,f_a;r)\} \cdot \exp\left\{-j\frac{2\pi r f_a}{v}\cos\varphi\right\}$$

(6-38)

式中：f_τ 和 f_a 分别为距离向频率和方位向频率，并且

$$\psi(f_\tau, f_a; r) = -j\frac{4\pi r\sin\varphi}{\lambda}\sqrt{1-\left(\frac{\lambda f_a}{2v}\right)^2}\sqrt{1+\frac{\frac{2f_\tau\lambda}{c}+\left(\frac{f_\tau\lambda}{c}\right)^2}{1-\left(\frac{\lambda f_a}{2v}\right)^2}}$$

对上述第二个根号式进行展开处理,有

$$\sqrt{1+\frac{\frac{2f_\tau\lambda}{c}+\left(\frac{f_\tau\lambda}{c}\right)^2}{1-\left(\frac{\lambda f_a}{2v}\right)^2}} = 1+\frac{1}{1-\left(\frac{\lambda f_a}{2v}\right)^2}\frac{f_\tau\lambda}{c}-\frac{\left(\frac{\lambda f_a}{2v}\right)^2}{2\left(1-\left(\frac{\lambda f_a}{2v}\right)^2\right)^2}\left(\frac{f_\tau\lambda}{c}\right)^2+\psi_h(f_a;r)$$

(6-39)

将式(6-38)和式(6-39)代入式(6-37),回波信号的二维频谱可表示为

$$SS_0(f_\tau, f_a; r) = \sigma \cdot W_a\left[-\frac{r\lambda f_a\sin\varphi}{2v^2\sqrt{1-\left(\frac{\lambda f_a}{2v}\right)^2}}\right] \cdot a\left(-\frac{f_\tau}{K_r}\right) \cdot \exp\left\{-j\frac{4\pi r\sin\varphi}{c\sqrt{1-\left(\frac{\lambda f_a}{2v}\right)^2}}f_\tau\right\} \cdot$$

$$\exp\left\{j\frac{\pi f_\tau^2}{K_{r,m}(f_a;r)}\right\} \cdot \exp\left\{-j\frac{4\pi r\sin\varphi}{\lambda}\sqrt{1-\left(\frac{\lambda f_a}{2v}\right)^2}\right\} \cdot$$

$$\exp\left\{-j\frac{4\pi r\sin\varphi}{\lambda}\sqrt{1-\left(\frac{\lambda f_a}{2v}\right)^2}\psi_h(f_a;r)\right\} \cdot \exp\left\{-j\frac{2\pi r f_a}{v}\cos\varphi\right\}$$

(6-40)

式中:

$$K_{r,m}(f_a;r) = \frac{K_r}{1+K_r r\sin\varphi\frac{2\lambda}{c^2}\frac{\left(\frac{\lambda f_a}{2v}\right)^2}{\left[1-\left(\frac{\lambda f_a}{2v}\right)^2\right]^{\frac{3}{2}}}} \quad (6-41)$$

高次相位的存在大幅增加了后续信号分析的复杂性,考虑到常规条件下高次相位通常较小,可在二维频域内补偿该因子所带来的影响,相应的补偿因子 $\Phi_{e1}(f_\tau, f_a; r)$ 可表示为

$$\Phi_{e1}(f_\tau, f_a; r) = \exp\left\{j\frac{4\pi r\sin\varphi}{\lambda}\sqrt{1-\left(\frac{\lambda f_a}{2v}\right)^2}\psi_h(f_a;r)\right\} \quad (6-42)$$

此外,在 CS 处理过程中忽略了 $K_{r,m}(f_a;r)$ 随距离的变化,将会引入近似误差 $\Phi_{e2}(\tau, f_a)$,即

$$\Phi_{e2}(\tau, f_a) = \exp\left\{ j\pi \left[K_{r,m}(f_a; r_{ref}) - K_{r,m}(f_a, r) \right] \left[\tau - \frac{2}{c} R_f(f_a; r) \right]^2 \right\}$$

$$= \exp\left\{ j\pi E_0(f_a) \left(r \frac{\sin\varphi}{\sin\varphi_{ref}} - r_{ref} \right) \left[\tau - \frac{2}{c} R_f(f_a; r) \right]^2 \right\}$$

$$(6-43)$$

式中:

$$E_0(f_a) \approx \frac{K_r^2 k_1 \sin\varphi_{ref}}{(1 + r_{ref} K_r k_1 \sin\varphi_{ref})^2} \quad (6-44)$$

$$k_1 = \frac{2\lambda \left(\frac{\lambda f_a}{2v}\right)^2}{c^2 \left[1 - \left(\frac{\lambda f_a}{2v}\right)^2\right]^{\frac{3}{2}}} \quad (6-45)$$

$$R_f(f_a; r) = \frac{r\sin\varphi}{\sqrt{1 - \left(\frac{\lambda f_a}{2v}\right)^2}} \quad (6-46)$$

为了补偿高次相位和 $K_{r,m}(f_a; r)$ 随距离变化所带来的影响,在二维频域内乘以高次项补偿因子 $\Phi_0(f_\tau, f_a)$,可表示为

$$\Phi_0(f_\tau, f_a) = \exp\left\{ j\frac{4\pi r_{ref}\sin\varphi_{ref}}{\lambda} \sqrt{1 - \left(\frac{\lambda f_a}{2v}\right)^2} \psi_h(f_a; r_{ref}) - j2\pi Y(f_a) f_\tau^3 \right\}$$

$$(6-47)$$

式中:第一个相位因子用于补偿方位高次相位;第二个相位因子用于补偿 $K_{r,m}(f_a; r)$ 随距离的变化;

$$Y(f_a) = \frac{cE_0(f_a)}{12} \cdot \frac{2C_s(f_a) + 1}{K_{r,m}^3(f_a; r_{ref}) C_s(f_a) \left[C_s(f_a) + 1 \right]} \quad (6-48)$$

$$C_s(f_a) = \frac{\sin\varphi_{ref}}{\sqrt{1 - \left(\frac{\lambda f_a}{2v}\right)^2}} - 1 \quad (6-49)$$

$$K_{r,m}(f_a; r_{ref}) = \frac{K_r}{1 + K_r r_{ref} \sin\varphi_{ref} \frac{2\lambda}{c^2} \frac{\left(\frac{\lambda f_a}{2v}\right)^2}{\left[1 - \left(\frac{\lambda f_a}{2v}\right)^2\right]^{\frac{3}{2}}}} \quad (6-50)$$

补偿 $\Phi_0(f_\tau, f_a)$ 后,回波信号的二维频谱可表示为

$$SS_0(f_\tau,f_a) = \sigma \cdot W_a\left[-\frac{r\lambda f_a \sin\varphi}{2v^2\sqrt{1-\left(\frac{\lambda f_a}{2v}\right)^2}}\right] \cdot a\left(\frac{-f_\tau}{K_r}\right) \cdot \exp\left\{-j\frac{4\pi r\sin\varphi}{c\sqrt{1-\left(\frac{\lambda f_a}{2v}\right)^2}}f_\tau\right\} \cdot$$

$$\exp\left\{j\frac{\pi f_\tau^2}{K_r}\right\} \cdot \exp\left\{j\frac{2\pi r\sin\varphi\lambda}{c^2}\frac{\left(\frac{\lambda f_a}{2v}\right)^2}{\left[1-\left(\frac{\lambda f_a}{2v}\right)^2\right]^{3/2}}f_\tau^2\right\} \cdot \exp\left\{-j2\pi Y(f_a)f_\tau^3\right\} \cdot$$

$$\exp\left\{-j\frac{4\pi r\sin\varphi}{\lambda}\sqrt{1-\left(\frac{\lambda f_a}{2v}\right)^2}\right\} \cdot \exp\left\{-j\frac{2\pi r f_a}{v}\cos\varphi\right\}$$

(6-51)

对上式进行距离向傅里叶逆变换处理,将回波信号转换到距离多普勒域内。当 $Y(f_a)$ 较小时,可以忽略其对驻定相位点的影响,相应的距离多普勒域内的回波信号可表示为

$$sS_1(\tau,f_a;r) = \sigma \cdot a\left[\tau - \frac{2r\sin\varphi}{c\sqrt{1-\left(\frac{\lambda f_a}{2v}\right)^2}}\right] \cdot \exp\left\{-j\pi K_{r,m}(f_a;r)\left[\tau - \frac{2r\sin\varphi}{c\sqrt{1-\left(\frac{\lambda f_a}{2v}\right)^2}}\right]\right\} \cdot$$

$$W_a\left[-\frac{r\lambda f_a\sin\varphi}{2v^2\sqrt{1-\left(\frac{\lambda f_a}{2v}\right)^2}}\right] \cdot \exp\left\{j2\pi Y_1(f_a)\left[\tau - \frac{2r\sin\varphi}{c\sqrt{1-\left(\frac{\lambda f_a}{2v}\right)^2}}\right]^3\right\} \cdot$$

$$\exp\left\{-j\frac{4\pi r\sin\varphi}{\lambda}\sqrt{1-\left(\frac{\lambda f_a}{2v}\right)^2}\right\} \cdot \exp\left\{-j\frac{2\pi r f_a}{v}\cos\varphi\right\}$$

(6-52)

式中:

$$Y_1(f_a) = Y(f_a) K_{r,m}^3(f_a;r)$$

$$\approx \frac{cE_0(f_a)}{12}\frac{2C_s(f_a)+1}{C_s(f_a)[C_s(f_a)+1]}$$

式中:第一个相位项为多普勒域的距离调频信号,调频率为 $K_{r,m}(f_a;r)$,相位中心位于 $\tau = \dfrac{2r\sin\phi}{c\sqrt{1-\left(\dfrac{\lambda f_a}{2v}\right)^2}}$ 处;第二个相位项为补偿 $K_{r,m}(f_a;r)$ 空变所引入的三次项;第三个相位项为方位调频信号,$\sqrt{1-\left(\dfrac{\lambda f_a}{2v}\right)^2}$ 包含了各阶分量,使方位压缩更为精确;第四个相位项为多普勒中心频率引起的相位变化。

在距离-多普勒域内,回波信号 $sS_1(\tau,f_a;r)$ 乘以 CS 因子 $\Phi_1(\tau,f_a;r_{\text{ref}})$。

$$\Phi_1(\tau,f_a;r_{\text{ref}}) = \exp\{-j\pi K_{r,m}(f_a;r_{\text{ref}})C_s(f_a)[\tau-\tau_{\text{ref}}(f_a)]^2\} \cdot \\ \exp\{j2\pi Q(f_a)[\tau-\tau_{\text{ref}}(f_a)]^3\} \quad (6-53)$$

式中:

$$\tau_{\text{ref}}(f_a) = \frac{2}{c}r_{\text{ref}}[1+C_s(f_a)] \quad (6-54)$$

$$Q(f_a) = \frac{cE_0(f_a)}{12} \cdot \frac{C_s(f_a)}{C_s(f_a)+1} \quad (6-55)$$

$\Phi_1(\tau,f_a;r_{\text{ref}})$ 的第一项因子为线性调频信号,调频率为 $K_{r,m}(f_a;r_{\text{ref}}) \cdot C_s(f_a)$,相位中心位于 $\tau=\tau_{\text{ref}}(f_a)$ 处。忽略 $K_{r,m}(f_a;r)$ 与 $K_{r,m}(f_a;r_{\text{ref}})$ 的差异,$sS_1(\tau,f_a;r)$ 中的第一个相位项与 $\Phi_1(\tau,f_a;r_{\text{ref}})$ 中的第一个相位项相乘,等效为在原有多普勒域的距离调频信号上乘以一个调频率相关的调频信号,使得距离线性调频信号的相位结构产生变化,新的调频率变为 $K_{r,m}(f_a;r_{\text{ref}}) \cdot [1+C_s(f_a)]$,相位中心位于

$$\tau(f_a) = \frac{2}{c}\left[r\frac{\sin\varphi}{\sin\varphi_{\text{ref}}} + r_{\text{ref}}C_s(f_a)\right] \quad (6-56)$$

从式(6-56)可以看出,当回波信号与 CS 因子相乘后,距离徙动曲线被校正为相同的形状,进而可以在距离频域内进行统一补偿。回波信号与 CS 因子相乘后,可表示为

$$sS_2(\tau,f_a) = \sigma \cdot W_a\left[-\frac{r\lambda f_a\sin\varphi}{2v^2\sqrt{1-\left(\frac{\lambda f_a}{2v}\right)^2}}\right] \cdot a\left[\tau-\frac{2r\sin\varphi}{c\sqrt{1-\left(\frac{\lambda f_a}{2v}\right)^2}}\right] \cdot \\ \exp\left\{-j\frac{4\pi r\sin\varphi}{\lambda}\sqrt{1-\left(\frac{\lambda f_a}{2v}\right)^2}\right\} \cdot \exp\left\{-j\frac{2\pi r f_a}{v}\cos\varphi\right\} \cdot \\ \exp\{-j\pi K_{r,m}(f_a;r_{\text{ref}})[1+C_s(f_a)][\tau-\tau(f_a)]^2\} \cdot \\ \exp\left\{-j\frac{4\pi}{c^2}K_{r,m}(f_a;r_{\text{ref}})[1+C_s(f_a)]C_s(f_a)\left(r\frac{\sin\varphi}{\sin\varphi_{\text{ref}}}-r_{\text{ref}}\right)^2\right\} \cdot \\ \exp\left\{j\frac{c\pi[1+C_s(f_a)]}{6C_s(f_a)}E_0(f_a)[\tau-\tau(f_a)]^3\right\} \cdot \\ \exp\left\{j\frac{4\pi}{3c^2}C_s(f_a)[1+C_s(f_a)]E_0(f_a)\left(r\frac{\sin\varphi}{\sin\varphi_{\text{ref}}}-r_{\text{ref}}\right)^3\right\} \\ (6-57)$$

对式(6-57)进行距离向傅里叶变换处理,将回波信号变换到二维频域内。

考虑到$[\tau-\tau(f_a)]^3$的系数通常较小,忽略其对驻定相位点的影响,可以获得二维频域内的回波信号$SS_3(f_\tau,f_a)$,可表示为

$$SS_3(f_\tau,f_a)=\sigma\cdot W_a\left[-\frac{r\lambda f_a\sin\varphi}{2v^2\sqrt{1-\left(\frac{\lambda f_a}{2v}\right)^2}}\right]\cdot a\left(-\frac{f_\tau}{K_{r,m}(f_a;r_{ref})[1+C_s(f_a)]}\right)\cdot$$

$$\exp\left\{-j\frac{4\pi}{\lambda}r\sin\varphi\sqrt{1-\left(\frac{\lambda f_a}{2v}\right)^2}\right\}\cdot\exp\left\{j\frac{\pi f_\tau^2}{K_{r,m}(f_a;r_{ref})[1+C_s(f_a)]}\right\}\cdot$$

$$\exp\left\{-j\frac{4\pi}{c}f_\tau\left[r\frac{\sin\varphi}{\sin\varphi_{ref}}+r_{ref}C_s(f_a)\right]\right\}\cdot\exp\{-j[\Theta_1(f_a)+\Theta_2(f_a;r)]\}\cdot$$

$$\exp\left\{-j\frac{c\pi}{6\cdot[K_{r,m}(f_a;r_{ref})]^3C_s(f_a)[1+C_s(f_a)]^2}f_\tau^3\right\}\cdot$$

$$\exp\left\{j\frac{4\pi}{3c^2}C_s(f_a)[1+C_s(f_a)]E_0(f_a)\left(r\frac{\sin\varphi}{\sin\varphi_{ref}}-r_{ref}\right)^3\right\}$$

(6-58)

式中:

$$\Theta_1(f_a)=\frac{4\pi}{c^2}K_{r,m}(f_a;r_{ref})[C_s(f_a)+1]C_s(f_a)\left(r\frac{\sin\varphi}{\sin\varphi_{ref}}-r_{ref}\right)^2$$

$$\Theta_2(f_a;r)=\frac{2\pi rf_a}{v}\cos\varphi$$

式(6-58)中,第一个相位项为方位调频函数,与距离频率f_τ无关;第二个相位项为f_τ的二次函数,是距离调频信号经过傅里叶变换的结果;第三个相位项为f_τ的线性函数,包含了每一个点目标的准确距离和距离徙动,经过 CS 处理后,不同距离门目标具有相同的距离徙动曲线;第四个相位项为 CS 处理后的残留相位,其中$\Theta_2(f_a,r)$为多普勒中心频率引起的相移;第五和第六个相位因子是补偿$K_{r,m}(f_a;r)$随距离的变化所引入的残余相位。

在二维频域通过乘以距离补偿因子$\Phi_2(f_\tau,f_a)$,完成距离徙动校正和距离聚焦处理。补偿因子$\Phi_2(f_\tau,f_a)$可表示为

$$\Phi_2(f_\tau,f_a)=\exp\left\{-j\frac{\pi f_\tau^2}{K_{r,m}(f_a;r_{ref})[1+C_s(f_a)]}\right\}\exp\left\{j\frac{4\pi}{c}f_\tau r_{ref}C_s(f_a)\right\}\cdot$$

$$\exp\left\{j\frac{c\pi E_0(f_a)}{6\cdot[K_{r,m}(f_a;r_{ref})]^3C_s(f_a)[1+C_s(f_a)]^2}f_\tau^3\right\}$$

(6-59)

式中:第一项完成二次距离压缩和距离向聚焦处理,补偿式(6-58)中的第二个

相位项。由于 $K_{r,m}(f_a;r_{ref})$ 与多普勒频率 f_a 有关,二次距离压缩考虑到方位频率的影响,其性能优于带有二次距离压缩的改进 RD 算法;第二项完成距离徙动校正处理,补偿式(6-58)中的第三个相位项。通过 CS 处理,各距离门的距离徙动曲线都与参考距离 r_{ref} 相同,因此通过 $\Phi_2(f_\tau,f_a)$ 中的第二个相位项可以完全校正距离徙动;第三项因子补偿式(6-58)中的残余三次相位因子。

在距离补偿处理后,对回波信号进行距离向傅里叶逆变换处理,得到距离-多普勒域内的回波信号 $sS_4(\tau,f_a)$。

$$sS_4(\tau,f_a) = \sigma \cdot W_a\left[-\frac{r\lambda f_a \sin\varphi}{2v^2\sqrt{1-\left(\frac{\lambda f_a}{2v}\right)^2}}\right] \cdot A\left(\tau - \frac{2r\sin\varphi}{c\sin\varphi_{ref}}\right) \cdot$$
$$\exp\left\{-j\frac{4\pi}{\lambda}r\sin\varphi\sqrt{1-\left(\frac{\lambda f_a}{2v}\right)^2}\right\} \cdot \exp\{-j[\Theta_1(f_a)+\Theta_2(f_a;r)]\} \cdot$$
$$\exp\left\{j\frac{4\pi}{3c^2}C_s(f_a)[1+C_s(f_a)]E_0(f_a)\left(r\frac{\sin\varphi}{\sin\varphi_{ref}}-r_{ref}\right)^3\right\}$$

(6-60)

式中:$A(\cdot)$ 为压缩后的距离向包络;第一个相位项为方位调频信号;第二至四项为残留相位。

在距离-多普勒域乘以方位补偿因子 $\Phi_3(\tau,f_a)$,完成方位相位补偿处理和残留相位补偿处理。补偿因子 $\Phi_3(\tau,f_a)$ 可表示为

$$\Phi_3(\tau,f_a) = \exp\left\{-j\frac{4\pi r}{\lambda}\left[1-\sin\varphi\sqrt{1-\left(\frac{\lambda f_a}{2v}\right)^2}\right]\right\} \cdot \exp\{j[\Theta_1(f_a)+\Theta_2(f_a;r)]\} \cdot$$
$$\exp\left\{-j\frac{4\pi}{3c^2}C_s(f_a)[1+C_s(f_a)]E_0(f_a)\left(r\frac{\sin\varphi}{\sin\varphi_{ref}}-r_{ref}\right)^3\right\}$$

(6-61)

式中:第一项完成方位聚焦处理,补偿式(6-60)中的第一项,同时对斜距为 r 的目标保留相位 $-\frac{4\pi}{\lambda}r$;第二项、第三项补偿式(6-60)中的残留相位。

经过以上各因子的补偿,得到了 SAR 图像的方位频谱,经过方位向傅里叶逆变换后,忽略复常数,就得到 SAR 图像。

$$ss_2(\tau,t) = \sigma \cdot W_{ac}(t) \cdot A\left(\tau - \frac{2r}{c}\frac{\sin\varphi}{\sin\varphi_{ref}}\right) \cdot \exp\left\{-j\frac{4\pi}{\lambda}r\right\} \quad (6-62)$$

式中:$W_{ac}(\cdot)$ 为方位天线 $w_a(\cdot)$ 变换后的包络。

CS 成像算法是一种高效、精确的处理算法,其处理过程无需插值,仅需复

数相乘和 FFT 操作即可完成,适用于目前在轨 SAR 卫星条带模式回波信号的成像处理。与此同时,以 CS 成像算法为内核衍生出许多的扩展算法,包括适用于扫描工作模式的 ECS 成像算法[141]、适用于聚束工作模式的 DCS 成像算法和两步成像算法[142-143]、适用于 TOPS 工作模式的 BAS 成像算法[144]、适用于滑动聚束工作模式/TOPS 工作模式/逆 TOPS 工作模式的三步聚焦成像算法[145]等,上述算法拓展了 CS 成像算法在不同分辨率、不同工作模式数据处理上的应用。

6.2.3.2 FS 成像算法

频率尺度变标(Frequency Scaling,FS)成像算法是 CS 成像算法的变形,由 Josef Mittermayer 提出并用于聚束工作模式回波数据的成像处理[87]。FS 成像算法要求所处理的数据为距离向解线性调频(Dechirp)之后的数据。该算法通过使用新的频率 Scaling 函数,在不进行插值的情况下对距离徙动进行精确校正。图 6-4 给出了 FS 成像算法的处理流程图[146]。

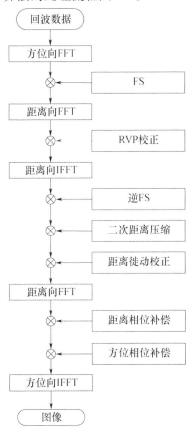

图 6-4　FS 成像算法的处理流程图

Dechirp 处理后,点目标的回波信号可表示为

$$ss(\tau,t;r) = \sigma \cdot \text{rect}\left(\frac{\tau - \frac{2R(t;r)}{c}}{\tau_p}\right) \cdot \exp\left\{-j\frac{4\pi}{\lambda}R(t;r)\right\} \cdot$$

$$\exp\left\{-j\frac{4\pi K_r}{c}\left(\tau - \frac{2r_{\text{ref}}}{c}\right)(R(t;r) - r_{\text{ref}})\right\} \cdot \quad (6-63)$$

$$\exp\left\{j\frac{4\pi K_r}{c^2}(R(t;r) - r_{\text{ref}})^2\right\}$$

式中:r_{ref}为 Dechirp 处理中的固定参考距离,通常选用中心时刻天线相位中心与场景中心间的距离;$R(t;r)$为天线相位中心与目标间的斜距变化函数。式(6-63)中的第一个相位项是方位多普勒相位因子;第二个相位项是距离相位因子;第三个相位项是残余视频相位(RVP)因子,为距离 Dechirp 处理引起的残余视频相位,需在成像算法中消除。

在满足大时间带宽积的条件下,Dechirp 处理后的点目标回波信号又可表示为

$$ss(\tau,t,r) = \left\{\sigma \cdot \text{rect}\left(\frac{\tau - \frac{2r_{\text{ref}}}{c}}{\tau_p}\right) \cdot \exp\left\{-j\frac{4\pi}{\lambda}R(t;r) - j\frac{4\pi K_r}{c}\left(\tau - \frac{2r_{\text{ref}}}{c}\right)(R(t,r) - r_{\text{ref}})\right\}\right\} \otimes$$

$$\exp\{-j\pi K_r \tau^2\}$$

$$(6-64)$$

式中:$\otimes$为卷积。上式将回波信号表示为 RVP 与信号有用部分的卷积,这一表示方式是 FS 成像算法推导的关键。

对获取回波信号进行方位向傅里叶变换,将回波信号转换到距离多普勒域内,回波信号可表示为

$$sS_1(\tau,f_a;r) = \left\{\sigma \cdot \text{rect}\left(\frac{\tau - \frac{2r_{\text{ref}}}{c}}{\tau_p}\right) \cdot \exp\left\{-j\frac{2\pi r f_a}{v}\cos\varphi\right\} \cdot \exp\left\{j\frac{4\pi K_r}{c}r_{\text{ref}}\left(\tau - \frac{2r_{\text{ref}}}{c}\right)\right\} \cdot \right.$$

$$\left. \exp\left\{-j\frac{4\pi r\sin\varphi}{\lambda}\sqrt{\left(1 + \frac{K_r\lambda}{c}\left(\tau - \frac{2r_{\text{ref}}}{c}\right)\right)^2 - \left(\frac{\lambda f_a}{2v}\right)^2}\right\}\right\} \otimes \exp\{-j\pi K_r \tau^2\}$$

$$(6-65)$$

将式(6-65)中的平方根项进行泰勒展开,并忽略四次项及更高项,回波信号可表示为

$$sS_1(\tau,f_a;r) = \left\{\sigma \cdot \text{rect}\left(\frac{\tau - \frac{2r_{\text{ref}}}{c}}{\tau_p}\right) \cdot \exp\left\{-j\frac{2\pi r f_a}{v}\cos\varphi\right\} \cdot \exp\left\{-j\frac{4\pi r\sin\varphi}{\lambda}\beta(f_a)\right\} \cdot \right.$$
$$\exp\left\{-j\frac{4\pi K_r}{c}\left(\frac{r\sin\varphi}{\beta(f_a)} - r_{\text{ref}}\right)\left(\tau - \frac{2r_{\text{ref}}}{c}\right)\right\} \cdot \text{src}\left(\tau - \frac{2r_{\text{ref}}}{c}, f_a;r\right)\right\} \otimes$$
$$\exp\{-j\pi K_r\tau^2\}$$
$$(6-66)$$

式中:第一个指数项为多普勒中心频率引起的相位;第二个指数项为频域内的方位调频信号,$\beta(f_a) = \sqrt{1 - \left(\frac{\lambda f_a}{2v}\right)^2}$ 包含了各阶分量;第三个指数项和 src 项为多普勒域的距离信号,其中 src(·) 是二次距离压缩项,为

$$\text{src}(\tau,f_a;r) = \exp\left\{-j\frac{2\pi r\sin\varphi K_r^2\lambda}{c^2}\frac{(\beta^2(f_a)-1)}{\beta^3(f_a)}\tau^2\right\} \cdot$$
$$\exp\left\{j\frac{2\pi r\sin\varphi K_r^3\lambda^2}{c^3}\frac{(\beta^2(f_a)-1)}{\beta^5(f_a)}\tau^3\right\}$$
$$(6-67)$$

与 CS 成像算法通过 CS 处理来调整相位中心位置,将不同距离目标的频域距离徙动曲线校正到相同形状相类似,FS 成像算法在距离多普勒域内将回波信号与 Frequency Scaling 因子 H_{FS} 相乘,实现距离频率伸缩 $1/\beta(f_a)$,使得不同距离目标的距离徙动曲线一致。Frequency Scaling 因子 $H_{\text{FS}}(\tau,f_a)$ 可表示为

$$H_{\text{FS}}(\tau,f_a) = \exp\left\{j\pi K_r\tau^2\left(1 - \frac{\beta(f_a)}{\sin\varphi_{\text{ref}}}\right)\right\} \quad (6-68)$$

与 Frequency Scaling 因子 $H_{\text{FS}}(\tau,f_a)$ 相乘后的回波信号可以表示为

$$sS_2\left(\tau\frac{\beta(f_a)}{\sin\varphi_{\text{ref}}}, f_a;r\right) = \left\{\sigma \cdot \text{rect}\left(\frac{\tau\frac{\beta(f_a)}{\sin\varphi_{\text{ref}}} - \frac{2r_{\text{ref}}}{c}}{\tau_p}\right) \cdot \exp\left\{-j\frac{2\pi r f_a}{v}\cos\varphi\right\} \cdot \right.$$
$$\exp\left\{-j\frac{4\pi r\sin\varphi}{\lambda}\beta(f_a)\right\} \cdot \text{src}\left(\tau\frac{\beta(f_a)}{\sin\varphi_{\text{ref}}} - \frac{2r_{\text{ref}}}{c}, f_a;r\right) \cdot$$
$$\exp\left\{-j\frac{4\pi K_r}{c}\left(\frac{r\sin\varphi}{\beta(f_a)} - r_{\text{ref}}\right)\left(\tau\frac{\beta(f_a)}{\sin\varphi_{\text{ref}}} - \frac{2r_{\text{ref}}}{c}\right)\right\} \cdot$$
$$\left.\exp\left\{-j\pi K_r\tau^2\frac{\beta(f_a)}{\sin\varphi_{\text{ref}}}\left(\frac{\beta(f_a)}{\sin\varphi_{\text{ref}}} - 1\right)\right\}\right\} \otimes$$
$$\exp\left\{-j\pi K_r\tau^2\frac{\beta(f_a)}{\sin\varphi_{\text{ref}}}\right\}$$
$$(6-69)$$

从式(6-69)可以看出,FS 处理引入了一项较小的线性频率调制,即指数项 $\exp\left\{-\mathrm{j}\pi K_r\tau^2 \dfrac{\beta(f_a)}{\sin\varphi_{\mathrm{ref}}}\left(\dfrac{\beta(f_a)}{\sin\varphi_{\mathrm{ref}}}-1\right)\right\}$,需在后面的逆 FS 中消除。

对回波信号进行距离向傅里叶变换处理,将回波信号转换到二维频域内

$$SS_3\left(\dfrac{f_\tau\sin\varphi_{\mathrm{ref}}}{\beta(f_a)},f_a;r\right)=\left\{\sigma\cdot\exp\left\{-\mathrm{j}\dfrac{4\pi r_{\mathrm{ref}}}{c}\left(\dfrac{f_\tau\sin\varphi_{\mathrm{ref}}}{\beta(f_a)}\right)\right\}\cdot\exp\left\{-\mathrm{j}\dfrac{2\pi rf_a}{v}\cos\varphi\right\}\cdot$$

$$\exp\left\{-\mathrm{j}\dfrac{4\pi r\sin\varphi}{\lambda}\beta(f_a)\right\}\cdot$$

$$\left(\tau_{\mathrm{p}}\cdot\mathrm{Sinc}\left[\pi\dfrac{\tau_{\mathrm{p}}\sin\varphi_{\mathrm{ref}}}{\beta(f_a)}\left(f_\tau+\dfrac{2K_r}{c}\left(r\dfrac{\sin\varphi}{\sin\varphi_{\mathrm{ref}}}-r_{\mathrm{ref}}\dfrac{\beta(f_a)}{\sin\varphi_{\mathrm{ref}}}\right)\right)\right]\otimes\right.$$

$$\left.\mathrm{SRC}\left(\dfrac{f_\tau\sin\varphi_{\mathrm{ref}}}{\beta(f_a)}\right)\otimes\mathrm{Hifs}\left(\dfrac{f_\tau\sin\varphi_{\mathrm{ref}}}{\beta(f_a)}\right)\right)\right\}\cdot\exp\left\{\mathrm{j}\dfrac{\pi f_\tau^2}{K_r}\dfrac{\sin\varphi_{\mathrm{ref}}}{\beta(f_a)}\right\}$$

(6-70)

式中:SRC(·)为二次距离压缩项 src(·)的距离向傅里叶变换结果;Hifs(·)为式(6-69)中距离二次相位因子的傅里叶变换结果。

在二维频域内乘以 RVP 校正因子 H_{RVPC},消除 RVP 误差所带来的影响。

$$H_{\mathrm{RVPC}}(f_\tau,f_a)=\exp\left\{-\mathrm{j}\dfrac{\pi f_\tau^2}{K_r}\dfrac{\sin\varphi_{\mathrm{ref}}}{\beta(f_a)}\right\} \quad (6-71)$$

消除 RVP 误差后,对回波信号进行距离向傅里叶逆变换,将回波信号转换到距离多普勒域内,并乘以逆 FS 因子 H_{IFS},消除 FS 因子引入的二次相位误差。

$$H_{\mathrm{IFS}}(\tau,f_a)=\exp\left\{\mathrm{j}\pi K_r\tau^2\dfrac{\beta(f_a)}{\sin\varphi_{\mathrm{ref}}}\left(\dfrac{\beta(f_a)}{\sin\varphi_{\mathrm{ref}}}-1\right)\right\} \quad (6-72)$$

至此,完成了 FS 处理,使得不同距离目标回波信号的距离徙动曲线与参考距离目标相一致。经过 FS 处理后,回波信号可表示为

$$sS_4\left(\tau\dfrac{\beta(f_a)}{\sin\varphi_{\mathrm{ref}}},f_a;r\right)=\sigma\cdot\mathrm{rect}\left(\dfrac{\tau\dfrac{\beta(f_a)}{\sin\varphi_{\mathrm{ref}}}-\dfrac{2r_{\mathrm{ref}}}{c}}{\tau_{\mathrm{p}}}\right)\cdot\exp\left\{-\mathrm{j}\dfrac{2\pi rf_a}{v}\cos\varphi\right\}\cdot$$

$$\exp\left\{-\mathrm{j}\dfrac{4\pi K_r}{c}\left(\dfrac{r\sin\varphi}{\beta(f_a)}-r_{\mathrm{ref}}\right)\left(\tau\dfrac{\beta(f_a)}{\sin\varphi_{\mathrm{ref}}}-\dfrac{2r_{\mathrm{ref}}}{c}\right)\right\}\cdot$$

$$\mathrm{src}\left(\tau\dfrac{\beta(f_a)}{\sin\varphi_{\mathrm{ref}}}-\dfrac{2r_{\mathrm{ref}}}{c},f_a;r\right)\cdot\exp\left\{-\mathrm{j}\dfrac{4\pi r\sin\varphi}{\lambda}\beta(f_a)\right\}$$

(6-73)

由于 RVP 项已经消除,逆 FS、距离徙动校正和二次距离向压缩可同时进

行。在满足 $r \approx r_{\text{ref}}$ 的条件下，距离徙动校正因子 H_{RMC} 和二次距离压缩因子 H_{SRC} 分别表示为

$$H_{\text{RMC}}(\tau,f_a) = \exp\left\{ j\frac{4\pi K_r}{c}\left(\frac{r_{\text{ref}}\sin\varphi_{\text{ref}}}{\beta(f_a)} - r_{\text{ref}}\right)\left(\tau\frac{\beta(f_a)}{\sin\varphi_{\text{ref}}} - \frac{2r_{\text{ref}}}{c}\right)\right\} \quad (6-74)$$

$$H_{\text{SRC}}(\tau,f_a;r_{\text{ref}}) = \exp\left\{ j\frac{2\pi K_r^2 \lambda r_{\text{ref}}\sin\varphi_{\text{ref}}}{c^2}\frac{(\beta^2(f_a)-1)}{\beta^3(f_a)}\left(\tau\frac{\beta(f_a)}{\sin\varphi_{\text{ref}}} - \frac{2r_{\text{ref}}}{c}\right)^2\right\} \cdot$$

$$\exp\left\{ -j\frac{2\pi K_r^3 \lambda^2 r_{\text{ref}}\sin\varphi_{\text{ref}}}{c^3}\frac{(\beta^2(f_a)-1)}{\beta^5(f_a)}\left(\tau\frac{\beta(f_a)}{\sin\varphi_{\text{ref}}} - \frac{2r_{\text{ref}}}{c}\right)^3\right\}$$

$$(6-75)$$

完成距离徙动校正处理和二次距离向压缩处理后，进行距离向傅里叶变换处理，将回波信号转换到二维频域内。在二维频域内乘以距离相位补偿因子 H_{RPC}，补偿式(6-70)中的第一个指数项。

$$H_{\text{RPC}}(f_\tau,f_a;r_{\text{ref}}) = \exp\left\{ j\frac{4\pi r_{\text{ref}} f_\tau \sin\varphi_{\text{ref}}}{c\beta(f_a)}\right\} \quad (6-76)$$

完成距离向压缩处理后，回波信号在二维频域内可表示为

$$SS_5\left(\frac{f_\tau \sin\varphi_{\text{ref}}}{\beta(f_a)},f_a;r\right) = \exp\left\{ -j\frac{2\pi r f_a}{v}\cos\varphi\right\} \cdot \exp\left\{ -j\frac{4\pi r \sin\varphi}{\lambda}\beta(f_a)\right\} \cdot$$

$$\text{Sinc}\left[\pi\frac{\tau_p \sin\varphi_{\text{ref}}}{\beta(f_a)}\left(f_\tau + \frac{2K_r}{c}\left(r\frac{\sin\varphi}{\sin\varphi_{\text{ref}}} - r_{\text{ref}}\right)\right)\right]$$

$$(6-77)$$

由式(6-77)中的 $\text{Sinc}(\cdot)$ 函数可以看出，目标距离压缩后的位置为 $r_{\text{ref}} - r\frac{\sin\varphi}{\sin\varphi_{\text{ref}}}$，仅和目标与场景中心距离差有关，RCM 已得到有效校正。在完成距离徙动校正处理和距离向压缩处理后，进一步补偿回波信号的方位向相位因子，实现方位向的相干积累处理。方位向补偿因子 $H_{\text{AS}}(f_a;r)$ 可表示为

$$H_{\text{AS}}(f_a;r,r_{\text{scl}}) = \exp\left\{ j\frac{2\pi r_{\text{ref}} f_a}{v}\cos\varphi_{\text{ref}}\right\} \cdot \exp\left\{ j\frac{4\pi r}{\lambda}(\beta(f_a)\cdot\sin\varphi_{\text{ref}} - 1)\right\}$$

$$(6-78)$$

式中：第一个指数项用于补偿多普勒中心频率引起的相移；第二个指数项用于消除方位的双曲线变化相位。经过上述各因子的补偿后，进行方位向傅里叶逆变换处理，得到了二维聚焦 SAR 图像。

与标准 CS 算法一样，FS 算法没有考虑二次距离压缩随目标距离的变化。对于大斜视角数据，由于二次距离压缩误差的影响，偏离参考距离的散射点无

法精确聚焦,因此,FS 算法不适合处理大斜视角数据。文献[147]提出用不同的参考距离对数据进行二次距离压缩的改进 FS 算法,能够得到较好的成像效果。文献[148]提出了一种改进 FS 算法,该算法消除了信号在距离多普勒域中所作的泰勒展开近似,实现了对参考距离目标的精确二次距离压缩和距离徙动校正,同时补偿了 SRC 随距离变化的残余误差,改善了观测带边缘目标的聚焦性能。

6.2.4 二维频域成像处理算法

CS 成像算法在二次距离压缩时忽略了其随距离时间的变化,且在二维频域上采用了近似的表达形式,无法满足超高分辨率、超大斜视角星载 SAR 回波信号成像处理的应用需求。基于混合相关的 Range Doppler 成像算法虽然能够满足处理精度的需求,但在高分辨率、大斜视角条件下,其二维卷积核函数长度急剧增加,消耗的计算资源难以接受。

波数域成像算法(也称为 ωk 成像算法)最早源自于地震信号的处理,其通过 Stolt 映射操作校正方位/距离耦合,且在推导过程中采用了精确的表达形式,因此,具备处理高分辨率、大斜视角回波数据的能力。1987 年,Hellsten 和 Anderson 首次在 SAR 领域中使用了 Stolt 映射[149],并对 Carabas 数据进行处理[150]。Bamler 通过数字信号处理的方式完成了对波数域成像算法的推导[151]。由于推导过程中采用精确的回波信号表达式,能够精确校正回波信号的距离徙动特性,可以对距离徙动较大的情况进行成像处理,但在变量置换时需要进行插值处理,将造成计算量的增加和成像精度的下降。图 6-5 给出了波数域成像算法的处理流程图。

如图 6-5 所示,波数域成像算法以二维傅里叶变换处理开始,将回波信号变换到二维频域内

$$SS_0(f_\tau, f_a; r) = \sigma \cdot W_a \left[-\frac{r\lambda f_a \sin\varphi}{2v^2 \sqrt{1-\left(\frac{\lambda f_a}{2v}\right)^2}} \right] \cdot a\left(-\frac{f_\tau}{K_r}\right) \cdot \exp\left\{-j\frac{2\pi r f_a}{v}\cos\varphi\right\} \cdot$$

$$\exp\left\{-j\frac{4\pi r \sin\varphi}{c} \cdot \sqrt{(f_0+f_\tau)^2 - \left(\frac{cf_a}{2v}\right)^2}\right\} \cdot \exp\left\{j\frac{\pi f_\tau^2}{K_r}\right\}$$

(6-79)

式中:f_τ 和 f_a 分别为距离向频率和方位向频率。

在二维频域内与二维参考函数 $H_a(f_\tau, f_a)$ 进行相乘处理,有

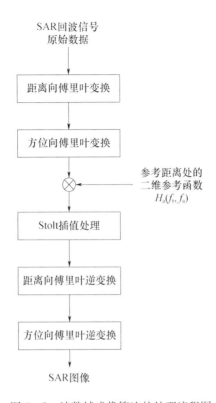

图 6-5 波数域成像算法的处理流程图

$$H_a(f_\tau, f_a; r_{ref}) = \exp\left\{ j\frac{4\pi r_{ref}\sin\varphi_{ref}}{c}\sqrt{(f_0 + f_\tau)^2 - \left(\frac{cf_a}{2v_{ref}}\right)^2} - j\frac{\pi f_\tau^2}{K_r} + j\frac{2\pi r_{ref} f_a}{v_{ref}}\cos\varphi_{ref} \right\}$$
(6-80)

该滤波器能够补偿参考距离处目标回波信号的方位多普勒相位和距离徙动曲线,从而实现参考距离处目标的精确聚焦处理。但对于非参考距离处的目标而言,无法精确补偿回波信号的方位多普勒相位和距离徙动曲线,二维频域内的残余相位 $\theta_{REF}(f_\tau, f_a)$ 可近似表示为

$$\theta_{REF}(f_\tau, f_a) \approx \exp\left\{ -j\frac{4\pi(r - r_{ref})\sin\varphi}{\lambda} \cdot \sqrt{(f_0 + f_\tau)^2 - \left(\frac{cf_a}{2v_{ref}}\right)^2} \right\} (6-81)$$

为了实现非参考距离处目标的精确聚焦处理,波数域算法采用 Stolt 插值来调整方位相位和距离相位,完成残余 RCMC、残余 SRC 和残余方位压缩处理。重新考察二维频域内的残余相位可知,该相位是 f_τ 的非线性函数,此时,如果对信号进行距离向傅里叶逆变换处理,当 $r - r_{ref} \neq 0$ 时,目标将会出现散焦现象。

为了避免此类现象的出现,一种有效的方法是改变距离频率轴的尺度,引入变量替换处理,即

$$\sqrt{(f_0+f_\tau)^2-\left(\frac{cf_a}{2v_{\text{ref}}}\right)^2}=f_0+f'_\tau \qquad (6-82)$$

将原来的距离频率 f_τ 映射为 f'_τ,此时,非参考距离处的残余相位可表示为

$$\Phi(f_\tau,f_a)\approx\exp\left\{-j\frac{4\pi(r-r_{\text{ref}})\sin\phi}{\lambda}\cdot(f_0+f'_\tau)\right\} \qquad (6-83)$$

从式(6-83)可见,映射后的残余相位是线性相位因子,通过二维傅里叶逆变换处理即可获得二维聚焦处理结果。

从上述推导过程可见,波数域成像算法直接从回波信号的二维频谱函数入手,使其在处理高分辨率星载 SAR 回波数据方面具有独特优势,但仍存在 3 个方面的缺陷:①推导过程中假设等效速度不随距离发生变化,这将限制其对宽观测带 SAR 数据的处理能力;②处理过程需要进行插值,处理效率不如 CS 成像算法;③现有波数域成像算法均假设卫星飞行轨迹为直线,在高分辨率条件下上述假设存在误差,因此现有波数域成像算法难以满足超高分辨率星载 SAR 信号处理的应用需求。波数域成像算法存在多种近似和改进方式[152-153],但从本质上讲,仍是对处理效率和处理精度的折中考虑。

6.2.5 极坐标域成像算法

极坐标格式成像算法是一种典型的聚束 SAR 成像算法。该算法对回波信号进行 Dechirp 接收,在时域将参考点回波信号作为参考解调信号对回波信号进行解调,解调后的信号经二维插值处理和二维 FFT,即可得到 SAR 图像。图 6-6 给出了极坐标格式成像算法的处理流程框图。

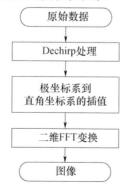

图 6-6 极坐标格式成像算法的处理流程图

极坐标格式成像算法首先要求回波信号经过 Dechirp 处理——去掉线性调频信号的二次相位项，使之成为单频信号。假设雷达系统发射线性调频信号，通常将发射波形延迟 $2R_{ref}(t)/c$ 后的复制信号用作 Dechirp 处理的参考信号，可表示为

$$s_{ref}(\tau,t) = \exp\left\{-j\frac{4\pi}{\lambda}R_{ref}(t)\right\} \cdot \exp\left\{j\pi K_r\left[\tau - \frac{2R_{ref}(t)}{c}\right]\right\} \quad (6-84)$$

式中：$R_{ref}(t)$ 为参考距离。$R_{ref}(t)$ 的精度要求不是很严格，但必须保证成像区域落在信号处理带宽内。

Dechirp 处理后的回波信号可表示为

$$s_{if}(\tau,t) = s(\tau,t) \cdot s_{ref}^*(\tau,t) = \sigma \cdot w_a(t) \cdot \text{rect}\left[\frac{\tau - \frac{2}{c}R(t)}{\tau_p}\right] \cdot e^{j\Phi(\tau,t)}$$

$$(6-85)$$

式中：

$$\Phi(\tau,t) = -\frac{4\pi}{\lambda}R_\Delta(t) - \frac{4\pi K_r}{c}\left(\tau - \frac{2R_{ref}(t)}{c}\right)R_\Delta(t) + \frac{4\pi K_r}{c^2}R_\Delta^2(t)$$

$$R_\Delta(t) = R(t) - R_{ref}(t)$$

式(6-85)中的第一个相位项为方位多普勒相位；第二个相位项为距离相位因子；第三个相位项为残余视频相位(RVP)，由于该项往往很小，对成像质量的影响不大，在实际成像处理中通常将其忽略不计。但在线性调频率 K_r 很高、RVP 较大的情况下，该相位误差将会造成处理结果出现几何失真和方位向分辨率下降等现象，必要时，可以采取预处理的方法从回波信号中去除 RVP。图 6-7 是散射体的空间位置关系示意图。

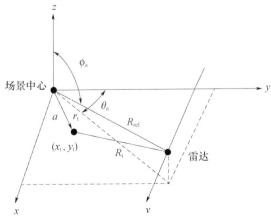

图 6-7　散射体的空间位置关系示意图

如图 6-7 所示,在满足目标到场景中心距离 $a \ll R_{ref}(t)$ 时,$R_\Delta(t)$ 可近似为

$$R(t) - R_{ref}(t) \approx -x_t \sin(\phi_a)\sin(\theta_a) - y_t \sin(\phi_a)\cos(\theta_a) \quad (6-86)$$

忽略 RVP 项的影响,回波信号的相位因子可以表示为

$$\Phi(\tau, t) = x_t K_x + y_t K_y \quad (6-87)$$

式中:

$$K_x = K_a(\tau, t)\sin\theta_a(t)$$

$$K_y = K_a(\tau, t)\cos\theta_a(t)$$

$$K_a(\tau, t) = \sin\phi_a(t)\left(\frac{4\pi}{\lambda} + \frac{4\pi K_r}{c}\left(\tau - \frac{2R_{ref}(t)}{c}\right)\right)$$

从式(6-87)可知,只需要对 Dechirp 后的回波数据进行二维 FFT,即可得到成像结果。但 (K_x, K_y) 表示直角坐标系内的二维空间频域,而 (θ_a, K_a) 表示极坐标系内的二维空间频域,在回波数据采样过程中,不同的方位时间对应不同的角度 $\theta_a(t)$,并采样 $K_a(\tau, t)$ 方向上的数据,因此,回波数据是以极坐标格式记录的。由于 FFT 运算要求输入数据具有直角坐标系下等频率间隔的特性,因此,需要进行从极坐标到直角坐标的插值处理。经极坐标格式记录的回波数据为图 6-8 所示的扇形区域;矩形网格中的节点位置则为 FFT 所需的直角坐标系下的数据。

极坐标格式成像算法的难点在于插值变换,其运算非常复杂,表现为:插值过程不能导致信号的畸变;同时插值滤波器必须是线性的,不能引入相位误差。理想的插值变换是二维插值,但计算量过大,实际处理中由两个一维插值完成。如图 6-8 所示,首先将扇形区域内的回波数据进行距离向插值,重采样后再作方位向插值,得到所需的矩形区域数据。为减小计算的复杂性,可应用 Chirp-Z 变换代替方位插值与方位 FFT。

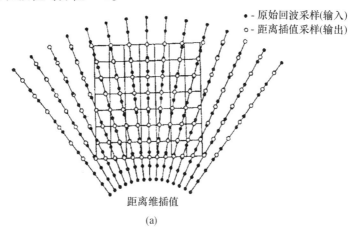

距离维插值

(a)

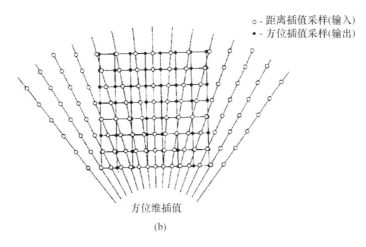

图6-8 极坐标格式算法中的二维插值变换
(a)距离向插值处理；(b)方位向插值处理。

在极坐标格式成像算法推导过程中忽略了三大问题：①去调频过程会带来残余视频相位(Residual Video Phase,RVP)，不经处理会引起几何失真及方位散焦；②将极坐标格式转化为直角坐标格式的插值处理运算量大，且插值精度会影响聚焦效果；③在算法推导过程中忽略了卫星轨道弯曲所带来的影响，当进行高分辨率工作模式成像处理时，非直线运动将会导致成像结果出现明显的散焦现象。对于第1个问题，文献[92]提出了一种滤波方式以消除RVP。针对第2个问题，文献[154]首先提出采用Chirp-Z变换(CZT)实现方位向重采样以代替方位向插值。文献[155]提出在方位向、距离向均采用CZT达到完全避免插值的效果，运算效率大大提高。文献[156]提出了一种基于Scaling原理的距离向重采样方法来替代距离向插值，在完成距离向重采样的同时去除RVP，而方位向依然采用CZT，这样PF算法实现步骤更为简单。文献[157]基于时域PF算法，提出了一种频域PF算法，该算法直接将回波信号变换到距离频域，与参考点回波信号的频谱共轭相乘，然后进行二维插值，最后通过二维IFFT后得到图像。该算法因不进行Dechirp操作，故可避免残余视频相位问题。

6.3 基于三步聚焦的一体化成像处理方法

结合第4章中介绍的多模式星载SAR回波信号统一数学模型，即

$$s(\tau, t_a) = \sum_x \sum_y \sigma(x,y) W_a(\theta) \exp\left\{-j\frac{4\pi}{\lambda}R(t_a;x,y)\right\} \cdot$$
$$\left[\tau - \frac{2R(t_a;x,y)}{c}\right] \cdot \exp\left\{-j\phi\left[\tau - \frac{2R(t_a;x,y)}{c}\right]\right\} + n(\tau, t_a)$$

(6-88)

从式(6-88)可见,不同模式回波信号具备相同的表现形式,不同点在于二维天线方向性函数调制方式不同,进而导致回波信号具备不同的时频分布特性。当雷达天线波束存在指向变化时,会导致回波信号的方位多普勒频谱出现扩展现象,此时,回波信号的多普勒带宽大于雷达天线 3dB 波束宽度所对应的多普勒带宽。然而,雷达系统的脉冲重复频率通常依据天线 3dB 波束宽度所对应的多普勒带宽来设计,当存在天线波束指向变化时,会出现脉冲重复频率小于方位多普勒带宽的现象,若直接进行方位傅里叶变换处理,将会出现多普勒频谱混叠现象。因此,如何缓解方位多普勒频谱混叠现象,成为高分辨率星载 SAR 成像处理所面临的首要问题。随着天线波束扫描角度的增加,回波信号的多普勒带宽不断增大,传统成像处理算法中各种近似误差的影响越发显著,难以实现高分辨率星载 SAR 回波信号的精确聚焦处理。此外,对于滑动聚束工作模式、TOPSAR 工作模式及逆 TOPS 工作模式而言,波束指向点在地面上的移动拓展了雷达系统的方位向有效成像幅宽,但也导致成像结果会出现时域混叠现象,如何消除方位向的时域混叠现象也是高分辨率星载 SAR 成像处理所面临的难题之一。本节结合多模式星载 SAR 回波信号的特点,提出了基于三步聚焦的多模式星载 SAR 成像处理策略和基于高阶距离模型的成像处理方法,实现高分辨率星载 SAR 回波信号的精确聚焦处理。

6.3.1 基于三步聚焦的成像处理策略

综合考虑多模式星载 SAR 成像处理所存在的方位多普勒频谱混叠现象、高分辨率高精度聚焦处理、时域混叠现象等三大问题,可采用涵盖预处理、聚焦处理和后处理的三步聚焦成像策略来实现回波信号的精细成像处理,其中预处理用于消除多普勒频谱混叠现象,聚焦处理用于实现回波信号的二维聚焦,后处理用于避免出现时域混叠现象。

6.3.1.1 缓解多普勒频谱混叠现象

缓解多普勒频谱混叠现象是多模式星载 SAR 成像处理的首要问题。目前,常用的方法有两种:方位 Deramp 处理和方位向子孔径处理。

1. 方位 Deramp 处理[142-143]

方位 Deramp 处理是通过将回波信号的方位多普勒项与 Deramp 因子进行卷积处理来实现,其中 Deramp 因子为二次相位因子,可表示为

$$s_{\text{ref}}(t;r_{\text{ref}}) = \exp\{j2\pi f_{\text{d,ref}}t + j\pi f_{\text{r,ref}}t^2\} \tag{6-89}$$

式中:$f_{\text{r,ref}}$ 为参考距离 r_{ref} 处的多普勒调频率;$f_{\text{d,ref}}$ 为参考距离 r_{ref} 处的多普勒中心频率。参考距离没有特殊限定,通常选择合成孔径中点时雷达与场景中心点的斜距。与 SPECAN 算法不同,Deramp 因子的调频率是常数,不随距离门变化,进而保留系统传输函数的空变特性。

利用 Deramp 因子与回波信号进行卷积处理,可表示为

$$\begin{aligned}\bar{s}_{\text{a}}(t;r) &= s'_{\text{a}}(t;r) \otimes s_{\text{ref}}(t;r_{\text{ref}}) \\ &= \exp\{j\pi f_{\text{r,ref}}t^2\} \cdot \int \text{rect}\left(\frac{\tau}{T_{\text{spot}}}\right) \cdot \exp\{-j2\pi \Delta f_{\text{d}}\tau - j\pi \Delta f_{\text{r}}\tau^2\} \cdot \\ &\quad \exp\{-j2\pi f_{\text{r,ref}}t\tau\}\text{d}\tau \end{aligned}$$

$$(6-90)$$

式中:

$$\Delta f_{\text{d}} = f_{\text{d}} - f_{\text{d,ref}}$$

$$\Delta f_{\text{r}} = f_{\text{r}} - f_{\text{r,ref}}$$

对于 $r = r_{\text{ref}}$ 处的目标,忽略复常数,式(6-90)可简化为

$$\bar{s}_{\text{a}}(t;r) = \exp\{j\pi f_{\text{r,ref}}t^2\} \cdot \text{sinc}\left[\frac{2\pi}{L_a} \cdot \frac{T_{\text{spot}}}{T_{\text{strip}}}vt\sin\varphi_{\text{ref}}\right] \tag{6-91}$$

式中:L_a 为方位向天线长度;T_{strip} 为对应条带工作模式的合成孔径时间;φ_{ref} 为参考距离处的等效斜视角。由式(6-91)可见,$r = r_{\text{ref}}$ 处的目标方位完全聚焦。对于 $r \neq r_{\text{ref}}$ 处的目标而言,应用驻定相位原理,式(6-90)可简化为

$$\begin{aligned}\bar{s}_{\text{a}}(t;r) &= \text{rect}\left(\frac{t - \dfrac{r_{\text{ref}}}{v\sin^2\varphi_{\text{ref}}}(\cos\varphi_{\text{ref}} - \cos\varphi)}{T_{\text{spot}} \cdot \left|r - r_{\text{ref}}\dfrac{\sin^2\varphi}{\sin^2\varphi_{\text{ref}}}\right|/r}\right) \cdot \exp\left(-j2\pi \dfrac{(f_{\text{d}} - f_{\text{d,ref}})}{\left(r - r_{\text{ref}}\dfrac{\sin^2\varphi}{\sin^2\varphi_{\text{ref}}}\right)/r}t\right) \cdot \\ &\quad \exp\left(-j\pi \dfrac{f_{\text{r}}}{r - r_{\text{ref}}\dfrac{\sin^2\varphi}{\sin^2\varphi_{\text{ref}}}/r}t^2\right)\end{aligned}$$

$$(6-92)$$

由式(6-92)可见,$r \neq r_{\text{ref}}$ 处目标方位压缩后的信号有所展宽,方位信号的

最大孔径时间 T_{ext} 为

$$T_{\text{ext}} \approx \max\left(\frac{\lambda r_{\text{ref}}}{L_a v \sin\varphi_{\text{ref}}} + T_{\text{spot}} \cdot \left| r - r_{\text{ref}} \frac{\sin^2\varphi}{\sin^2\varphi_{\text{ref}}} \right|/r \right) \leqslant$$

$$\frac{\lambda r_M}{L_a v \sin\varphi_M} + T_{\text{spot}} \cdot \left| r_m - r_M \frac{\sin^2\varphi_m}{\sin^2\varphi_M} \right|/r_m \quad T_{\text{strip}} < T_{\text{ext}} < T_{\text{spot}}$$

(6-93)

式中：r_M、r_m 分别为最大和最小斜距；φ_M、φ_m 为对应的等效斜视角。

式(6-90)的离散实现方式可表示为

$$\bar{s}_a(m\Delta t'';r) = \sum_{i=-A/2}^{A/2-1} s'_a(i\Delta t';r) s_{\text{ref}}(m\Delta t'' - i\Delta t';r_{\text{ref}})$$

$$= \exp\{j\pi f_{r,\text{ref}}(m\Delta t'')^2\} \cdot \sum_{i=-A/2}^{A/2-1} s_a(i\Delta t';r) \cdot$$

$$\exp\{j2\pi f_{d,\text{ref}}(i\Delta t') + j\pi f_{r,\text{ref}}(i\Delta t')^2\} \cdot \exp\{-j2\pi f_{r,\text{ref}}\Delta t'\Delta t''im\}$$

$$m = -B/2,\cdots,B/2-1$$

(6-94)

式中：$A = T_{\text{spot}}/\Delta t'$ 为回波信号的方位采样数；$\Delta t'$ 为脉冲重复周期；$B = T_{\text{ext}}/\Delta t''$ 为方位压缩后的输出采样数；$\Delta t''$ 为输出采样的时间间隔。式中的最后一个指数项可视作 DFT 的变换核。为了应用 FFT 变换，对回波信号进行方位补零，使输入输出采样数 A、B 为 M，且 M 满足

$$\frac{1}{f_{r,\text{ref}}\Delta t'} = M\Delta t'' \geqslant T_{\text{ext}} \quad (6-95)$$

基于式(6-95)，式(6-94)可改写为

$$\bar{s}_a(m\Delta t'';r) = \exp\{j\pi f_{r,\text{ref}}(m\Delta t'')^2\} \sum_{i=-M/2}^{M/2-1} s_a(i\Delta t';r) \cdot \exp\{j2\pi f_{d,\text{ref}}(i\Delta t') +$$

$$j\pi f_{r,\text{ref}}(i\Delta t')^2\} \cdot \exp\left\{-j2\pi \frac{im}{M}\right\}$$

$$= \exp\{j\pi f_{r,\text{ref}}(m\Delta t'')^2\} \cdot \text{DFT}[s_a(i\Delta t';r) \cdot$$

$$\exp\{j2\pi f_{d,\text{ref}}(i\Delta t') + j\pi f_{r,\text{ref}}(i\Delta t')^2\}]$$

$$m = -M/2,\cdots,M/2-1$$

(6-96)

式中：DFT[·] 为离散傅里叶变换。为了应用 FFT 变换，M 应选为 2 的指数。由式(6-96)可见，只需两次复乘和一次 FFT 即可实现 Deramp 处理，完成方位

的粗聚焦。图 6-9 给出了 Deramp 处理的实现流程图。

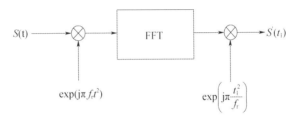

图 6-9 Deramp 处理实现流程图

由于在进行方位傅里叶变换处理之前先将回波信号与一个具有相反调频率的参考信号进行相乘,该处理能够有效减小回波信号的瞬时方位多普勒带宽,此时对雷达系统脉冲重复频率的约束要求弱化为大于相乘后回波信号的方位多普勒带宽。相乘后回波信号的方位多普勒带宽可表示为

$$B = B_a + B_w - f_{r,ref} T_s$$
$$= \frac{2v_g}{\lambda}\left[\frac{S_w + S_{L_a}}{H_f} - S_w\right] - f_{r,ref}\frac{S_w + S_{L_a}}{H_f v_s} \quad (6-97)$$
$$= \frac{2v_g}{L_a}\left[\frac{S_{L_a} + S_w(1 - H_f)}{H_f S_{L_a}} - f_{r,ref}\frac{\lambda R}{2v_g v_s}\frac{S_w + S_{L_a}}{H_f S_{L_a}}\right]$$

式中:B_a 为点目标的多普勒带宽;B_w 为地面场景所对应的多普勒带宽;v_g 为地速;v_s 为卫星飞行速度;L_a 为方位向天线长度;S_{L_a} 为波束宽度对应的地面场景宽度;S_w 为方位向观测带宽度;λ 为发射信号波长;R 为参考斜距;H_f 为雷达系统混合度因子。

如果将 Deramp 因子中的参考频率设定为

$$f_{r,ref} = \frac{2v_g v_s}{\lambda(R + \Delta R)} \quad (6-98)$$

此时,残余信号带宽可表示为

$$B = \frac{2v_g}{L_a}\left[\frac{S_{L_a} + S_w(1 - H_f)}{H_f S_{L_a}} - \frac{R}{(R + \Delta R)}\frac{S_w + S_{L_a}}{H_f S_{L_a}}\right] \quad (6-99)$$
$$= \frac{2v_g}{L_a}\left[\frac{S_{L_a} - S_{L_a}(1 - H_f)}{H_f S_{L_a}}\right] = \frac{2v_g}{L_a}$$

如式(6-99)所示,残余信号带宽正好等于条带工作模式的方位多普勒带宽,这也意味着可以采用条带工作模式脉冲重复频率的选取准则来选择雷达系统的脉冲重复频率,并避免出现频谱混叠现象。此处需要补充说明的是,在上述分析过程中忽略了两个因素:①忽略了距离模型中高次距离变化规律的影响。当处理超高分辨率成像工作模式时,高次距离变化规律会导致信号频谱出现扩展现象,进而造成出现频谱混叠现象。②为了保持成像参数的空变特性,Deramp 处理需要采用固定的调频率 $f_{r,ref}$ 来进行处理。然而,随着斜视角和发射信号带宽的不断增加,不同距离门的多普勒中心频率和多普勒调频率不断变化,也会造成出现频谱混叠现象。

2. 方位子孔径处理

子孔径处理的基本原理是利用处理数据段的缩短来减小对应数据段的多普勒带宽,进而避免出现频谱混叠现象。图 6 - 10 是以滑动聚束工作模式为例来说明子孔径处理的示意图。子孔径数据处理能够减小子块数据的多普勒带宽,将脉冲重复频率满足整个回波数据多普勒带宽的约束要求简化为满足子块数据多普勒带宽的约束要求,有效减小雷达系统对脉冲重复频率的需求,避免出现方位向频谱混叠现象。

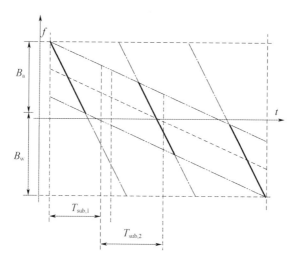

图 6 - 10　子孔径处理示意图

如图 6 - 10 所示,当完成子孔径数据划分处理后,子块数据的多普勒带宽可以表示为

$$\begin{aligned}B_{burst} &= B_{wave} + B_{steer} + B_{ad} \\ &= B_{wave} + f_{r,rot} T_{sub} + \frac{B_r}{f_0} f_{d,r}\end{aligned} \quad (6-100)$$

式中：B_{wave} 为天线 3dB 波束宽度所对应的多普勒带宽；B_{steer} 为天线波束扫描引入的多普勒带宽；B_{ad} 为多普勒中心频率偏移所引入的多普勒带宽；$f_{\text{r,rot}}$ 为天线波束扫描所引入的多普勒调频率；T_{Sub} 为子块数据的方位时间；$f_{\text{d,r}}$ 为子块数据的多普勒中心频率；B_{r} 为发射信号带宽；f_0 为发射信号载频。

从式(6-100)可以看出，当对输入数据进行方位分块处理后，回波信号的多普勒带宽由三个部分构成：天线 3dB 波束宽度所对应的多普勒带宽 B_{wave}、天线波束扫描引入的多普勒带宽 B_{steer}、多普勒中心频率偏移引入的多普勒带宽 B_{ad}。为了避免出现频谱混叠现象，要求子块数据长度满足

$$T_{\text{sub}} = \frac{f_{\text{PRF}} - B_{\text{wave}} - B_{\text{ad}}}{f_{\text{rot}}} \tag{6-101}$$

式中：f_{PRF} 为回波信号的脉冲重复频率。

当子孔径数据长度满足式(6-101)时，能够有效避免出现频谱混叠现象。将各子孔径数据进行方位向傅里叶变换处理，转换到方位多普勒域内，并在方位多普勒域内进行拼接处理，重构出输入回波信号的方位频谱。

6.3.1.2 二维信号聚焦处理

当完成方位 Deramp 处理或子孔径处理后，回波信号在方位向实现频谱扩展，有效避免出现频谱混叠现象，可以进一步进行方位/距离解耦合及二维聚焦处理。三步聚焦成像策略对于聚焦算法的选择没有特殊要求，可根据应用环境需求选择合适的成像处理算法内核。在高分辨率条件下，"停走"模型近似误差补偿、大气传输误差补偿、轨道弯曲补偿等可在此步骤中予以补偿。

6.3.1.3 时域去混叠处理

对于聚束/滑动聚束/TOPSAR 等成像工作模式，需要采用方位 Deramp 处理或方位子孔径处理来缓解脉冲重复频率与多普勒带宽之间矛盾，所获得的频域采样间隔可表示为

$$\Delta f_{\text{a}} = \begin{cases} \dfrac{1}{T_{\text{Burst}}} & \text{方位子孔径处理} \\ \dfrac{f_{\text{r,ref}}}{f_{\text{PRF}}} & \text{方位 Deramp 处理} \end{cases} \tag{6-102}$$

式中：T_{Burst} 为子块数据长度；$f_{\text{r,ref}}$ 为 Deramp 处理时采用的多普勒调频率。

直接对回波信号进行方位傅里叶逆变换处理，所能获得场景的方位向时间尺度为

$$T = \begin{cases} T_{\text{Burst}} & \text{方位子孔径处理} \\ \dfrac{f_{\text{PRF}}}{f_{\text{r,rot}}} & \text{方位 Deramp 处理} \end{cases} \quad (6-103)$$

若雷达系统所获取的方位成像场景满足 $S_{\text{wa}} \leqslant T_1 \cdot v_g$ 时,直接通过方位向傅里叶逆变换处理可获得最终的 SAR 图像。然而,对于滑动聚束工作模式、TOPSAR 工作模式而言,通常难以满足上述约束条件,进而导致成像结果出现时域混叠现象。

为了避免出现方位时域混叠现象,可进一步采用方位 Scaling 处理来实现方位成像结果的时域重采样。该操作采用去旋转效应补偿沿方位向不同位置目标的时延函数,进而避免出现时域混叠现象。

结合 6.3.1.1 节的分析可知,Deramp 处理可表示为方位相位与二次相位函数的卷积处理,可表示为

$$\begin{aligned} \bar{s}_a(t;r) &= s'_a(t;r) \otimes s_{\text{ref}}(t;r_{\text{ref}}) \\ &= \int \text{rect}\left(\dfrac{\tau-t_a}{T_s}\right) \cdot \exp\{-j\pi f_r(\tau-t_a)^2\} \cdot \exp\{j\pi f_{r,\text{ref}}(t-\tau)^2\} d\tau \end{aligned}$$
$$(6-104)$$

式中:t_a 为方位波束中心照射目标时刻。

考虑到对于滑动聚束工作模式/TOPSAR 工作模式而言,$f_{r,\text{ref}} = \dfrac{2v_g v_s}{\lambda(R+\Delta R)} \neq f_r$。采用驻定相位原理计算上述积分处理的结果,可表示为

$$\bar{s}_a(t;r) \approx \text{rect}\left(\dfrac{-f_{r,\text{ref}}}{f_r - f_{r,\text{ref}}} \dfrac{t-t_a}{T_s}\right) \exp\left\{j\pi \dfrac{f_r f_{r,\text{ref}}}{f_r - f_{r,\text{ref}}}(t-t_a)^2\right\} \quad (6-105)$$

通过式(6-105)可以获得两点启示:

(1) 对于波束中心照射时刻为 t_a 的目标而言,Deramp 处理后多普勒中心频率的偏差可表示为

$$\Delta f_d = -\dfrac{f_r f_{r,\text{ref}}}{f_r - f_{r,\text{ref}}} t_a \quad (6-106)$$

(2) 当对 Deramp 处理后的回波信号进行方位向傅里叶变换处理,方位向不同位置目标会引入线性相位 φ_t,可表示为

$$\varphi_t = -2\pi t_a f_a \quad (6-107)$$

方位 Scaling 处理通过将回波信号与一个二次相位信号进行相乘处理,利用不同目标间所存在的多普勒频偏现象,引入附加的线性相位,补偿方位向不同

位置目标所存在的线性相位,进而避免出现时域混叠现象。

在距离多普勒域内将回波信号与去混叠(Derotation processing)函数进行相乘处理

$$H_{\text{Scaling}}(f_a) = \exp\left\{-j\pi\frac{f_a^2}{k_e}\right\} \qquad (6-108)$$

式中:k_e 为去混叠因子。

场景内沿方位向不同位置的目标占据着不同的频谱范围 $\left[\Delta f_d - \frac{B_{wa}}{2}, \Delta f_d + \frac{B_{wa}}{2}\right]$。当目标信号与去混叠函数相乘后,受频谱偏移影响将会引入附加的线性相位因子,即

$$\Delta\varphi_{f_d} = 2\pi\frac{f_a \Delta f_d}{k_e} \qquad (6-109)$$

$$= -2\pi\frac{f_a}{k_e}\frac{f_r f_{r,\text{ref}}}{f_r - f_{r,\text{ref}}}t_a$$

当去混叠因子 k_e 满足

$$k_e = -\frac{f_r f_{r,\text{ref}}}{f_r - f_{r,\text{ref}}} \qquad (6-110)$$

Scaling 处理所引入的线性相位正好补偿目标时延所引入的附加相位 φ_t。

对回波信号进行方位向傅里叶逆变换处理,所有目标信号将占据相同的时间范围,进而避免出现时域混叠现象。考虑到 Scaling 处理引入了附加二次相位,需要进一步补偿残余的二次相位因子 $H_s(t)$。

$$H_s(t) = \exp\left\{-j\pi k_e t^2\right\} \qquad (6-111)$$

在补偿残余二次相位因子后,通过方位傅里叶变换处理可获得最终的成像结果。

6.3.1.4 三步聚焦成像处理策略

综上所述,图 6-11 给出了三步聚焦成像处理的流程框图。整个处理过程包含三个部分:频域去混叠处理、二维聚焦处理、时域去混叠处理。结合不同工作模式回波信号的特点,选择不同的组合方式,可实现不同工作模式回波信号的成像处理。

(1)对于条带工作模式而言,既不存在频域混叠现象,也不存在时域混叠现象,仅需要采用二维聚焦处理模块即可实现对回波信号的成像处理。

(2)对于聚束工作模式而言,仅存在频域混叠现象,可采用三步聚焦处理框

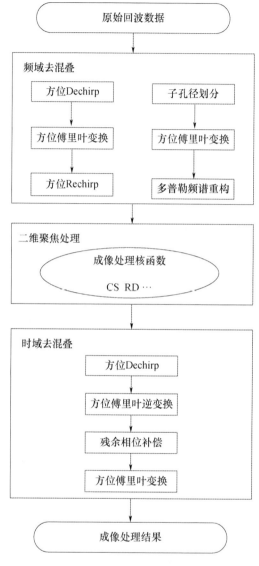

图 6-11 三步聚焦成像处理流程框图

架中的前两步来实现对回波信号的成像处理。

(3) 对于滑动聚束工作模式、TOPSAR 工作模式和逆 TOPSAR 工作模式而言,既存在频域混叠现象,也存在时域混叠现象,需要利用完整的三步聚焦处理流程来实现对回波信号的成像处理。

(4) 对于 ScanSAR 工作模式而言,仅存在时域混叠现象,可采用三步聚焦处理框架中的后两步来实现对回波信号的成像处理。

6.3.2 基于高阶距离模型的高分辨率星载 SAR 成像处理方法

以 6.3.1.4 节介绍的三步聚焦成像策略为基础,图 6-12 给出了一种基于高阶距离模型的高分辨率星载 SAR 成像处理流程框图。整个处理算法包含三个部分:①结合高分辨率星载 SAR 大发射信号带宽的特点,采用子孔径处理来实现回波信号的频域去混叠处理;②结合高分辨率星载 SAR 长孔径时间的特点,利用高阶等效斜视距离模型来表征卫星平台与地面目标间的相对距离变化

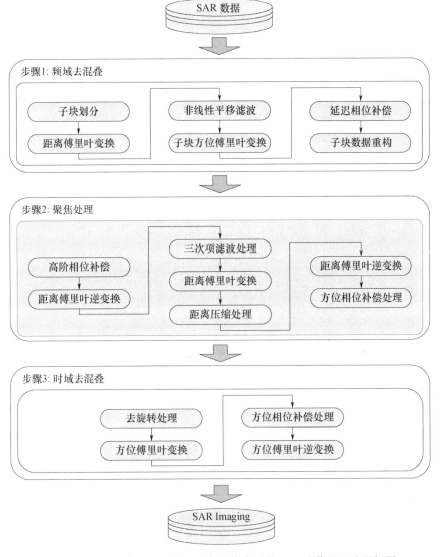

图 6-12 基于高阶距离模型的高分辨率星载 SAR 成像处理流程框图

规律,并采用改进的混合相关处理算法实现回波信号的精确聚焦处理;③采用方位 Scaling 处理来实现回波信号的时域去混叠处理。

处理算法采用子孔径处理来实现频域去混叠。当完成回波信号的子孔径划分后,子孔径回波信号的多普勒带宽可表示为

$$B_{\text{burst}} = B_{\text{wave}} + f_{\text{rot}} T_{\text{sub}} + \frac{B_{\text{r}}}{f_0} f_{\text{d,r}} \qquad (6-112)$$

式中:B_{wave} 为天线 3dB 波束宽度所对应的多普勒带宽;$f_{\text{rot}} T_{\text{sub}}$ 为天线波束扫描所引入的多普勒带宽;$\frac{B_{\text{r}}}{f_0} f_{\text{d,r}}$ 为多普勒中心频率偏移所引入的附加多普勒带宽。随着雷达系统发射信号带宽及斜视角的增加,子块数据划分尺寸急剧下降,甚至导致子孔径处理无法实现回波信号的重构处理。为了减小发射信号带宽及斜视角所造成的影响,在子孔径处理过程中引入非线性平移滤波处理,消除多普勒中心频率偏移所带来的影响,此时,残余多普勒带宽仅仅由天线 3dB 波束宽度对应的多普勒带宽和天线波束扫描引入的多普勒带宽所决定,与发射信号带宽无关,有效提升子孔径的处理效率。在子孔径划分处理后,对回波信号进行距离向傅里叶变换处理,将回波信号转换到距离频域内,在距离频域内乘以非线性平移滤波因子,消除多普勒中心频率偏移所引入多普勒频谱扩展。非线性平移滤波因子 $H_1(f_\tau,t)$ 可表示为

$$H_1(f_\tau,t) = \exp\left\{-\mathrm{j}2\pi \left\lfloor \left(1+\frac{f_\tau}{f_0}\right) f_{\text{d,k}} T_{\text{sub}} \right\rfloor \frac{f_{\text{PRF}}}{N_{\text{burst}}} t \right\} \qquad (6-113)$$

式中:N_{burst} 为子孔径处理的方位向点数;$\lfloor \cdot \rfloor$ 为取整运算,该处理用于确保非线性平移滤波处理所产生的信号平移为整数个采样间隔,此时,非线性平移滤波处理能够通过频域平移处理来进行补偿。

在完成非线性平移滤波处理后,对回波信号进行方位向傅里叶变换处理,将回波信号转换到二维频域内。考虑到不同子块数据对应于不同的时间段,会引入附加的相位信息,若不考虑该相位信息的影响将导致重构信号出现相位畸变,因此,在重构处理之前需要补偿子块数据位置偏移所带来的影响,在二维频域内乘以延迟相位补偿因子 $H_2(f_\tau;k)$,实现方位时间的对齐。延迟相位补偿因子 $H_2(f_\tau;k)$ 可表示为

$$H_2(f_\tau;k) = \exp\left\{-\mathrm{j}2\pi \left\lfloor \left(1+\frac{f_\tau}{f_0}\right) f_{\text{d,k}} T_{\text{sub}} \right\rfloor \frac{f_{\text{PRF}}}{N_{\text{burst}}} t_{\text{a,k}} \right\} \qquad (6-114)$$

式中:$t_{\text{a,k}}$ 为第 k 个子块的中心时间。

在完成延迟相位补偿处理后,实现各子块数据的方位时间对齐。接着,将各子块数据依据各自的频谱范围叠加在一起,实现回波信号方位频谱的重构处理,且有效消除回波信号所存在的频谱混叠现象。此时,回波信号可表示为

$$SS_0(f_\tau, f_a) = \sigma_0 W_a(t_a(f_\tau, f_a)) \cdot W_r(f_\tau) \cdot \exp\left\{-\frac{j\pi f_\tau^2}{K_r}\right\} \cdot$$

$$\exp\left\{-j4\pi P(f_\tau)\sqrt{\frac{4P(f_\tau)^2 r^2 v^2 \sin^2\varphi}{4P(f_\tau)^2 v^2 - f_a^2}} + \Theta_3 + \Theta_4\right\} \cdot$$

$$\exp\left\{\frac{j2\pi f_a^2 r\sin\varphi}{v\sqrt{4P(f_\tau)^2 v^2 - f_a^2}}\right\} \cdot \exp\left\{-\frac{j2\pi r f_a \cos\varphi}{v}\right\}$$

(6-115)

式中:r 为多普勒中心时刻雷达与目标间的斜距;v、φ、Δa_3 和 Δa_4 分别为等效速度、等效斜视角、三次相位系数和四次相位系数。

$$P(f_\tau) = \left(\frac{1}{\lambda} + \frac{f_\tau}{c}\right)$$

$$\Theta_3 = \Delta a_3 \left(\frac{r\cos\varphi}{v} - \frac{r f_a \sin\varphi}{v\sqrt{4P(f_\tau)^2 v^2 - f_a^2}}\right)^3$$

$$\Theta_4 = \Delta a_4 \left(\frac{r\cos\varphi}{v} - \frac{r f_a \sin\varphi}{v\sqrt{4P(f_\tau)^2 v^2 - f_a^2}}\right)^4$$

接着,在二维频域内与参考距离处的方位参考函数进行相乘处理,去除参考斜距处的距离徙动效应、方位调制信息和高阶耦合相位,实现对回波信号的预补偿处理。二维参考函数可表示为

$$H_3(f_\tau, f_a) = \exp\left\{-\frac{j2\pi f_a^2 r_{\text{ref}}\sin\varphi_{\text{ref}}}{v_{\text{ref}}\sqrt{4P(f_\tau)^2 v_{\text{ref}}^2 - f_a^2}}\right\} \cdot \exp\left\{\frac{j2\pi r_{\text{ref}} f_a \cos\varphi_{\text{ref}}}{v_{\text{ref}}}\right\} \cdot$$

$$\exp\left\{j4\pi P(f_\tau)\sqrt{\frac{4P(f_\tau)^2 r_{\text{ref}}^2 v_{\text{ref}}^2 \sin^2\varphi_{\text{ref}}}{4P(f_\tau)^2 v_{\text{ref}}^2 - f_a^2}} + \Theta_3 + \Theta_4\right\}$$

(6-116)

式中:r_{ref} 为参考距离,通常采用场景中心斜距作为参考斜距;v_{ref}、φ_{ref}、$\Delta a_{3,\text{ref}}$ 和 $\Delta a_{4,\text{ref}}$ 分别为参考距离处的等效速度、等效斜视角、三次相位系数和四次相位系数。

在完成方位参考函数补偿处理后,对回波信号进行距离向傅里叶逆变换处理,将回波信号转换到距离多普勒域内。此时,参考斜距处的距离徙动效应、方

位调制效应和交叉耦合效应均得到有效补偿处理。然而,对于其他距离门目标而言,残余的距离徙动和交叉耦合效应仍然存在。若直接采用混合相关处理来实现回波信号的精确聚焦处理,需要采用较长的二维卷积核函数。为了提升处理算法的运算速度,采用距离向三次相位滤波处理来减小回波信号中的残余距离徙动。

与 Chirp Scaling 原理类似,当一个线性调频信号与一个三次相位因子相乘时,会导致线性调频信号的调频率发生微小的变化,且调频率的变化正比于目标的位置偏移量。如果三次相位滤波处理所引入的调频率变化等于不同距离门的调频率变化,就能同时实现全场景目标的粗聚焦处理。假设引入的距离向三次相位因子,为

$$H_4(\tau, f_a) = \exp\{j\pi A(f_a; r_{\text{ref}})(\tau - \tau(f_a; r_{\text{ref}}))^3\} \quad (6-117)$$

式中:

$$\tau(f_a; r_{\text{ref}}) = \frac{2 r_{\text{ref}} \sin\varphi_{\text{ref}}}{c \cdot \text{CS}(f_a; r_{\text{ref}})}$$

$$\text{DF}(f_a; r_{\text{ref}}) = \left(\frac{\lambda f_a}{2 v_{\text{ref}}}\right)^2$$

$$\text{CS}(f_a; r_{\text{ref}}) = \sqrt{1 - \text{DF}(f_a; r_{\text{ref}})}$$

则经过距离向三次相位滤波处理后,距离向调频率修正为

$$K_{r,rn}(f_a; r) = K_{r,n}(f_a; r) + 3A(f_a; r_{\text{ref}}) \cdot (\tau(f_a; r) - \tau(f_a; r_{\text{ref}})) \quad (6-118)$$

式中:

$$\frac{1}{K_{r,n}(f_a; r)} = \frac{1}{K_r} + 2 r \sin\varphi \frac{\lambda \cdot \text{DF}(f_a; r)}{c^2 \cdot \text{CS}(f_a; r)^3} - 2 r_{\text{ref}} \sin\varphi_{\text{ref}} \frac{\lambda \cdot \text{DF}(f_a; r_{\text{ref}})}{c^2 \cdot \text{CS}(f_a; r_{\text{ref}})^3}$$

$$(6-119)$$

为了使 $K_{r,rn}(f_a; r)$ 等于 K_r,三次相位滤波因子的三次项系数需要满足如下条件:

$$A(f_a; r_{\text{ref}}) = \frac{K_r - K_{r,n}(f_a; r)}{3(\tau(f_a; r) - \tau(f_a; r_{\text{ref}}))} \approx \frac{\lambda K_r^2 \cdot \text{DF}(f_a; r_{\text{ref}})}{3c \cdot \text{CS}(f_a; r_{\text{ref}})^2} \quad (6-120)$$

在完成三次相位滤波处理后,通过距离向傅里叶变换处理,将回波信号转换到二维频域内。受三次相位滤波处理的影响,将不同位置目标的调频率因子修正为近似相同,可以采用统一的补偿因子来完成对所有距离门目标的粗聚焦处理。在二维频域内乘以距离相位补偿因子,即

$$H_5(f_\tau) = \exp\left\{\frac{j\pi f_\tau^2}{K_{\text{ref}}}\right\} \quad (6-121)$$

对补偿后的信号进行距离向傅里叶逆变换处理,将回波信号变换到距离多普勒域内。此时,回波信号已完成距离向压缩处理,且参考距离处的距离徙动效应也得到有效的校正处理。接着,进一步采用混合相关处理来实现残余距离徙动效应及方位相位因子的校正处理。通过距离向的滑动窗函数来完成残余距离徙动的校正处理,残余的距离徙动量可表示为

$$\Delta R_{\text{res}}(f_a;r) = \frac{c}{2}(\tau(f_a;r) - \tau(f_a;r_{\text{ref}})) - (r - r_{\text{ref}}) + \frac{3c \cdot A(f_a;r_{\text{ref}})}{4K_r}(\tau(f_a;r) - \tau(f_a;r_{\text{ref}}))^2$$

$$(6-122)$$

为了获得精确的聚焦处理结果,进一步采用混合相关处理。混合相关处理后的回波信号可表示为

$$sS'(\tau,f_a;r) = \sum_{i=1}^{n} sS\left(\tau + \left(i - \frac{n}{2} + \left\lfloor \frac{2\Delta R_{\text{res}}(f_a;r)f_s}{c} \right\rfloor\right)\frac{1}{f_s}, f_a\right) \cdot \text{IFT}_R\{H_6^*(f_\tau,f_a;r)\}$$

$$(6-123)$$

式中:n 为二维卷积核函数在距离向尺寸;f_s 为距离向的采样率;$\text{IFT}_R\{\cdot\}$ 为距离向傅里叶逆变换处理;$H_6^*(f_\tau,f_a;r)$ 为斜距 r 处的二维卷积核函数,可以表示为

$$H_6(f_\tau,f_a;r) = \exp\left\{j2\pi f_\tau \left\lfloor \frac{2\Delta R_{\text{res}}(f_a;r)f_s}{c} \right\rfloor \frac{1}{f_s}\right\} \cdot \exp\left\{j4\pi R_{\text{ref}}(t_0(f_a;r_{\text{ref}}))P(f_\tau) \cdot \frac{K_r}{K_n}\right\} \cdot$$

$$\exp\left\{-j4\pi R_0(t_0(f_a;r))P(f_\tau) \cdot \frac{K_r}{K_n}\right\} \cdot \exp\left\{j3\pi A(f_a;r_{\text{ref}})\Delta\tau \frac{f_\tau^2}{K_n^2}\right\} \cdot$$

$$\exp\left\{j\pi A(f_a;r_{\text{ref}})\frac{f_\tau^3}{K_n^3}\right\} \cdot \exp\{j\pi A(f_a;r_{\text{ref}})\Delta\tau^3\}$$

$$(6-124)$$

式中:

$$\Delta\tau = \tau(f_a;r) - \tau(f_a;r_{\text{ref}})$$
$$K_n = K_r + 3A(f_a;r_{\text{ref}})\Delta\tau$$

式中:第一个指数项用于补偿卷积窗函数的位置偏移量;第二个指数项和第三个指数项用于补偿残留的高次相位因子;接下来的三个指数项用于补偿距离向三次相位滤波处理。经过混合相关处理后,残余的距离徙动量和残余相位误差因子得到有效补偿。对于聚束工作模式而言,直接通过方位向傅里叶逆变换处理获得精确聚焦的成像结果;对于滑动聚束/TOPSAR 工作模式而言,天线波束扫描将导致地面场景出现尺度扩展,若直接进行方位向傅里叶逆变换处理将会

出现时域混叠现象,需进一步采用方位 Scaling 处理来消除时域混叠现象,完成回波信号的精确聚焦处理。

6.3.3 计算机仿真分析

为了验证处理算法的有效性,开展计算机仿真分析,表 6-1 给出了成像仿真参数。图 6-13 给出了点阵目标分布图,其中距离向目标间距为 10.0km,方位向目标间距为 2.0km。图 6-14 给出了采用非线性 Chirp Scaling 成像处理算法和波数域成像处理算法的成像处理结果,处理算法中采用了等效斜视距离模型。图 6-15 给出了采用基于高阶距离模型的三步聚焦处理方法的成像处理结果,表 6-2 给出了图像质量评估结果。从仿真结果可以看出:传统成像处理算法难以满足高分辨率成像处理的应用需求,成像结果存在明显的散焦现象,尤其对于方位边缘目标;基于高阶距离模型的三步聚焦处理方法有效提升成像处理质量,各目标均能实现精确聚焦处理。图 6-16 给出了机载滑动聚束模式回波信号的成像处理结果。从处理结果可以看出,成像算法能够实现回波数据的精确聚焦处理。

表 6-1 仿真参数

参数	数值	参数	数值
轨道半长轴	514km	发射信号载频	9.6GHz
轨道偏心率	0.0011	发射信号带宽	1.2GHz
轨道倾角	98°	采样率	1.4GHz
升交点赤经	0°	视角	30°
近地点幅角	90°	方位向天线尺寸	6.0m
方位向分辨率	0.25m	混合度因子	0.0833

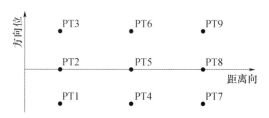

图 6-13 点阵目标分布图

第6章 星载SAR成像仿真

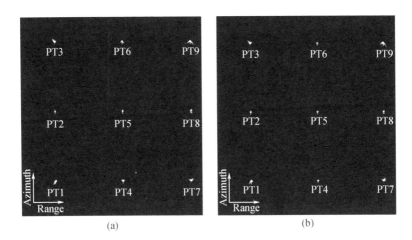

图6-14 传统成像算法处理结果

(a)NCS成像算法处理结果;(b)波数域成像算法处理结果。

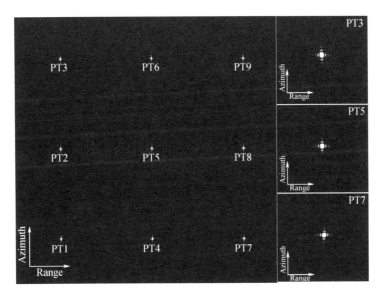

图6-15 基于高阶距离模型的三步成像处理方法的成像处理结果

表6-2 成像质量评估结果

目标序号	距离向			方位向		
	斜距分辨率 /m	峰值旁瓣比 /dB	积分旁瓣比 /dB	斜距分辨率 /m	峰值旁瓣比 /dB	积分旁瓣比 /dB
1	0.112	−13.21	−10.01	0.276	−13.23	−10.68
2	0.111	−13.26	−10.64	0.276	−13.33	−10.66

续表

目标序号	距离向			方位向		
	斜距分辨率 /m	峰值旁瓣比 /dB	积分旁瓣比 /dB	斜距分辨率 /m	峰值旁瓣比 /dB	积分旁瓣比 /dB
3	0.111	-13.09	-9.87	0.279	-13.32	-10.68
4	0.111	-13.27	-9.95	0.251	-13.20	-10.62
5	0.111	-13.25	-9.95	0.252	-13.32	-10.65
6	0.111	-13.26	-9.95	0.251	-13.37	-10.65
7	0.111	-13.10	-9.89	0.226	-13.22	-10.64
8	0.111	-13.21	-9.95	0.226	-13.22	-10.63
9	0.110	-13.07	-1037	0.226	-13.00	-10.69

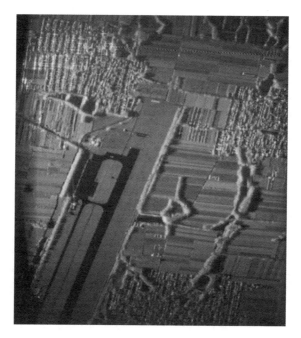

图6-16 0.1m分辨率机载滑动聚束模式成像处理结果

6.4 多普勒参数获取方法

在星载SAR成像处理过程中,需要采用精确的多普勒参数,才能获得高质量的SAR图像。常规星载SAR成像处理系统,通过获取的卫星轨道参数、姿态数据和雷达系统参数,估算回波信号的多普勒参数,实现对回波信号的精确聚焦处理。然而,当无法获取精确的星历数据,或者根据星历参数计算得到的多普勒参数不满足精确成像的要求,需要利用回波数据来估计多普勒参数。

6.4.1 多普勒参数估算方法

精确的多普勒参数是高精度成像处理的基础。由于雷达系统的星历参数通常只涵盖卫星的位置及速度信息,仅能够估算回波信号的前两阶多普勒参数,即多普勒中心频率 f_d 和多普勒调频率 f_r。在空间分辨率不高的情况下,利用二阶斜距模型能够描述卫星与地面目标间的相对空间位置关系,实现回波信号的精确聚焦处理。随着空间分辨率的不断提升,雷达系统的合成孔径时间逐渐增大,二阶斜距模型所引入的近似误差也逐渐增大,难以满足超高分辨率成像处理的应用需求。因此,如何利用卫星的位置及速度信息来估算高阶多普勒参数成为高分辨率星载 SAR 成像处理的前提。本节从卫星的位置矢量和速度矢量入手,反演雷达卫星的轨道根数,进而完成高阶多普勒参数的估算处理。

假设卫星在不转动地心坐标系中的位置矢量和速度矢量分别为 $\boldsymbol{R}_{os} = (R_{o,sx}, R_{o,sy}, R_{o,sz})'$ 和 $\boldsymbol{V}_{os} = (v_{sx}, v_{sy}, v_{sz})'$,可以计算获得卫星平台坐标系到不转动地心坐标系间的转换矩阵 $\boldsymbol{A}_{or}$,可表示为

$$\boldsymbol{A}_{or} = \begin{bmatrix} 1 & 0 & 0 \\ 0 & \dfrac{y_1}{r_1} & \dfrac{x_1}{r_1} \\ 0 & -\dfrac{x_1}{r_1} & \dfrac{y_1}{r_1} \end{bmatrix} \begin{bmatrix} \dfrac{v_{sx}}{v_1} & -\dfrac{v_{sy}}{v_1} & 0 \\ \dfrac{v_{sy}}{v_1} & \dfrac{v_{sx}}{v_1} & 0 \\ 0 & 0 & 1 \end{bmatrix} \begin{bmatrix} \dfrac{v_1}{v} & 0 & \dfrac{v_{sz}}{v} \\ 0 & 1 & 0 \\ -\dfrac{v_{sz}}{v} & 0 & \dfrac{v_1}{v} \end{bmatrix} \quad (6-125)$$

式中: $r_1 = |\boldsymbol{r}_1|$; $v = |\boldsymbol{V}_{os}|$; $v_1 = \sqrt{v_{sx}^2 + v_{sy}^2}$;

$$\boldsymbol{r}_1 = \begin{bmatrix} \dfrac{v_1}{v} & 0 & -\dfrac{v_{sz}}{v} \\ 0 & 1 & 0 \\ \dfrac{v_{sz}}{v} & 0 & \dfrac{v_1}{v} \end{bmatrix} \begin{bmatrix} \dfrac{v_{sx}}{v_1} & \dfrac{v_{sy}}{v_1} & 0 \\ -\dfrac{v_{sy}}{v_1} & \dfrac{v_{sx}}{v_1} & 0 \\ 0 & 0 & 1 \end{bmatrix} \cdot (\boldsymbol{R}_{os} \times \boldsymbol{V}_{os}) = (0, x_1, y_1)$$

$$(6-126)$$

同时,结合 3.2 节中所介绍的坐标转换关系可知,卫星平台坐标系到不转动地心坐标系间的转换矩阵 $\boldsymbol{A}_{or}$ 可表示为

$$A_{\text{or}} = \begin{bmatrix} \cos\Omega & -\sin\Omega & 0 \\ \sin\Omega & \cos\Omega & 0 \\ 0 & 0 & 1 \end{bmatrix} \cdot \begin{bmatrix} 1 & 0 & 0 \\ 0 & \cos i & -\sin i \\ 0 & \sin i & \cos i \end{bmatrix} \cdot$$

$$\begin{bmatrix} \cos\omega & -\sin\omega & 0 \\ \sin\omega & \cos\omega & 0 \\ 0 & 0 & 1 \end{bmatrix} \cdot \begin{bmatrix} -\sin(\theta-\gamma) & -\cos(\theta-\gamma) & 0 \\ \cos(\theta-\gamma) & -\sin(\theta-\gamma) & 0 \\ 0 & 0 & 1 \end{bmatrix}$$

$$(6-127)$$

联立式(6-125)和式(6-127)这两个方程,可以获得

$$\begin{bmatrix} 1 & 0 & 0 \\ 0 & \dfrac{y_1}{r_1} & \dfrac{x_1}{r_1} \\ 0 & -\dfrac{x_1}{r_1} & \dfrac{y_1}{r_1} \end{bmatrix} \begin{bmatrix} \dfrac{v_{\text{sx}}}{v_1} & -\dfrac{v_{\text{sy}}}{v_1} & 0 \\ \dfrac{v_{\text{sy}}}{v_1} & \dfrac{v_{\text{sx}}}{v_1} & 0 \\ 0 & 0 & 1 \end{bmatrix} \begin{bmatrix} \dfrac{v_1}{v} & 0 & \dfrac{v_{\text{sz}}}{v} \\ 0 & 1 & 0 \\ -\dfrac{v_{\text{sz}}}{v} & 0 & \dfrac{v_1}{v} \end{bmatrix}$$

$$= \begin{bmatrix} \cos\Omega & -\sin\Omega & 0 \\ \sin\Omega & \cos\Omega & 0 \\ 0 & 0 & 1 \end{bmatrix} \begin{bmatrix} 1 & 0 & 0 \\ 0 & \cos i & -\sin i \\ 0 & \sin i & \cos i \end{bmatrix} \begin{bmatrix} \cos\omega & -\sin\omega & 0 \\ \sin\omega & \cos\omega & 0 \\ 0 & 0 & 1 \end{bmatrix} \cdot$$

$$\begin{bmatrix} -\sin(\theta-\gamma) & -\cos(\theta-\gamma) & 0 \\ \cos(\theta-\gamma) & -\sin(\theta-\gamma) & 0 \\ 0 & 0 & 1 \end{bmatrix}$$

$$= \begin{bmatrix} a_{\text{or}}11 & a_{\text{or}}21 & a_{\text{or}}31 \\ a_{\text{or}}12 & a_{\text{or}}22 & a_{\text{or}}32 \\ a_{\text{or}}13 & a_{\text{or}}23 & a_{\text{or}}33 \end{bmatrix}$$

$$(6-128)$$

式中:矩阵中的各系数 $a_{\text{or}}ij$ 可通过卫星的位置矢量及速度矢量计算获得,i 表明该系数为矩阵中的第 i 列系数,j 表明该系数为矩阵中的第 j 行系数,$1 \leqslant i \leqslant 3$,$1 \leqslant j \leqslant 3$;$\gamma$ 为航迹角,由下式计算获得

$$\tan\gamma = \frac{e\sin\theta}{1 + e\cos\theta} \quad (6-129)$$

结合上述转换矩阵,可以得到如下方程组

$$\begin{cases} \cos i = a_{\text{or}}33 \\ \sin i \cdot \sin\Omega = a_{\text{or}}31 \end{cases} \quad (6-130)$$

通过求解上述方程,能够确定雷达卫星的轨道倾角 i 和升交点赤经 Ω。将计算获取的轨道倾角 i 和升交点赤经 Ω 代入式(6-128),方程可化简为

$$\begin{bmatrix} \cos\omega & -\sin\omega & 0 \\ \sin\omega & \cos\omega & 0 \\ 0 & 0 & 1 \end{bmatrix} \begin{bmatrix} -\sin(\theta-\gamma) & -\cos(\theta-\gamma) & 0 \\ \cos(\theta-\gamma) & -\sin(\theta-\gamma) & 0 \\ 0 & 0 & 1 \end{bmatrix}$$

$$= \begin{bmatrix} 1 & 0 & 0 \\ 0 & \cos i & -\sin i \\ 0 & \sin i & \cos i \end{bmatrix}^{-1} \begin{bmatrix} \cos\Omega & -\sin\Omega & 0 \\ \sin\Omega & \cos\Omega & 0 \\ 0 & 0 & 1 \end{bmatrix}^{-1} \begin{bmatrix} a_{or}11 & a_{or}21 & a_{or}31 \\ a_{or}12 & a_{or}22 & a_{or}32 \\ a_{or}13 & a_{or}23 & a_{or}33 \end{bmatrix}$$

$$= \begin{bmatrix} b_{or}11 & b_{or}21 & b_{or}31 \\ b_{or}12 & b_{or}22 & b_{or}32 \\ b_{or}13 & b_{or}23 & b_{or}33 \end{bmatrix}$$

(6-131)

考虑到式(6-131)的右侧矩阵为已知矩阵,相应的可以得到方程组

$$\begin{cases} \cos(\omega+\theta-\gamma) = b_{or}12 \\ \sin(\omega+\theta-\gamma) = -b_{or}11 \end{cases} \quad (6-132)$$

结合卫星在不转动地心坐标系中的位置矢量 $\bm{R}_{os} = (R_{o,sx}, R_{o,sy}, R_{o,sz})'$,可获得方程

$$\begin{bmatrix} R_{o,sx} \\ R_{o,sy} \\ R_{o,sz} \end{bmatrix} = r \begin{bmatrix} \cos\Omega & -\sin\Omega & 0 \\ \sin\Omega & \cos\Omega & 0 \\ 0 & 0 & 1 \end{bmatrix} \cdot \begin{bmatrix} 1 & 0 & 0 \\ 0 & \cos i & -\sin i \\ 0 & \sin i & \cos i \end{bmatrix} \cdot \begin{bmatrix} \cos\omega & -\sin\omega & 0 \\ \sin\omega & \cos\omega & 0 \\ 0 & 0 & 1 \end{bmatrix} \cdot \begin{bmatrix} \cos\theta \\ \sin\theta \\ 0 \end{bmatrix}$$

(6-133)

$$r = \sqrt{R_{o,sx}^2 + R_{o,sy}^2 + R_{o,sz}^2} \quad (6-134)$$

将求解获得的轨道倾角 i 和升交点赤经 Ω 代入式(6-133),可化简为

$$\begin{bmatrix} \cos\omega & -\sin\omega & 0 \\ \sin\omega & \cos\omega & 0 \\ 0 & 0 & 1 \end{bmatrix} \begin{bmatrix} \cos\theta \\ \sin\theta \\ 0 \end{bmatrix}$$

$$= \begin{bmatrix} 1 & 0 & 0 \\ 0 & \cos i & -\sin i \\ 0 & \sin i & \cos i \end{bmatrix}^{-1} \begin{bmatrix} \cos\Omega & -\sin\Omega & 0 \\ \sin\Omega & \cos\Omega & 0 \\ 0 & 0 & 1 \end{bmatrix}^{-1} \begin{bmatrix} R_{o,sx}/r \\ R_{o,sy}/r \\ R_{o,sz}/r \end{bmatrix}$$

$$= \begin{bmatrix} c_{or}1 \\ c_{or}2 \\ c_{or}3 \end{bmatrix} = \begin{bmatrix} \cos(\omega+\theta) \\ \sin(\omega+\theta) \\ 0 \end{bmatrix}$$

(6-135)

依据式(6-135)可以获得方程组

$$\begin{cases} \cos(\omega+\theta) = c_{or}1 \\ \sin(\omega+\theta) = c_{or}2 \end{cases} \quad (6-136)$$

综合式(6-132)和式(6-136),可以求解获得雷达系统的航迹角 γ 和角度 $(\omega+\theta)$。

考虑到卫星在不转动地心坐标系中的速度矢量 $\boldsymbol{V}_{os} = (v_{sx}, v_{sy}, v_{sz})'$,满足

$$\begin{pmatrix} v_{sx} \\ v_{sy} \\ v_{sz} \end{pmatrix} = \sqrt{\frac{\mu}{a(1-e^2)}} \boldsymbol{A}_{ov} \begin{pmatrix} -\sin\theta \\ e+\cos\theta \\ 0 \end{pmatrix} \quad (6-137)$$

相应地可以获得方程

$$v_{sx}^2 + v_{sy}^2 + v_{sz}^2 = \frac{\mu}{a(1-e^2)}[1+e^2+2e\cos\theta]$$

$$= \frac{2\mu(1+e\cos\theta)}{a(1-e^2)} + \frac{\mu}{a(1-e^2)}(e^2-1) = \frac{2\mu}{r} - \frac{\mu}{a}$$

$$(6-138)$$

进而可以求解获得卫星轨道的半长轴 a。与此同时,结合开普勒轨道方程和航迹角计算方程,可以得到方程组

$$\begin{cases} a(1-e^2) = r(1+e\cos\theta) \\ \tan\gamma = \dfrac{e\sin\theta}{1+e\cos\theta} \end{cases} \quad (6-139)$$

将式(6-139)的两个方程进行合成,可以获得方程式

$$\tan^2\gamma \cdot \left[1 + 2\frac{a(1-e^2)-r}{r} + \left(\frac{a(1-e^2)-r}{r}\right)^2\right] = e^2 - \left(\frac{a(1-e^2)-r}{r}\right)^2$$

$$(6-140)$$

通过求解上述四次方程组可以获得卫星轨道的偏心率 e。将轨道偏心率 e 和航迹角 γ 代入式(6-139),求解获得雷达卫星的瞬时真近心角 θ,进而获得卫星轨道的近地点幅角 ω。至此,利用卫星的位置矢量及速度矢量,可以求解获得该时刻卫星的轨道参数,包括半长轴 a、偏心率 e、轨道倾角 i、升交点赤经 Ω、近地点幅角 ω 以及真近心角 θ。

利用卫星轨道参数,进一步计算获得卫星的加速度矢量和加速度变化率矢量

$$\boldsymbol{A}_{os} = \frac{\mu(1+e\cos\theta)^2}{a^2(1-e^2)^2} \boldsymbol{A}_{ov} \begin{bmatrix} -\cos\theta \\ -\sin\theta \\ 0 \end{bmatrix} \quad (6-141)$$

$$\dot{\boldsymbol{A}}_{\mathrm{os}} = \frac{\mu(1+e\cos\theta)^3}{a^3(1-e^2)^3}\sqrt{\frac{\mu}{a(1-e^2)}}\boldsymbol{A}_{\mathrm{ov}}\begin{bmatrix} \sin\theta + 3e\cos\theta\sin\theta \\ e(2\sin^2\theta - \cos^2\theta) - \cos\theta \\ 0 \end{bmatrix} \quad (6-142)$$

在获得雷达卫星轨道参数的基础上,结合卫星的位置矢量、卫星与地面波束指向点间的距离矢量,通过矢量相加得到地面波束指向点在不转动地心坐标系中的位置矢量。考虑到天线波束指向点在天线坐标系的 Y 轴上,在天线坐标系内可表示为 $[0, R_\mathrm{p}, 0]$,其中 R_p 表示卫星与地面波束指向点间的距离。相应的地面波束指向点在不转动地心坐标系内的位置矢量可以表示为

$$\begin{aligned}\boldsymbol{R}_{\mathrm{op}} &= \boldsymbol{R}_{\mathrm{os}} + \boldsymbol{R}_{\mathrm{o\_sp}} \\ &= \begin{bmatrix} R_{\mathrm{o,sx}} \\ R_{\mathrm{o,sy}} \\ R_{\mathrm{o,sz}} \end{bmatrix} + \boldsymbol{A}_{\mathrm{or}}\boldsymbol{A}_{\mathrm{re}}\boldsymbol{A}_{\mathrm{ea}}\begin{bmatrix} 0 \\ R_\mathrm{p} \\ 0 \end{bmatrix} \\ &= \begin{bmatrix} R_{\mathrm{o,sx}} \\ R_{\mathrm{o,sy}} \\ R_{\mathrm{o,sz}} \end{bmatrix} + \begin{bmatrix} A_{\mathrm{oe\_12}} \cdot R_\mathrm{p}\cos\theta_\mathrm{L} - A_{\mathrm{oe\_13}} \cdot R_\mathrm{p}\sin\theta_\mathrm{L} \\ A_{\mathrm{oe\_22}} \cdot R_\mathrm{p}\cos\theta_\mathrm{L} - A_{\mathrm{oe\_23}} \cdot R_\mathrm{p}\sin\theta_\mathrm{L} \\ A_{\mathrm{oe\_32}} \cdot R_\mathrm{p}\cos\theta_\mathrm{L} - A_{\mathrm{oe\_33}} \cdot R_\mathrm{p}\sin\theta_\mathrm{L} \end{bmatrix} = \begin{bmatrix} R_{\mathrm{o,nx}} \\ R_{\mathrm{o,ny}} \\ R_{\mathrm{o,nz}} \end{bmatrix}\end{aligned}$$
$$(6-143)$$

式中:$\boldsymbol{R}_{o-sp}$ 为不转动地心坐标系内卫星与地面波束指向点间的距离矢量。

$$\boldsymbol{A}_{\mathrm{re}} = \begin{bmatrix} \cos\theta_\mathrm{y} & 0 & -\sin\theta_\mathrm{y} \\ 0 & 1 & 0 \\ \sin\theta_\mathrm{y} & 0 & \cos\theta_\mathrm{y} \end{bmatrix}\begin{bmatrix} \cos\theta_\mathrm{p} & -\sin\theta_\mathrm{p} & 0 \\ \sin\theta_\mathrm{p} & \cos\theta_\mathrm{p} & 0 \\ 0 & 0 & 1 \end{bmatrix}\begin{bmatrix} 1 & 0 & 0 \\ 0 & \cos\theta_\mathrm{r} & -\sin\theta_\mathrm{r} \\ 0 & \sin\theta_\mathrm{r} & \cos\theta_\mathrm{r} \end{bmatrix}$$

$$\boldsymbol{A}_{\mathrm{ea}} = \begin{bmatrix} 1 & 0 & 0 \\ 0 & \cos\theta_\mathrm{L} & \sin\theta_\mathrm{L} \\ 0 & -\sin\theta_\mathrm{L} & \cos\theta_\mathrm{L} \end{bmatrix}$$

考虑到波束指向点位于地球表面上,将上述位置矢量代入地球椭球方程,可以解算卫星与地面波束指向点间的斜距 R_p,进而确定地面波束指向点在不转动地心坐标系中的位置矢量、速度矢量、加速度矢量和加速度变化率矢量,可表示为

$$\boldsymbol{V}_{\mathrm{op}} = \begin{pmatrix} V_{\mathrm{o\_px}} \\ V_{\mathrm{o\_py}} \\ V_{\mathrm{o\_pz}} \end{pmatrix} = \begin{pmatrix} -\omega_\mathrm{e}R_{\mathrm{o,ny}} \\ \omega_\mathrm{e}R_{\mathrm{o,nx}} \\ 0 \end{pmatrix} \quad (6-144)$$

$$\boldsymbol{A}_{op} = \begin{pmatrix} A_{o\_px} \\ A_{o\_py} \\ A_{o\_pz} \end{pmatrix} = \begin{pmatrix} -\omega_e^2 R_{o,nx} \\ -\omega_e^2 R_{o,ny} \\ 0 \end{pmatrix} \tag{6-145}$$

$$\dot{\boldsymbol{A}}_{op} = \begin{pmatrix} \dot{A}_{o\_px} \\ \dot{A}_{o\_py} \\ \dot{A}_{o\_pz} \end{pmatrix} = \begin{pmatrix} \omega_e^3 R_{o,ny} \\ -\omega_e^3 R_{o,nx} \\ 0 \end{pmatrix} \tag{6-146}$$

计算雷达卫星与波束指向点间的相对位置矢量 $\boldsymbol{R}_{o\_sp}$、相对速度矢量 $\boldsymbol{V}_{o\_sp}$、相对加速度矢量 $\boldsymbol{A}_{o\_sp}$ 和相对加速度变化率矢量 $\dot{\boldsymbol{A}}_{o\_sp}$，可表示为

$$\boldsymbol{R}_{o\_sp} = \boldsymbol{R}_{os} + \boldsymbol{R}_{op} \tag{6-147}$$

$$\boldsymbol{V}_{o\_sp} = \boldsymbol{V}_{os} + \boldsymbol{V}_{op} \tag{6-148}$$

$$\boldsymbol{A}_{o\_sp} = \boldsymbol{A}_{os} + \boldsymbol{A}_{op} \tag{6-149}$$

$$\dot{\boldsymbol{A}}_{o\_sp} = \dot{\boldsymbol{A}}_{os} + \dot{\boldsymbol{A}}_{op} \tag{6-150}$$

将式(6-147)~式(6-150)代入式(3-42)~式(3-45)，可以获得回波信号的多普勒中心频率、多普勒调频率、多普勒调频率变化率和多普勒调频率的二阶导，进而满足高精度成像处理的应用需求。

6.4.2 多普勒参数估计方法

若无法获取精确的星历数据，则需要通过参数估计方法来获得多普勒成像参数。不同阶多普勒参数对回波信号的影响方式不同，需要采用不同的方法来进行估计。本节将从多普勒中心频率、多普勒调频率及高阶多普勒参数等三个方面来探讨多普勒参数的估计方法。

6.4.2.1 多普勒中心频率估计方法

多普勒中心频率误差将导致信噪比损失、方位模糊度下降，这一问题的定量分析与雷达系统参数、天线方向性图、脉冲重复频率等因素有关，图 6-17 给出信噪比损失和方位模糊度下降随多普勒中心频率误差的变化曲线，采用的参数为：雷达波长 λ 为 0.24m，方位天线长度为 10m，天线方向性图为 sinc 形状。成像处理的方位向加权函数为

$$W(\omega) = \frac{1}{3} + \frac{2}{3}\cos^2\frac{\pi\omega}{\Delta\omega} \tag{6-151}$$

式中：$\Delta\omega$ 为信号带宽。

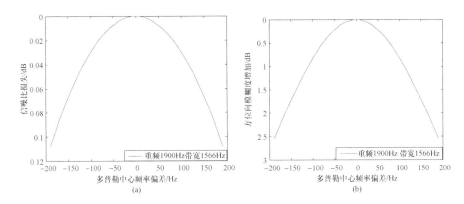

图 6-17　信噪比损失和方位模糊度下降随多普勒中心频率误差变化曲线

(a)信噪比损失变化关系；(b)方位模糊度损失变化关系。

多普勒中心频率误差 Δf_d 带来的距离向(斜距)位置偏移 Δr 和方位向位置偏移 Δx 分别表示为

$$\Delta r = -\frac{\lambda}{2}\left(f_d + \frac{\Delta f_d}{2}\right) \cdot \frac{\Delta f_d}{f_r} \qquad (6-152)$$

$$\Delta x = \frac{\Delta f_d}{f_r} \cdot v_g \qquad (6-153)$$

式中：λ 为雷达波长；v_g 为天线波束在地面上的移动速度。

在星载 SAR 成像处理中，把自动确定多普勒中心频率在多普勒频带中位置的方法称为杂波锁定。杂波锁定估计多普勒中心频率主要有四类方法：①多普勒频谱分析法；②能量均衡法；③最小均方误差估计法；④时域相关法，又称为相关多普勒估计。其中前三类方法为频域方法，第四类方法为时域方法。

1. 多普勒频谱分析法

多普勒频谱分析方法是最早出现的一类杂波锁定方法，其中一种方法是通过多普勒频谱与方位天线方向性图的相关来确定多普勒中心频率[3]；另一种方法是通过多普勒频谱峰值的位置来确定多普勒中心频率[158]。此算法既可以采用距离压缩前的数据，也可以采用距离压缩后的数据。前者的性能优于后者，因为距离压缩前点目标的回波分布在许多距离门上，区域的非均匀性影响较小。该算法只与多普勒频谱的形状有关，只能估计多普勒中心频率关于脉冲重复频率的模糊值 f_{dm}，还需要确定多普勒中心频率的模糊数 m，才能最终得到多普勒中频率 f_d。

2. 能量均衡法

能量均衡方法利用多普勒中心频率两侧频谱能量相等的特性来估计多普勒中心频率,是一种比较常用的多普勒中心频率估计方法。

能量均衡法有两种实现方法。一种方法是子图像能量均衡法,即首先进行距离处理,然后利用星历数据计算的多普勒中心频率 f_{d0} 进行四视处理,四个单视子图像的能量为 $E_i, i = 1 \sim 4$,则有

$$\Delta E = \frac{E_1 + E_2 - E_3 - E_4}{E_1 + E_2 + E_3 + E_4} \quad (6-154)$$

若 ΔE 不为零,则在多普勒中心频率 f_{d0} 上叠加一个修正量 Δf_{d0} 作为新的 f_{d0},并重复进行以上步骤,直到 ΔE 小于允许误差。换句话说,就是使前两视图像和后两视图像的能量相等,从而获得多普勒中心频率的估计值。这种方法的估计精度受地面散射特性的影响小,估计精度高。

另一种方法是利用整个多普勒频谱处理的单视复图像,通过确定其方位频谱的能量中点进行多普勒中心频率的估计[3]。这种方法也是通过计算 ΔE 和迭代修正 f_{d0} 进行的。迭代处理中 Δf_{d0} 可以采用一固定量,如 ± 10 Hz,也可以根据 ΔE 自适应调整。Δf_{d0} 与 ΔE 近似成线性关系,即

$$\Delta f_{d0} = c_1 \cdot \Delta E \quad (6-155)$$

式中:

$$c_1 = \frac{\int_{-B_a/2}^{B_a/2} W_a(f) \mathrm{d}f}{2[W_a(0) - W_a(B_a/2)]}$$

式中:$W_a(f)$ 为频域双程功率天线方向性图;B_a 为多普勒带宽。当天线方向性图未知时,可近似采用 $c_1 \approx B_a$。

3. 最小均方误差估计法

最小均方误差估计方法[159]基于均匀区域的 SAR 图像为单边指数分布,噪声为乘性噪声。在均匀场景条件下,首先用多普勒中心频率的初值 f_{d0} 进行成像处理,然后估计多普勒中心频率误差 Δf_{d0}。Δf_{d0} 的估计式为

$$\Delta f_{d0} = \frac{1}{m_1} \cdot \int_{f_{d0} - B_a/2}^{f_{d0} + B_a/2} |Z(f)|^2 w(f - f_{d0}) \mathrm{d}f \quad (6-156)$$

式中:

$$w(f) = \frac{1}{\alpha} \cdot \frac{W'_a(f)}{W_a^2(f)}$$

$$\alpha = T_s \int_{-B_a/2}^{B_a/2} \left[\frac{W_a'(f)}{W_a(f)} \right]^2 \mathrm{d}f$$

式中：m_1 为图像均值；$Z(f)$ 为图像多普勒频谱；$W_a'(f)$ 为 $W_a(f)$ 的导数；T_s 为孔径时间。

一种改进的算法是对不同均匀场景分别估计多普勒中心频率，并采用不同的加权系数，得到最优的多普勒中心频率估计。该算法估计精度较高，但计算量较大。

4. 时域相关法

时域相关法[160]根据相关函数与功率谱密度函数互为傅里叶变换对的特点，通过求时域信号的相位来估计多普勒中心频率。时域信号的相关函数为

$$R_s(k) = \sum_j s_r(j) s_r^*(j-k) \qquad (6-157)$$

式中：$s_r(k) = s_r(k\tau_{prt})$ 为距离压缩后的时域回波信号；τ_{prt} 为脉冲重复周期。多普勒中心频率估计值为

$$f_d = \frac{1}{2\pi k \tau_{prt}} \arg[R_s(k)] \qquad (6-158)$$

式中：arg 为取复数的幅角；k 通常取 1。

如果使用方位处理后的复数图像 $z(j)$，可以减少目标散射特性的不均匀性对估计精度的影响。设处理器的多普勒中心频率为 f_{d0}，所引入的多普勒中心频率误差为

$$\Delta f_{d0} = f_{d0} - f_d \qquad (6-159)$$

复数图像 $z(j)$ 相关函数 $R_z(k)$ 的幅角所对应的频率 f_{m0} 为

$$f_{m0} = \frac{1}{2\pi k T_{prt}} \arg[R_z(k)] \qquad (6-160)$$

则有

$$f_{m0} = f_d + \alpha_0 (f_{d0} - f_d) \qquad (6-161)$$

所以

$$f_d = (f_{m0} - \alpha_0 f_{d0})/(1 - \alpha_0) \qquad (6-162)$$

式中：系数 α_0 为基于一些假设得到的。

时域相关算法的最大优点是计算量小，而且估计精度优于频谱分析法。

能量均衡法、最小均方误差法和时域相关法，都是首先采用初始多普勒中心频率 f_{d0} 进行成像处理，然后估计多普勒中心频率误差 Δf_{d0}，并且需要通过迭代处理，得到最终的多普勒中心频率估计值。当初始多普勒中心频率误差小于

$f_{PRF}/2$ 时,可以直接估计多普勒中心频率 f_d,否则还需要估计多普勒中心频率的模糊数 m。

场景散射特性对多普勒中心频率的估计精度有很大影响。均匀场景的估计精度较高,起伏大的区域估计精度较低。子图像能量均衡法可以结合多视处理,估计精度受地面目标起伏特性影响小,具有较高的估计精度。

估计多普勒中心频率时,通常需要进行多个距离门的叠加,以减小噪声的影响。但是由于多普勒中心频率沿斜距而变化,参与叠加的距离门数量不能太大。在实际处理中,通常在不同斜距 r_k 上估计多普勒中心频率 $f_d(r_k)$,通过曲线拟合得到多普勒中心频率随斜距的变化规律 $f_d(r)$。

6.4.2.2 多普勒调频率估计方法

多普勒调频率误差 Δf_r 在合成孔径边缘引起的二次相位误差最大,为

$$\Phi_{2m} = \pi \cdot \Delta f_r \cdot \left(\frac{T_s}{2}\right)^2 \qquad (6-163)$$

式中:T_s 为合成孔径时间。在不同入射角情况下,合成孔径时间不同,相同的多普勒调频率误差会引入不同的二次相位误差。二次相位误差会造成点目标冲激响应的主瓣展宽,峰值下降,旁瓣抬高。图 6-18 给出二次相位误差对主瓣峰值下降、主瓣展宽、积分旁瓣比、峰值旁瓣比的影响,其中实线为不加权的情况,虚线为频域采用式(6-151)加权结果。星载 SAR 成像处理中一般认为 Δf_r 引起的 Φ_{2m} 小于 $\pi/4$,对分辨率的影响可以忽略。为了保证峰值旁瓣比和积分旁瓣比的要求,星载 SAR 成像处理中采用频域加权处理,加权后的旁瓣明显降低,但主瓣有所展宽。因此,在分析方位向分辨率和距离向分辨率时应考虑加权处理的影响。

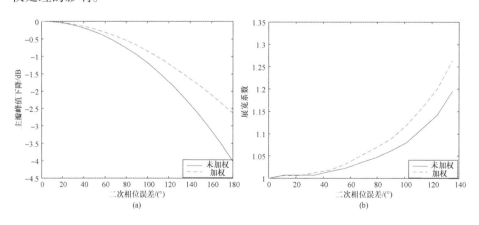

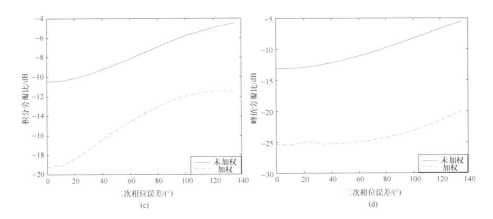

图 6-18 成像质量随二次相位误差变化曲线(见彩图)
(a)主瓣峰值与二次相位误差的关系;(b)主瓣展宽与二次相位误差的关系;
(c)积分旁瓣比与二次相位误差的关系;(d)峰值旁瓣比与二次相位误差的关系。

多普勒调频率的估计也称为自聚焦。自聚焦方法主要有:①强点目标算法;②相位梯度法和相位差法;③子孔径相关法,也称为多视配准法;④最优对比度法;⑤平移相关法。其中前两种方法为相干算法,后三种方法为非相干算法。

1. 强点目标法

强点目标法[161]是在没有噪声的情况下,直接测量表征点目标方位冲激响应(扩展函数)的相位变化规律,从而获得多普勒调频率。这种方法需要场景中有突出的强点目标,如果其他散射体的影响较大,则会造成多普勒调频率的估计结果存在一定偏差。由于该算法对目标特性的要求比较严格,在很多情况下估计精度不如其他几种算法。

2. 相位梯度法

相位梯度法[162]的主要步骤包括中心移位、加窗、相位误差估计和迭代修正。估计相位误差时,首先进行方位 FFT 处理得到方位频谱 $Z(i,l)$,然后估计相位误差梯度。相位误差梯度的最大似然(ML)估计为

$$\Delta\varphi(l) = \arg\sum_{i}\{Z(i,l) \cdot Z^*(i,l-1)\} \quad (6-164)$$

式中:i 为距离门;l 为方位频率。相位误差为

$$\varphi(k) = \sum_{l=2}^{k}\Delta\varphi(l) \quad (6-165)$$

对相位误差 $\varphi(k)$ 进行二次曲线拟合,其二次项系数与多普勒调频率误差 Δf_r 有关,修改多普勒调频率,经过迭代处理,使得拟合曲线的二次项系数足够

小。$\varphi(k)$ 的拟合均方根误差小于要求,则完成自聚焦处理。

采用相位梯度法,可以直接修正相位误差,得到聚焦良好的 SAR 图像,这是该算法与其他自聚焦算法的不同之处。

3. 子孔径相关法

子孔径相关法[3,158]是一种常用的自聚焦方法,而且这种方法可以与多视处理结合。多视处理是将方位谱分成相互独立的几部分,每部分分别成像,通过非相干叠加获得多视图像。当多普勒调频率不准确时,各子图像位置将发生偏离,造成叠加后的图像出现散焦。

首先根据星历数据计算多普勒调频率初值 f_{r0},在多视处理时用中心频率分别为 f_{d1} 和 f_{d2} 的两段独立频谱分别成像,获得两个子图像。当多普勒调频率存在偏差 Δf_r 时,两个子图像存在相对位置偏移,且位置偏移量 Δx 与多普勒调频率误差 Δf_r 的关系为

$$\Delta f_r = \frac{f_r^2 \Delta x}{v_g(f_{d2} - f_{d1})} \quad (6-166)$$

式中:v_g 为天线波束在地面上的移动速率。Δx 可以通过检测两幅子图像的方位相关峰值位置来确定。当 Δf_r 一定时,$|f_{d2} - f_{d1}|$ 越大,$|\Delta x|$ 就越大,也越容易检测。因此在 N 视处理中,通常选取第 1 视与第 N 视子图像进行相关。

通过多个距离门数据的叠加,可以减小噪声的影响。与此同时,由于多普勒调频率 f_r 随斜距而变化,所以用于叠加的距离门数量不能太大。计算 Δf_r 时,式(6-166)中的 f_r 用 f_{r0} 代入,用 $f_{r0} + \Delta f_r$ 作为新的 f_{r0} 再进行多视成像,几次迭代后,可以得到多普勒调频率的精确估计。

4. 最优对比度法

成像处理中多普勒调频率的精度越高,图像聚焦效果越好,即点目标冲激响应应具有较高的峰值,较窄的主瓣。最优对比度法就是检测能够获得最大图像对比度(或亮度)的多普勒调频率。

5. 平移相关法

平移相关法是一种计算效率较高的自聚焦方法。星载 SAR 方位信号具有线性调频特性,设在 $x_a = vt_a$ 的点目标距离压缩后的回波信号为

$$e(t) = \exp\{j\varphi_a\} \cdot \exp\{-j\pi f_r (t-t_a)^2\} \quad t_a - T_s/2 < t < t_a + T_s/2 \quad (6-167)$$

将距离压缩后的信号变换到多普勒频域内,以多普勒中心频率为中心将多普勒带宽分为两部分,分别平移 $\pm B_a/4$,使子频带中心移到零频,两部分信号的

时域表达式为

$$e_{l+}(t) = \exp\left\{j\varphi_a + j\pi f_r t_a \Delta + j\pi f_r \left(\frac{\Delta}{2}\right)^2\right\} \cdot \exp\left\{-j\pi f_r \left(t - t_a + \frac{\Delta}{2}\right)^2\right\} t_a - T_s/2 < t < t_a$$

(6-168)

$$e_{r-}(t) = \exp\left\{j\varphi_a - j\pi f_r t_a \Delta + j\pi f_r \left(\frac{\Delta}{2}\right)^2\right\} \cdot \exp\left\{-j\pi f_r \left(t - t_a - \frac{\Delta}{2}\right)^2\right\} t_a < t < t_a + T_s/2$$

(6-169)

式中：

$$\Delta = \frac{B_a}{2|f_r|}$$

$e_{l+}(t)$ 和 $e_{r-}(t)$ 相关处理后得到

$$e_c(t) = \exp\{j2\pi f_r t_a \Delta\} \cdot e_p(t - \Delta) \quad (6-170)$$

式中：$e_p(t)$ 为线性调频信号压缩后的包络；$e_c(t)$ 的峰值出现在 $t = \Delta$。通过检测相关峰值偏离零点的点数 N_Δ，可以估计多普勒调频率 f_r 为

$$|f_r| = \frac{B_a \cdot f_{PRF}}{2N_\Delta} \quad (6-171)$$

$e_{l+}(t)$ 和 $e_{r-}(t)$ 的相关处理在频域完成，可以大大减少计算量。平移相关法不需要进行方位向处理，处理速度较快，但估计精度比子孔径相关法低。

6. 误差分析

强点目标算法、相位梯度法直接对复图像进行相干处理，属于相干的方法。子孔径相关法、最优对比度法和平移相关法属于非相干的方法，利用不包含相位信息的功率图像。

对于均匀背景下单点目标的简单情况，定义信杂比(SCR)为：利用整个孔径时间 T_s 的数据进行处理后点目标的峰值和背景均值的比值。对子孔径时间 T，多普勒调频率估计的均方误差[163]为

$$\sigma_T^2 = \frac{c_0 T_s}{\text{SCR} \times T^5} \quad (6-172)$$

不同算法具有不同的 c_0，强点目标处理算法 c_0 为40，相位梯度法和相位差法 c_0 为80，子孔径相关法 c_0 为96，最优对比度法 c_0 为90。这一结果适用于单视图像，如果有 T_s/T 个互不相关的视数用于自聚焦，那么对子孔径 T，均方误差可以减小 T/T_s 倍，式(6-172)变为

$$\sigma_T^2 = \frac{c_0}{\text{SCR} \times T^4} \quad (6-173)$$

多普勒调频率估计通常采用多距离门平均的方法减小误差,对 N_r 个距离门平均,均方误差可以进一步减小 N_r 倍。

由于很多自然景物(如灌木、树林)可以等效为一个有较高散射截面积的杂波区域,组成目标的所有散射单元间会产生干涉现象。如果方位向分布在 b 个像素中,则最大有效时间从 T_s 减小到 T_s/b。多普勒调频率在整个孔径的估计均方误差变为

$$\sigma_{T_s}^2 = \frac{c_0 b^5}{\text{SCR} \times T_s^4} \qquad (6-174)$$

比强点目标估计法差 b^5 倍,可见用点目标进行自聚焦的重要性,这一点对各种自聚焦算法都适用。

假设在一条距离线上整个孔径时间 T_s 有 N_a 个任意位置的目标,其平均间隔是 $\tau_a = T_s/N_a$。强点目标法和相位梯度法需要通过限制有效时间来滤除这一影响,即 $T = \tau_a$,如果应用 N_a 视的结果,则误差变为

$$\sigma_{T_s}^2 = \frac{cN_a^4}{\text{SCR} \times T_s^4} \qquad (6-175)$$

该误差与单视图像相比有所下降。

此时子孔径相关法和最优对比度法的均方误差为

$$\sigma_{T_s}^2 = \frac{c}{N_a \times \text{SCR} \times T_s^4} \qquad (6-176)$$

自聚焦处理应在地面目标起伏较大的区域进行。当存在很强的点目标时,强点目标算法的性能最好,在城市区域等目标密度较高场景,子孔径相关法和最优对比度法优于强点目标算法和相位梯度法。

6.4.2.3 高阶多普勒参数误差补偿处理

方位 3 次及 3 次以上相位误差可采用相位梯度算法(PGA)进行补偿。PGA 算法是高次相位误差的一种比较有效的、经典的估计算法[164],其包含 4 个基本步骤:选点、加窗、相位梯度估计、相位误差补偿,其中选点是为了获取输入图像中各个距离门内幅度最强的目标,加窗则是为了去除被选点周围其他目标的影响,从而为误差估计提供一个良好的初始条件,提高算法的鲁棒性。PGA 基于最大似然估计(Maximum Likelihood Estimation, MLE)准则估计相位梯度的内核为

$$\dot{\phi}_e^{\text{ML}}(t) = \arg\left[\sum_{k=1}^{K} F_{k,l}^* F_{k,l+1}\right] \qquad (6-177)$$

式中:$F_{k,l}$为距离压缩后的信号;K为信号距离门的数目;l为信号沿方位向的序号。

PGA算法的本质是一个最优化算法,当初始误差较大时,很难获得理想的目标点,此时算法将难以收敛到理想的结果。因此,算法的核心是为相位梯度的估计提供一个良好的初始条件。为了提高自聚焦处理的估计精度和鲁棒性,一种由粗到精的自聚焦处理方法被提出,其处理流程图如图6-19所示。

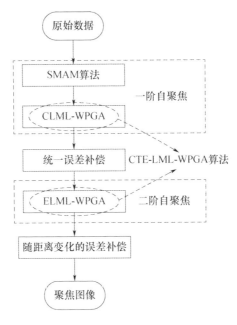

图6-19 由粗到细的高阶多普勒参数分步估计流程图

如图6-19所示,自聚焦处理包括两个部分:①估计距离空不变误差的一阶自聚焦处理,包括多孔径图像偏移(Stripmap Multi Aperture Mapdrift,SMAM)算法和中心局部最大似然加权PGA(Central Local Maximum Likelihood Weighted PGA,CLML-WPGA)算法;②考虑误差沿距离向空变的二阶自聚焦处理,通过拓展的局部最大似然加权PGA(Extended Local Maximum Likelihood Weighted PGA,ELML-WPGA)算法实现。CLML-WPGA与ELML-WPGA算法的误差估计核心均是基于传统的PGA算法,二者的区别主要在于是否考虑运动误差的距离向空变性,因此,可将这两步合称为Center-to-Extended LML WPGA(CTE-LML-WPGA)算法。

1. 基于SMAM算法的运动误差粗估计

SMAM算法是一种参数化的运动误差估计方法,其将运动误差建立为高阶多项式的形式,通过测量各子孔径图像内重叠场景的偏移量来计算高阶多项式的系数。由于误差模型的阶数较高,能够取得比传统参数化方法更好的估计效果,从而能够为后续基于 PGA 算法的精估计提供更好的初始输入,提高误差估计的鲁棒性。

1) 数据分割

SMAM 算法的第一步是沿方位向分割数据,如图 6-20 所示,SMAM 算法中数据分割分为两步。如图 6-20(a)所示,SMAM 算法首先将数据沿方位向分割为多个估计子块,且每个估计子块的长度小于一个合成孔径长度。如图 6-20(b)所示,每个 SMAM 估计子块又被分为多个方位向子孔径[165]。图 6-20(b)给出的是子孔径数目为 4 时的情况,由于每个 SMAM 估计子块的长度小于一个合成孔径时间,因此每个子孔径数据对应的场景范围均有重叠的部分。图 6-20(b)以第一个子孔径为例给出了其与其他子孔径之间的重叠场景($S_{OL}(p,q)$为第 p 个和第 q 个子孔径间重叠场景的长度),可见重叠场景的方位向长度随着子孔径之间距离的增大而减小,相邻子孔径之间的重叠场景范围最大。

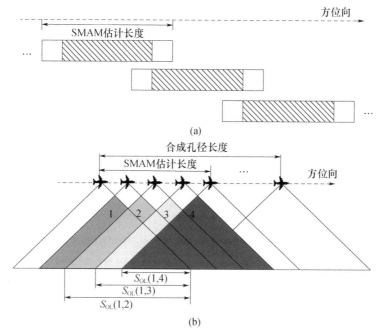

图 6-20 SMAM 算法数据分割示意图(见彩图)

(a)整段数据被分割为多个 SMAM 估计子块;(b)SMAM 估计子块被分割为多个子孔径。

2) 子孔径图像互相关处理

对子孔径数据进行成像处理,获得各子孔径图像。通过互相关处理测量各子图像之间场景的偏移,进而计算高阶多项式误差模型中的各阶系数。图 6-21 给出了子孔径图像互相关处理示意图,其中位于上方的图像为基准图像,位于下方的图像是被移动图像。

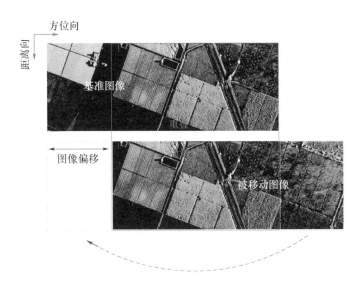

图 6-21 子孔径图像互相关处理示意图(见彩图)

在互相关处理中,被移动图像沿方位向做圆周位移,然后通过两幅图像的幅度相乘及积分处理,得到对应位移下的互相关函数值,即

$$C_{p,q}(i) = \iint I_p(f_a,\tau;0) \cdot I_q(f_a,\tau;i) \mathrm{d}f_a \mathrm{d}\tau \qquad (6-178)$$

式中:$I_q(f_a,\tau;i)$ 为第 q 个子孔径图像沿方位向圆周位移 i 个像素时的二维幅值函数。由于各子孔径图像被重建在距离多普勒域,因此子孔径图像的二维幅值函数可以表示为

$$I_q(f_a,\tau;i) = k_q \cdot G^2(f_a;i) \cdot B_q(f_a,\tau;i) \qquad (6-179)$$

式中:k_q 为复常数;$G(f_a;i)$ 为圆周位移 i 个像素时天线方向图增益在多普勒域的一维分布;$B_q(f_a,\tau;i)$ 则为场景散射特性在距离多普勒域的二维分布[166]。

3) 误差估计

引起各子孔径间重叠场景偏移的因素有两个:

（1）引起场景偏移的因素为天线波束的移动：当高阶误差的阶数设定为 M 时，SMAM 处理每个估计子块内的子孔径数目也为 M，则同一目标在第 p 幅和第 q 幅（$q>p$）子图像间的频率偏移为

$$\Delta F_{\text{doppler}} = f_{\text{r}} \cdot (q-p) \frac{T_{\text{es}}}{M} \qquad (6-180)$$

式中：f_{r} 为方位向调频率；T_{es} 为估计子块对应的时间长度。

该频率偏移在距离多普勒域引起的子图像偏移为

$$\Omega_{p,q} = \text{round}\left[\frac{\Delta F_{\text{doppler}}}{f_{\text{PRF}}/N_{\text{s}}}\right] = (q-p) \cdot \text{round}\left[\frac{v^2 T_{\text{es}} N_{\text{s}}}{\lambda R_{\text{B}} f_{\text{PRF}} M}\right] \qquad (6-181)$$

式中：$\text{round}[\cdot]$ 为取整操作；N_{s} 为各子图像方位向采样点数。

（2）引起场景偏移的因素为平台运动与成像空间几何模型偏差所引起的运动误差：在 SMAM 中斜距误差被建立为高阶多项式的形式，则在第 p 个子孔径内其对应的相位误差为

$$\Delta\phi_{\varepsilon}(t,p) = \frac{2\pi}{\lambda}\sum_{m=2}^{M}\eta_{m}\cdot(t+t_{p})^{m} \qquad -\frac{T_{\text{es}}}{2M}\leqslant t<\frac{T_{\text{es}}}{2M} \qquad (6-182)$$

式中：$t_{p}=\left(\dfrac{p}{M}-\dfrac{M+1}{2M}\right)\cdot T_{\text{es}}$ 为第 p 个子孔径的方位中心时刻。对上式进行展开处理，其包含线性相位为

$$\Delta\phi_{\varepsilon,\text{line}}(t,p) = \frac{2\pi}{\lambda}\sum_{m=2}^{M}\eta_{m}\cdot m\cdot t_{p}^{m-1}\cdot t \qquad -\frac{T_{\text{es}}}{2M}\leqslant t<\frac{T_{\text{es}}}{2M} \qquad (6-183)$$

由此所造成的图像偏移量为

$$\Diamond_{\text{s}}(p) = \frac{N_{\text{s}}}{f_{\text{PRF}}}\sum_{m=2}^{M}\frac{\eta_{m}}{\lambda}\cdot m\cdot t_{p}^{m-1} \qquad (6-184)$$

此时，第 p 幅和第 q 幅图像之间的相对偏移量为

$$\Delta_{p,q} = \Diamond_{\text{s}}(q)-\Diamond_{\text{s}}(p) = \frac{N_{\text{s}}}{f_{\text{PRF}}}\sum_{m=2}^{M}\frac{\eta_{m}}{\lambda}\cdot m\cdot(t_{q}^{m-1}-t_{p}^{m-1}) \qquad (6-185)$$

式中：$p,q\in[1,2,\cdots,N]$，即式（6-185）包括所有子图像间的相对偏移量，该表达式能够写成矩阵形式

$$\boldsymbol{\Delta}=\boldsymbol{\delta\eta} \qquad (6-186)$$

$$\boldsymbol{\Delta}=[\Delta_{1,2}\cdots\Delta_{1,M} \quad \Delta_{2,3}\cdots\Delta_{2,M} \quad \Delta_{3,4}\cdots\Delta_{M-1,M}]^{\text{T}} \qquad (6-187)$$

$$\boldsymbol{\eta}=[\eta_{2} \quad \eta_{3} \quad \cdots \quad \eta_{M}]^{\text{T}} \qquad (6-188)$$

$$\boldsymbol{\delta} = \begin{bmatrix} \delta_{1,2}^2 & \delta_{1,2}^3 & \cdots & \delta_{1,2}^M \\ \vdots & \vdots & \ddots & \vdots \\ \delta_{1,M}^2 & \delta_{1,M}^3 & \cdots & \delta_{1,M}^M \\ \delta_{2,3}^2 & \delta_{2,3}^3 & \cdots & \delta_{2,3}^M \\ \vdots & \vdots & \ddots & \vdots \\ \delta_{2,M}^2 & \delta_{2,M}^3 & \cdots & \delta_{2,M}^M \\ \delta_{3,4}^2 & \delta_{3,4}^3 & \cdots & \delta_{3,4}^M \\ \vdots & \vdots & \ddots & \vdots \\ \delta_{M-1,N}^2 & \delta_{M-1,M}^3 & \cdots & \delta_{M-1,M}^M \end{bmatrix} \quad (6-189)$$

式中：$[\ ]^T$ 为矩阵转置；$\boldsymbol{\Delta}$ 为运动误差对应的图像偏移矩阵；$\boldsymbol{\eta}$ 为误差多项式系数矩阵；$\boldsymbol{\delta}$ 为关系矩阵，其成员 $\delta_{p,q}^m$ 为第 m 阶误差系数为 1（即 $\eta_m = 1$）时，第 m 阶误差引起的图像偏移，即

$$\delta_{p,q}^m = \frac{N_s}{f_{\mathrm{PRF}}} \sum_{m=2}^{M} \frac{1}{\lambda} \cdot m \cdot (t_q^{m-1} - t_p^{m-1}) \quad (6-190)$$

提取第 p 幅和第 q 幅图像之间的相对偏移量为 $\hat{\Delta}_{p,q}$，则式（6-187）中对应运动误差的偏移矩阵可以表示为

$$\boldsymbol{\Delta} = \hat{\boldsymbol{\Delta}} - \boldsymbol{\Omega} \quad (6-191)$$

式中：$\hat{\boldsymbol{\Delta}}$ 为互相关测量得到的偏移矩阵；$\boldsymbol{\Omega}$ 为波束移动引起的偏移矩阵。

通过解式（6-186）中的超定线性方程，可得高阶误差多项式系数的最小二乘解为

$$\boldsymbol{\eta}_{\mathrm{LS}} = (\boldsymbol{\delta}^T \boldsymbol{\delta})^{-1} \boldsymbol{\delta}^T \boldsymbol{\Delta} \quad (6-192)$$

式中：$\boldsymbol{\eta}_{\mathrm{LS}} = [\hat{\eta}_2 \quad \hat{\eta}_3 \quad \cdots \quad \hat{\eta}_M]^T$ 为各阶误差系数估计值构成的矩阵，将 $\boldsymbol{\eta}_{\mathrm{LS}}$ 中的值代入误差多项式可得 SMAM 算法估计的各个子块内的运动误差，即

$$\Delta r_{\mathrm{LOS}}^s(t) = \sum_{m=2}^{M} \hat{\eta}_m \cdot t^m \quad -\frac{T_{\mathrm{es}}}{2} \leqslant t < \frac{T_{\mathrm{es}}}{2} \quad (6-193)$$

由于在误差多项式中不包括线性相位和常数相位，在进行各估计子块间的误差拼接处理时需要通过二阶求导将式（6-193）转换为位置误差加速度的形式[167]，即

$$\Delta a_{\mathrm{LOS}}^s(t) = \sum_{m=2}^{M} \hat{\eta}_m \cdot m \cdot (m-1) \cdot t^{m-2} \quad -\frac{T_{\mathrm{es}}}{2} \leqslant t < \frac{T_{\mathrm{es}}}{2} \quad (6-194)$$

然后通过对整段数据对应的 $\Delta a_{\mathrm{LOS}}^s(t)$ 进行两次积分，得到整段数据对应的

位置误差。

2. 基于 CTE – LML – WPGA 算法的运动误差精估计

尽管 SMAM 算法能够提取大部分的运动误差,但其误差阶数有限且没有考虑运动误差的空变特性,估计精度仍然难以满足完全聚焦图像的应用需求,仍需进一步采用 PGA 算法估计残余误差。估计过程中基于局部最大似然(Local Maximum Likelihood,LML)准则将数据沿距离向分块,通过距离块内多距离门信号的联合估计提高算法的收敛性与估计精度。

1)距离向分块处理

如式(6-177)所示,由于未考虑运动误差的空变性,PGA 算法通过多个距离门内相位梯度的叠加处理减小信号噪声的影响,提高算法的估计精度。当考虑运动误差的空变性时,PGA 算法的拓展算法[168-169]首先逐一计算各个距离门内相位误差,然后将距离空变的相位误差映射为平台的二维位置偏移。由于没有经过叠加处理,上述 PGA 拓展算法得到的并非运动误差的最大似然估计结果,在场景信杂比(Signal – to – Clutter Ratio,SCR)不高时,将会存在较大的估计误差。文献[170]指出在一定的范围内,相邻距离门间运动误差的距离向空变性可以忽略,可在局部距离向子块内利用式(6-177)中的估计核实现对运动误差的最大似然估计,该准则被称作局部最大似然准则。

图 6-22 给出了在距离压缩域进行距离向分块的示意图,其中蓝色虚线表示距离向子块。较大的距离子块范围意味着可以用较多距离门的信号来减小相位梯度的噪声,但为了保证距离子块内的误差距离向空不变特性,距离子块内的距离门数目不能过多。文献[170]将运动误差沿距离向的空变特性简化为关于斜距的二阶泰勒展开式,并推导了该形式下的距离向分块方式。

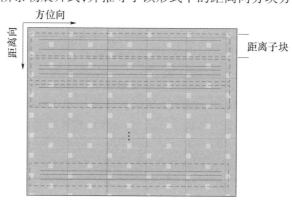

图 6-22　距离向分块示意图(见彩图)

与 SMAM 算法相同,CTE – LML – WPGA 也是首先在方位子孔径内估计误差,然后将各子孔径内的误差拼接起来进行补偿,因此首先将整块数据沿方位向进行子孔径分割,由于 SMAM 算法消除了大部分运动误差,CTE – LML – WPGA 中的子孔径长度可以较 SMAM 中适当延长。为了减小误差估计的计算量并提高估计精度,可以基于文献[171]中所提的质量 PGA(Quality PGA,QPGA)准则在子图像中选择少量高质量的距离门进行下一步误差估计,图 6 – 22 中的红色线段所示被选择的高质量距离门。然后,利用相位加权 PGA(Phase Weight Estimation PGA,PWE – PGA)算法[172]估计子图像对应数据段内的二维位置偏差 $\Delta x_{\text{sub}}(t)$ 和 $\Delta z_{\text{sub}}(t)$,将二维位置偏差进行关于方位时间的泰勒展开可得

$$\begin{cases} \Delta x_{\text{sub}}(t) = \sum_{m=0}^{M} \beta_{x,m} t^m \\ \Delta z_{\text{sub}}(t) = \sum_{m=0}^{M} \beta_{z,m} t^m \end{cases} \quad -\frac{T_{\text{sub}}}{2} < t < \frac{T_{\text{sub}}}{2} \quad (6-195)$$

式中:$\beta_{x,m}$ 和 $\beta_{z,m}$ 为二维位置偏差关于方位时间的泰勒展开式的第 m 阶系数;T_{sub} 为子孔径的长度。在角度跨度为 $\text{d}\varphi$ 的距离子块内不同距离门之间相位误差的差别为

$$\Delta \phi_{\text{res}}(t;\varphi,\text{d}\varphi) = \sum_{m=0}^{M} \frac{4\pi}{\lambda} [\beta_{z,m} \cdot (\cos(\varphi + \text{d}\varphi) - \cos\varphi) - \beta_{x,m} \cdot (\sin(\varphi + \text{d}\varphi) - \sin\varphi)] t^m \quad (6-196)$$

当不同距离门之间在二次相位误差(Quadratic Phase Error,QPE)和三次相位误差(Cubic Phase Error,CPE)上的差别小于 $\pi/4$ 时,可认为运动误差在距离子块内是距离空不变的,即

$$\frac{4\pi}{\lambda}[\,|F_{d,m}(\varphi + \text{d}\varphi) - F_{d,m}(\varphi)|\,] \cdot \frac{(T_{\text{sub}})^m}{4} < \frac{\pi}{4} \quad m = 2,3 \quad (6-197)$$

式中:

$$F_{d,m}(\varphi) = \beta_{z,m}\cos(\varphi) - \beta_{x,m}\sin(\varphi)$$

由于 $\text{d}\varphi$ 的值较小,式(6 – 197)可以写为

$$\frac{4\pi}{\lambda} |F'_{d,m}(\varphi) \cdot \text{d}\varphi| \cdot \frac{(T_{\text{sub}})^m}{4} < \frac{\pi}{4} \quad (6-198)$$

即

$$|\text{d}\varphi| < \frac{\lambda}{4} \cdot \left(\frac{1}{T_{\text{sub}}}\right)^m \cdot \frac{1}{|F'_{d,m}(\varphi)|} \quad (6-199)$$

式中:$F'_{d,m}(\varphi)$ 为 $F_{d,m}(\varphi)$ 的导函数,且

$$F'_{d,m}(\varphi) = -\beta_{z,m} \cdot \sin(\varphi) - \beta_{x,m} \cdot \cos(\varphi) \qquad (6-200)$$

为使式(6-199)在整个场景范围内均满足,应有

$$|d\varphi| < \max(|d\varphi|) = \frac{\lambda}{4} \cdot \left(\frac{1}{T_{\text{sub}}}\right)^m \cdot \frac{1}{\max(|F'_{d,m}(\varphi)|)} \qquad (6-201)$$

由式(6-201)可知,当函数 $|F'_{d,m}(\varphi)|$ 在整个场景内的最大值已知时,便可得到距离向子块对应接收机下视角 $|d\varphi|$ 的最大值,进而确定距离向子块能够包括的距离门数目的最大值。

2) CLML - WPGA

为了进一步减小各距离子块内的残余误差以提高 PGA 估计的收敛性,首先在各距离子块中选择一个中心参考块(Referencial Central Block,RCB),用来估计残余误差中的距离空不变的部分。在选择中心参考块时需要考虑两个因素:①距离块的位置,在经典的两步运动误差补偿算法中[173],为了在全局范围内减少误差,在第一步与距离无关的误差补偿中会选择中心距离门来计算距离空不变的运动误差,因此 RCB 的位置应尽量在距离向的中心附近;②距离块内目标的质量,如前所述,高质量的输入有利于提高 PGA 估计的收敛性,选择用 SCR 权重来评估距离块的质量(SCR 权重的计算方法可参考文献[169]和[174]),可以用目标函数来评价这两个因素,即

$$\vartheta(n) = \mu_1 \cdot \frac{|\overline{R}_n - R_c|}{\sum_{i=1}^{N} |\overline{R}_i - R_c|} + \mu_2 \cdot \frac{1/\overline{w}_n}{\sum_{i=1}^{N} 1/\overline{w}_i} \qquad (6-202)$$

式中:μ_1 和 μ_2 分别为位置因素和质量因素在目标函数中的权重;N 为距离子块的数目;R_c 为图像的中心距离门;$\overline{w}_n$ 为第 n 个距离子块内 SCR 权重的平均值;$\overline{R}_n$ 表示第 n 个距离子块的加权斜距,则有

$$\overline{w}_n = \frac{1}{Q_n} \sum_{k=1}^{Q_n} w_{n,k} \qquad (6-203)$$

$$\overline{R}_n = \sum_{k=1}^{Q_n} \frac{w_{n,k}}{\sum_{q=1}^{Q_n} w_{n,q}} R_{n,k} \qquad (6-204)$$

式中:Q_n 为在第 n 个距离子块内用 QPGA 准则选择的距离门的个数;$w_{n,k}$ 为第 n 个距离子块内第 k 个距离门的 SCR 权重。在计算各个方位子孔径内的距离子块的 $\vartheta(n)$ 后,选择各子孔径内 $\vartheta(n)$ 平均值最小的距离子块作为整段数据的 RCB,接下来便可用 PGA 算法在 RCB 内估计残余误差中的距离空不变的部分

并进行补偿处理。

3) ELML – WPGA

经过两步与距离无关的运动误差估计后,剩下残余误差中的距离空变部分可用 ELML – WPGA 算法进行处理:首先用 PGA 算法估计各子孔径内每个距离子块的误差,然后沿方位向进行误差拼接处理[165,170],得到整段数据内各个距离子块的误差 $\phi_{res}(t,\overline{\varphi}_n)$,则有

$$\phi_{res}(t,\overline{\varphi}_n) = \frac{2\pi}{\lambda}[\Delta z(t) \cdot (\cos\overline{\varphi}_n - \cos\varphi_{RCB}) - \Delta x(t) \cdot (\sin\overline{\varphi}_n - \sin\varphi_{RCB})]$$

(6 – 205)

式中:$\overline{\varphi}_n$ 和 φ_{RCB} 分别为第 n 个距离子块和中心参考块对应的接收机下视角。将式(6 – 205)写成矩阵形式可得

$$\boldsymbol{\phi}_{res} = \frac{2\pi}{\lambda} \cdot \boldsymbol{G}_{CTE}\boldsymbol{D}_{xz}$$

(6 – 206)

式中:$\boldsymbol{\phi}_{res}$、$\boldsymbol{G}_{CTE}$、$\boldsymbol{D}_{xz}$ 分别为距离空变的残余误差矩阵、几何投影矩阵和二维位置误差矩阵。

$$\boldsymbol{\phi}_{rs} = [\phi_{res}(t,\overline{\varphi}_1) \quad \phi_{res}(t,\overline{\varphi}_2) \quad \cdots \quad \phi_{res}(t,\overline{\varphi}_N)]^T$$

$$\boldsymbol{G}_{CTE} = \begin{bmatrix} -(\sin\overline{\varphi}_1 - \sin\varphi_{RCB}) & (\cos\overline{\varphi}_1 - \cos\varphi_{RCB}) \\ -(\sin\overline{\varphi}_2 - \sin\varphi_{RCB}) & (\cos\overline{\varphi}_2 - \cos\varphi_{RCB}) \\ \vdots & \vdots \\ -(\sin\overline{\varphi}_N - \sin\varphi_{RCB}) & (\cos\overline{\varphi}_N - \cos\varphi_{RCB}) \end{bmatrix}$$

$$\boldsymbol{D}_{xz} = [\Delta x(t) \quad \Delta z(t)]^T$$

在获得各个距离子块的误差 $\phi_{res}(t,\overline{\varphi}_n)$ 后便可通过解式(6 – 206)中的方程将相位误差投影为二维位置误差,$\boldsymbol{D}_{xz}$ 的加权最小二乘解为

$$\boldsymbol{D}_{xz} = \frac{\lambda}{2\pi} \cdot (\boldsymbol{G}_{CTE}^T \overline{\boldsymbol{W}}_{CTE} \boldsymbol{G}_{CTE})^{-1} \boldsymbol{G}_{CTE}^T \overline{\boldsymbol{W}}_{CTE} \boldsymbol{\phi}_{res}$$

(6 – 207)

式中:$\overline{\boldsymbol{W}}_{CTE}$ 为 SCR 权重组成的加权矩阵

$$\overline{\boldsymbol{W}}_{CTE} = \text{diag}[\overline{w}_1 \quad \overline{w}_2 \quad \cdots \quad \overline{w}_N]$$

式中:diag[…]表示对角阵。

为了验证高阶运动参数补偿方法的有效性,利用高分辨率机载 SAR 数据进行验证分析。图 6 – 23 给出了各处理步骤后的成像处理结果,图像的水平方向代表方位向,且载机由左向右飞行,垂直方向代表距离向,且图像上端为近距端。图 6 – 24 给出了局部图像的放大显示结果。表 6 – 3 给出了各步处理的图

像熵统计结果。

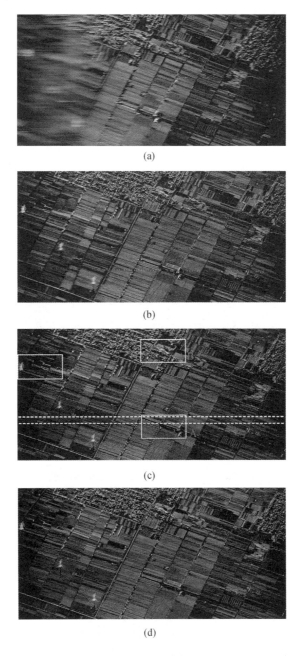

图 6-23　由粗到细的高阶多普勒参数补偿处理结果（见彩图）
(a)直接利用惯导数据聚焦处理的图像；(b)SMAM 处理后的图像；
(c)CLML - WPGA 处理后的图像；(d)ELML - WPGA 处理后的图像。

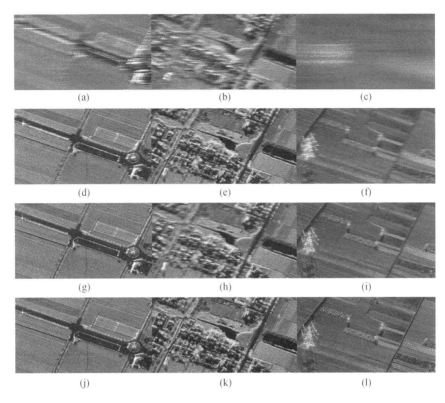

图 6-24 局部区域的放大图像

(第 1~3 列分别对应于区域 A,B,C;第 1~4 行分别来源于图 6-23(a)~(d))

表 6-3 经各步补偿处理之后的图像熵

	全局图像	局部图像 A	局部图像 B	局部图像 C
基于惯导补偿	18.6269	12.6661	14.7970	15.4116
1. SMAM	18.3033	11.5668	14.1876	15.1130
2. CLML – WPGA	18.1813	10.5964	14.4585	14.9661
3. ELML – WPGA	17.9659	10.4621	13.8089	14.7407

图 6-23(a)给出的是利用惯导数据计算并补偿运动误差后的处理结果,由于惯导设备的精度较低,图像的整体尤其图像的左半部分严重散焦;图 6-23(b)给出的是运用 SMAM 算法对运动误差进行粗估计与补偿后的处理结果,图中仍然存在散焦现象,但整体图像质量较图 6-23(a)已得到明显提高,图像熵从 18.6269 降低至 18.3033,通过图 6-23(b)已经能够分辨出位于图像左半边的三个高压电线塔架。对比图 6-24 中第一行与第二行的局部图像可见图像近

距端的聚焦效果要好于其他区域,这是由于 SMAM 估计中没有考虑误差的距离向空变特性,而近距区域的有效目标分布较多,对互相关函数的计算主要来源于该区域;图 6-23(c)给出的是第一步精补偿 CLML-WPGA 的处理结果,选择的中心参考块 RCB 位于图 6-23(c)中的两条黄色虚线之间。由于 CLML-WPGA 估计并补偿了 SMAM 残余的高阶距离空不变误差,整体图像的质量较 SMAM 粗补偿后得到进一步提升,图像熵由 18.3033 降低至 18.1813,其中用来估计误差的中心参考块(图 6-24(g))中的目标几乎得到精确聚焦;图 6-23(d)给出的是经过 ELML-WPGA 估计并补偿距离空变的残余误差后的结果,与图 6-23(c)相比,在距离向精确聚焦的范围扩展到整幅图像,整体的图像熵降低至 17.9659。由图 6-24 最后一行的局部图像可见,场景中的屋顶、高压电线塔架等目标能够被清楚地分辨出来。

第 7 章
星载 SAR 图像质量评估

星载 SAR 图像产品最终将服务于各领域用户,通过定量化分析以获取有效信息。建立完善的星载 SAR 图像质量评估准则和方法,不仅可以对星载 SAR 成像处理效果进行评估,还为正确地评价整个 SAR 系统能否达到总体指标要求提供依据。

与光学遥感图像类似,SAR 图像的质量评价可分为主观评价和客观评价两个方面[175],但由于 SAR 图像判读是一件极为专业的工作,主观评价往往难以获得较好的推广,因而客观评价虽然不能完全和人类视觉系统、人类的感官等吻合[176],但仍然是目前广泛采用的评价方法。本章后续内容仅针对 SAR 图像质量的客观评价指标和评价方法展开讨论。

7.1 星载 SAR 图像质量指标

星载 SAR 图像是对 SAR 回波信号成像处理的结果,即被观测目标的电磁后向散射能量分布的逆向反演结果,是目标电磁散射能量强度的空间分布。因而 SAR 图像质量指标可以分为表征图像空间性能的几何质量指标和描述图像强度分布性能的辐射质量指标[6,177]。近年来,利用 SAR 复数图像数据中的相位信息进行干涉处理,可以获得高精度的高程以及形变等信息,SAR 图像产品的相位信息也成为一个越来越重要的评价指标。

7.1.1 图像几何质量指标

表征图像空间性能的图像质量指标主要包括以下几个方面[178]:

(1) 空间分辨率。

空间分辨率是衡量SAR系统分辨两个相邻地物目标最小距离的能力,是表征SAR图像最基本、最重要的技术指标。SAR图像作为二维图像,通常可以分为距离向和方位向,因而对应的空间分辨率也包含距离向分辨率和方位向分辨率。

(2) 成像幅宽。

成像幅宽通常是指SAR图像距离向的最大宽度。由于星载SAR采用脉冲工作体制,受发射脉冲遮挡等因素的影响,回波窗的开启时间受限,同时受发射功率等因素的影响,成像幅宽往往成为高分辨率条件下难以突破的技术指标。多通道、数字波束形成等新技术正是为了获得高分辨率宽观测带而提出的。

(3) 目标定位精度。

目标定位精度是通过图像中各目标点的绝对位置精度以及相对位置精度来衡量的。一般来说,在较小的姿态误差范围内,SAR图像中目标的位置与雷达系统的姿态误差无关,原因在于SAR图像中目标的位置是通过多普勒定位方程组(斜距方程、多普勒方程和地球模型方程)来解算的,也因此目标的位置与斜距误差、平台位置误差、速度误差等因素有关。

7.1.2 图像辐射质量指标

表征图像辐射性能的图像质量指标主要包括以下几个方面[178,179]:

(1) 能量分布相关的指标,包括动态范围、峰值强度、辐射精度、峰值旁瓣比、积分旁瓣比、模糊度。

(2) 信噪比相关的指标,包括等效视数、辐射分辨率和等效噪声系数。

不同地物后向散射系数会存在显著差异。受雷达回波信号采样记录设备能力的限制,雷达回波信号会存在一定程度的量化误差,从而使得最终输出雷达图像的灰度表征范围有限。动态范围是用来衡量雷达图像中最强后向散射目标与最弱后向散射目标能量范围的指标,峰值强度则主要表征所关注目标的最大强度。

辐射精度一般分为绝对辐射精度和相对辐射精度[7]。绝对辐射精度是指经过定标之后反演的目标后向散射系数与目标的真实后向散射系数的偏离程度。相对辐射精度又分为长期和短期相对辐射精度,是指在一定时间内、一定区域内SAR图像中目标的后向散射系数与真实后向散射系数比值的相对稳定度。辐射校正和辐射定标处理直接影响了SAR图像的辐射精度。在定量化遥感应用方面,辐射精度指标至关重要。

由于 SAR 系统固有的等效冲激响应,强点目标的能量必然分配到主瓣和多个旁瓣中,通过峰值旁瓣比来衡量最强旁瓣能量与主瓣能量之比,通过积分旁瓣比可以衡量所有旁瓣能量和与主瓣能量之比,因而峰值旁瓣比和积分旁瓣比可以从两个方面衡量雷达图像中主瓣外能量的泄露程度。

由于雷达天线波束的旁瓣特性以及方位向脉冲采样工作的基本原理,SAR 图像中不可避免会出现成像区域之外的若干个模糊区。图像的模糊度指标反映了模糊区目标经过回波录取和成像处理混入到成像区域中的能量强度与目标背景区域能量强度之比。

由于 SAR 图像存在固有的乘性斑点噪声,导致 SAR 图像的信噪比指标与光学图像的信噪比不同,通常采用等效视数作为 SAR 图像斑点噪声强弱的指标,表征均匀区域均值平方与方差之比。而辐射分辨率是衡量星载 SAR 系统灰度级分辨能力的一种度量,表示星载 SAR 系统区分目标后向散射系数的能力,辐射分辨率的大小也是由斑点噪声强弱决定。等效噪声系数是表征 SAR 系统灵敏度的指标,即对最弱目标后向散射系数的度量。

7.1.3　图像相位质量指标

表征 SAR 图像保相性能的图像质量指标主要包括:
(1) 绝对相位精度。
(2) 相对相位精度。

根据 SAR 图像数学表达式可知,其相位包含了雷达与目标间的斜距信息,通过对相位信息的处理可以敏感到波长量级的斜距及其变化信息,这是干涉处理的基础。绝对相位精度衡量了目标点的相位值与真实相位值之间的偏离程度,而相对相位精度则衡量了场景中不同目标点之间的相位差与实际相位差值的偏离程度。

7.2　图像质量评估指标

在上述众多的 SAR 图像质量指标中,部分指标是雷达系数参数设计过程中重点考虑的,如成像幅宽、模糊度、等效噪声系数等,其他大部分指标可以通过对 SAR 图像进行评估得到,具体来说可以分为基于点目标的图像指标评估和基于面目标的图像指标评估两大类[6]。其中,基于点目标的图像指标评估利用点目标冲激响应来测定雷达系统函数,可评估包括:点目标峰值信息(位置、幅度和相位)、空间分辨率、积分旁瓣比、峰值旁瓣比等指标;基于面目标的图像指标评估侧重反映图像的整体特征,可评估包括:图像的统计量(最大值、最小值、均值、方差等)等指标。

此外,根据点目标及面目标评估得到的图像指标可以进一步计算出其他相关指标,包括分辨率损失、等效分辨率与扩展系数、目标绝对定位精度、目标相对定位精度、目标相位保持精度、图像动态范围、绝对辐射精度、相对辐射精度、等效视数、辐射分辨率等指标。

7.2.1 点目标图像质量评估指标[4]

7.2.1.1 点目标峰值强度

1. 定义

点目标峰值强度定义为点目标冲激响应的强度,是表征目标能量强度的重要指标之一。

2. 数学描述

若图像大小为 $N \times M$,点目标峰值强度 P 的计算公式为

$$P = \max_{i \in [1,M], j \in [1,N]} \{I_{ij}\} \quad (7-1)$$

式中:I_{ij} 为 SAR 功率图像在 (i,j) 点的值。

3. 计算方法

点目标峰值的检测较为简单,只需对点目标局部区域的功率值进行二维搜索,逐点比较获得最大值即为峰值。

工程应用时,由于 SAR 系统的过采样率较低,点目标的功率最大值位置不一定位于采样点上。此时,为了提高测量精度,需要对点目标局部区域进行二维插值,再搜索插值结果的二维最大值作为点目标峰值。

4. 影响因素

点目标峰值受点目标自身的强度、背景或其他干扰目标强度、雷达通道增益、成像处理增益以及点目标峰值位置选择等因素影响。

7.2.1.2 点目标位置

1. 定义

点目标位置定义为点目标的空间坐标,通常用相对于起始点的二维直角坐

标 (x,y) 表示。它是表征目标相对位置关系和几何形变的重要指标。

2. 数学描述

点目标位置和点目标峰值是成对出现的,若图像大小为 $N \times M$,点目标位置 (X_p, Y_p) 的计算公式为

$$X_p = \{j \mid I_{ij} = P, i \in [1,M], j \in [1,N]\} \quad (7-2)$$

$$Y_p = \{i \mid I_{ij} = P, i \in [1,M], j \in [1,N]\} \quad (7-3)$$

式中: I_{ij} 为 SAR 功率图像在 (i,j) 点的值; P 为点目标峰值。

3. 计算方法

点目标位置的检测是通过对点目标局部区域进行二维搜索,逐点比较获得最大值,同时记录峰值对应点的 X 坐标和 Y 坐标,即为点目标位置。工程应用时,需要对点目标局部区域进行二维插值,再搜索插值结果的二维最大值,记录其空间坐标。

4. 影响因素

由于点目标位置与点目标峰值成对出现,因此影响点目标位置的因素与影响点目标峰值的因素类似,主要受点目标自身能量、信噪比、信杂比、插值倍数与插值方法等因素的影响。斜距误差会直接影响目标的距离向位置,多普勒中心频率误差会影响目标的方位向位置。

7.2.1.3 点目标相位

1. 定义

点目标相位定义为点目标冲激响应峰值点对应的相位,它是衡量 SAR 图像相位保持特性的基本指标。

2. 数学描述

若图像大小为 $N \times M$,点目标相位 φ 的计算公式为

$$\varphi = \arg(S_{X_p, Y_p}) \quad (7-4)$$

式中: S_{X_p, Y_p} 为 SAR 复数图像在 (X_p, Y_p) 点的像素值;$\arg(\cdot)$ 为求复数角度运算。

3. 计算方法

当点目标峰值位置确定以后,直接提取出对应峰值点的复数值,并计算相应的相位值,点目标精确位置的确定同样需要对点目标局部区域的功率值进行二维搜索,逐点比较获得峰值点的位置。

4. 影响因素

点目标相位取决于点目标自身的相位、背景或其他干扰目标复数强度、雷

达通道相位特性、成像处理引入的额外相位以及点目标峰值位置选择。由于峰值点位置的确定往往需要插值处理,而插值处理也可能会引入额外的附加相位,且不同插值方法所引入的附加相位也不同,因此,在评估点目标相位时需要减去插值处理所引入的附加相位。

7.2.1.4 空间分辨率

1. 定义

空间分辨率定义为点目标冲激响应(或称点目标扩展函数)半功率点处的宽度,如图 7-1 所示。它是衡量 SAR 系统分辨两个相邻地物目标最小距离的尺度,是表征 SAR 图像军事侦察能力的重要技术指标。距离向分辨率和方位向分辨率分别代表距离向和方位向点目标冲激响应半功率点处的宽度。

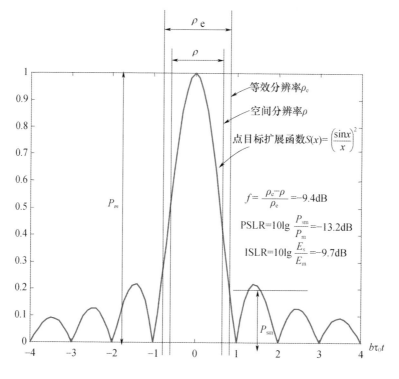

图 7-1 点目标一维冲激响应示意图

2. 数学描述

实际的空间分辨率是涉及星载 SAR 系统各组成部分误差因素后得到的真实分辨率指标。工程上,方位向与距离向分辨率的近似估算公式可表示为:

第 7 章 星载 SAR 图像质量评估

$$\rho_r = \frac{k_r k_1 c}{2 B_r \sin\theta_i} = \frac{k_1 \Delta r_s}{\sin\theta_i} \qquad (7-5)$$

$$\rho_a = \frac{k_a k_2 k_3}{2 k_4} L_a \qquad (7-6)$$

式中：ρ_r 为距离(地面)分辨率；ρ_a 为方位向分辨率；c 为光速 $3 \times 10^8 \mathrm{m/s}$；$\theta_i$ 为雷达波束入射角；B_r 为线性调频信号的带宽；k_r 为成像处理中，距离向加权展宽系数；k_1 为 SAR 系统幅频与相频特性非理想因素引起的展宽系数；Δr_s 为斜距分辨率；L_a 为方位向天线长度；k_a 为成像处理中，方位向加权展宽系数；k_2 为理想天线特性(Sinc 函数)对信号多普勒频谱的等效加权作用所引入的方位向分辨率展宽系数；k_3 为地速对方位向分辨率的改善系数；k_4 为方位向天线波束主瓣展宽系数。

在实际的 SAR 图像质量评估中，通常选择含有强点目标(如角反射器)的区域测定点目标的空间分辨率。

3. 计算方法

按照空间分辨率的定义，空间分辨率为点目标冲激响应的 3dB 宽度，其检测方法如下：

(1) 距离向分辨率：对点目标取距离向序列，进行插值处理，得到点序列 $g_r(i)$。若 $g_r(i)$ 的最大值位于 $i_{\max}$，可以测得满足

$$g_r(i) \geq \frac{1}{2} g_r(i_{\max}) \qquad (7-7)$$

的点数 N_r，则距离向分辨率为

$$\rho_r = \frac{c}{2 f_s \cdot m \cdot \sin\theta_i} \cdot N_r \qquad (7-8)$$

式中：c 为光速；f_s 为采样频率；m 为插值倍数。

(2) 方位向分辨率：对点目标取方位向序列，进行插值处理，得到点序列 $g_a(j)$。若 $g_a(j)$ 的最大值位于 $j_{\max}$，可以测得满足

$$g_a(j) \geq \frac{1}{2} g_a(j_{\max}) \qquad (7-9)$$

的点数 N_a，则方位向分辨率为

$$\rho_a = \frac{v_g}{f_{\mathrm{PRF}} \cdot n} \cdot N_a \qquad (7-10)$$

式中：v_g 为卫星飞行速度在地面的分量；f_{PRF} 为脉冲重复频率；n 为插值倍数。

4. 影响因素

距离向分辨率取决于 SAR 系统发射线性调频信号的带宽、波束入射角和地

面成像处理加权系数。发射线性调频信号的带宽越大、波束入射角越大以及成像处理加权展宽系数越小,距离向分辨率越高。

方位向分辨率取决于方位向天线特性、成像处理的多普勒带宽及加权展宽系数、轨道高度等因素。方位向天线尺寸越小、多普勒带宽越大、成像处理加权展宽系数越小,则方位向分辨率越好。另外,姿态抖动引入的成对回波落入主瓣内时,也会影响图像空间分辨率指标。此外,成像处理时,在兼顾积分旁瓣比等其他图像质量指标的同时,要尽可能地减小成像处理引入的加权展宽系数,以获得较好的空间分辨率指标。

7.2.1.5 峰值旁瓣比

1. 定义

峰值旁瓣比定义为点目标冲激响应的最高旁瓣峰值 P_{sm} 与主瓣峰值 P_m 的比值,一般用 dB 表示。

峰值旁瓣比在物理概念上,表征系统对弱目标的检测能力。峰值旁瓣比的大小,决定了强目标"掩盖"弱目标的能力。通常要求 SAR 图像的峰值旁瓣比小于 -20 dB。为了减小峰值旁瓣比,通常在成像处理中引入加权处理。

2. 数学描述

距离向峰值旁瓣比 PSLR_r 为

$$\text{PSLR}_r = 10\lg \frac{P_{sr}}{P_{mr}} \quad (7-11)$$

式中:P_{mr} 和 P_{sr} 分别为距离向点目标冲激响应的主瓣峰值能量和最高旁瓣峰值能量。

方位向峰值旁瓣比 PSLR_a 为

$$\text{PSLR}_a = 10\lg \frac{P_{sa}}{P_{ma}} \quad (7-12)$$

式中:P_{ma} 和 P_{sa} 分别为方位向点目标冲激响应的主瓣峰值能量和最高旁瓣峰值能量。

3. 检测方法

在图像质量评估中,点目标峰值旁瓣比的计算方式如下:首先在图像中检测点目标,然后再检测主瓣峰值和旁瓣峰值,计算它们的比值即得到峰值旁瓣比。旁瓣参数的检测是在主瓣两侧最低点的外侧测量旁瓣峰值的位置及幅度。

距离向峰值旁瓣比的测量公式为

$$\mathrm{PSLR_r} = 20\lg \frac{g_r(i_{s,\max})}{g_r(i_{\max})} \qquad (7-13)$$

式中：

$$g_r(i_{s\max}) = \max\{g_r(i) \mid 1 \leqslant i \leqslant i_{s\min l}, i_{s\min r} \leqslant i \leqslant n \cdot m\} \qquad (7-14)$$

式中：$\max\{\cdot\}$ 为取最大值；$i_{s\min l}$ 为 $g_r(i)$ 主瓣左侧的第一个极小值位置；$i_{s\min r}$ 为 $g_r(i)$ 主瓣右侧的第一个极小值位置；$g_r(i_{s\max})$ 为距离向最高旁瓣峰值。

方位向峰值旁瓣比的测量公式为

$$\mathrm{PSLR_a} = 20\lg \frac{g_a(i_{s,\max})}{g_a(i_{\max})} \qquad (7-15)$$

式中：

$$g_a(j_{s\max}) = \max\{g_a(j) \mid 1 \leqslant j \leqslant j_{s\min l}, j_{s\min r} \leqslant j \leqslant n \cdot m\} \qquad (7-16)$$

式中：$g_a(j_{s\max})$ 为方位向最高旁瓣峰值；$j_{s\min l}$ 为 $g_a(j)$ 主瓣左侧的第一个极小值位置；$j_{s\min r}$ 为 $g_a(j)$ 主瓣右侧的第一个极小值位置。

4. 影响因素

峰值旁瓣比受 SAR 系统通道幅相误差、天线指向稳定度、成像处理时的多普勒参数误差及加权处理等因素的影响。天线波束抖动会引入成对回波，如果成对回波落入旁瓣峰值位置或成对回波高于旁瓣峰值，会抬高点目标旁瓣的峰值能量，进而影响峰值旁瓣比的测量结果；通道幅相误差将会影响距离向压缩处理结果，其中，二次相位误差会导致左右两侧旁瓣同时抬升，三次相位误差会导致成像结果出现非对称性畸变，随机相位误差会导致旁瓣电平出现整体性提升，均会影响峰值旁瓣比的测量结果；多普勒参数误差将会影响方位向压缩处理结果。另外，在地面处理系统中选取不同的加权因子对峰值旁瓣比有不同的改善。

7.2.1.6 积分旁瓣比

1. 定义

积分旁瓣比定义为旁瓣能量与主瓣能量的比值，一般用 dB 来表示。积分旁瓣比是表征图像质量的重要指标之一，是局部图像对比度的衡量指标，即定量地描述了一个局部较暗区域被来自周围明亮区域的能量泄漏所"淹没"的程度。积分旁瓣比也是通过测量点目标特性而获得的。

积分旁瓣比越小，则图像质量越高。为了保证图像质量，通常要求距离向和方位向的积分旁瓣比小于 -12dB。积分旁瓣比的大小同许多因素有关,如雷达系统误差、成像处理算法的精度、加权处理等。

2. 数学描述

1) 一维积分旁瓣比

对应于点目标距离向和方位向冲激响应,可以定义距离向积分旁瓣比 ISLR_r 和方位向积分旁瓣比 ISLR_a。距离向积分旁瓣比 ISLR_r 为

$$\text{ISLR}_r = 10\lg\frac{E_{\text{sr}}}{E_{\text{mr}}} \tag{7-17}$$

式中:E_{mr} 和 E_{sr} 分别为距离向冲激响应的主瓣能量和旁瓣能量。

$$E_{\text{mr}} = \int_a^b |h_r(\tau)|^2 \mathrm{d}\tau \tag{7-18}$$

$$E_{\text{sr}} = \int_{-\infty}^a |h_r(\tau)|^2 \mathrm{d}\tau + \int_b^\infty |h_r(\tau)|^2 \mathrm{d}\tau \tag{7-19}$$

式中:a、b 为距离向主瓣与旁瓣的交界,(a,b) 内为主瓣,$(-\infty,a) \cup (b,\infty)$ 内为旁瓣。

与距离向类似,方位向积分旁瓣比 ISLR_a 为

$$\text{ISLR}_a = 10\lg\frac{E_{\text{sa}}}{E_{\text{ma}}} \tag{7-20}$$

式中:E_{ma} 和 E_{sa} 分别为方位向冲激响应的主瓣能量和旁瓣能量。

$$E_{\text{ma}} = \int_c^d |h_a(\tau)|^2 \mathrm{d}\tau \tag{7-21}$$

$$E_{\text{sa}} = \int_{-\infty}^c |h_a(\tau)|^2 \mathrm{d}\tau + \int_d^\infty |h_a(\tau)|^2 \mathrm{d}\tau \tag{7-22}$$

式中:c、d 为方位向主瓣与旁瓣的交界,(c,d) 内为主瓣,$(-\infty,c) \cup (d,\infty)$ 内为旁瓣。

2) 二维联合积分旁瓣比

二维联合积分旁瓣比 ISLR_{2D} 也是衡量点目标特性的一个重要指标,其定义为

$$\text{ISLR}_{2D} = 10\lg\frac{\iint_{(\tau,t) \notin D} |h(\tau,t)|^2 \mathrm{d}\tau \mathrm{d}t}{\iint_{(\tau,t) \in D} |h(\tau,t)|^2 \mathrm{d}\tau \mathrm{d}t} \tag{7-23}$$

式中:D 为二维主瓣区域;$h(\tau,t)$ 为点目标二维冲激响应。

3. 检测方法

1) 一维积分旁瓣比

旁瓣是指点目标冲激响应第一个零点以外的区域,由于实际测量时很难准确测定第一零点的位置,因此一般用一个固定值作为主瓣与旁瓣的交界。在质量评估软件中通常选取两倍的 3dB 宽度作为主瓣宽度。

距离向积分旁瓣比

$$\text{ISLR}_r = 10\lg \frac{\sum\limits_{i=1}^{i_{\max}-N_r-1} g_r^2(i) + \sum\limits_{i=i_{\max}+N_r+1}^{nm} g_r^2(i)}{\sum\limits_{i=i_{\max}-N_r}^{i_{\max}+N_r} g_r^2(i)} \quad (7-24)$$

式中:N_r 为距离向主瓣宽度点数。

方位向积分旁瓣比

$$\text{ISLR}_a = 10\lg \frac{\sum\limits_{j=1}^{j_{\max}-N_a-1} g_a^2(j) + \sum\limits_{j=j_{\max}+N_a+1}^{nm} g_a^2(j)}{\sum\limits_{j=j_{\max}-N_a}^{j_{\max}+N_a} g_a^2(j)} \quad (7-25)$$

式中:N_a 为方位向主瓣宽度点数。

2) 二维联合积分旁瓣比

与一维积分旁瓣比相同,在测量时很难准确得到主瓣以及旁瓣的区域。质量评估时通常选用距离向 3dB 主瓣宽度的两倍和方位向 3dB 主瓣宽度的两倍分别作为长短轴,确定一个椭圆区域,并将此区域以内的点作为主瓣,此区域以外的点作为旁瓣。

二维积分旁瓣比为

$$\text{ISLR}_{2D} = 10\lg \frac{\iint_{(i,j) \in S_2} g^2(i,j)}{\iint_{(i,j) \in S_1} g^2(i,j)} \quad (7-26)$$

式中:S_1 为以 $2N_r$ 和 $2N_a$ 为长短轴的椭圆区域;S_2 为此椭圆区域以外的区域。

4. 影响因素

如果天线波束指向不稳定引起的成对回波落入主瓣内,会引起积分旁瓣比的减小;如果成对回波落入旁瓣内,则会导致积分旁瓣比的增大。成像处理系统多普勒调频率误差会使得积分旁瓣比迅速变差,同时,其他相位误差,如随机相位误差,也将严重影响积分旁瓣比。SAR 数传子系统的误码率指标引起的误码噪声会增大积分旁瓣比,而成像处理系统中采用的加权处理会改善积分旁瓣比指标。

7.2.2 面目标图像质量评估指标

7.2.2.1 最大值、最小值

1. 定义

图像最大值是指整个图像的最高强度,它反映了图像灰度的最大值,即图像所包含目标的最大后向散射系数。图像最小值是指整个图像的最低强度,它反映了图像灰度的最小值,即图像所包含目标的最弱后向散射系数。图像的最大值和最小值是反映面目标图像灰度跨越范围的指标之一。

2. 数学描述

若图像大小为 $N \times M$,其最大值 $I_{\max}$ 和最小值 $I_{\min}$ 分别为

$$I_{\max} = \max_{i \in [1,M], j \in [1,N]} \{I_{ij}\} \qquad (7-27)$$

$$I_{\min} = \min_{i \in [1,M], j \in [1,N]} \{I_{ij}\} \qquad (7-28)$$

式中:I_{ij} 为 SAR 功率图像在 (i,j) 点的值。

3. 检测方法

图像最大值和最小值在检测时需要对整幅图像区域点的信息进行二维遍历搜索,记录数据的最大值和最小值分别作为图像的最大值和最小值。

7.2.2.2 图像均值、方差

1. 定义

图像均值是指整个图像的平均强度,反映了图像的平均灰度,即图像所包含目标的平均后向散射系数。图像方差代表了图像区域中所有点偏离均值的程度,反映了图像的不均匀性。

2. 数学描述

若图像大小为 $N \times M$,其均值 μ 和方差 σ^2 为

$$\mu = \frac{1}{N \cdot M} \sum_{i=1}^{N} \sum_{j=1}^{M} I_{ij} \qquad (7-29)$$

$$\sigma^2 = \frac{1}{N \cdot M} \sum_{i=1}^{N} \sum_{j=1}^{M} (I_{ij} - \mu)^2 \qquad (7-30)$$

式中:I_{ij} 为 SAR 功率图像在 (i,j) 点的值。

图像均值和方差是反映图像整体特征的指标,不同的地形、植被,具有不同的后向散射系数,反映到SAR图像中也就具有了不同的图像均值。图像区域中的地形差异越大,人工目标越多,图像的灰度值变化就越大,图像方差也就越大。

3. 检测方法

反映图像整体特征的图像均值和方差指标在检测时需要统计整幅图像区域点的信息。根据式(7-29)和式(7-30)计算图像的均值和方差非常简单,这里就不再重复给出这两个指标的检测公式。

7.2.3 基于点/面目标评估指标的其他计算指标

7.2.3.1 分辨率损失

1. 定义

分辨率损失定义为实际分辨率与理论分辨率的偏离程度,通常以百分比表示。

2. 数学描述

对应于方位向和距离向分辨率,分别定义方位向分辨率损失 $\Delta\delta_a$ 和距离向分辨率损失 $\Delta\delta_r$,可表示为

$$\Delta\delta_a = \frac{\rho_a}{\rho_{a0}} - 1 \tag{7-31}$$

$$\Delta\delta_r = \frac{\rho_r}{\rho_{r0}} - 1 \tag{7-32}$$

式中: ρ_a 和 ρ_{a0} 分别为方位向分辨率的实测值和理论值; ρ_r 和 ρ_{r0} 分别为距离向分辨率的实测值和理论值。

3. 检测方法

根据点目标冲激响应可以计算得到方位向和距离向分辨率的实测值,并依据雷达系统参数和观测几何参数等计算理论分辨率,利用式(7-31)和式(7-32)可以计算得到分辨率损失,计算过程较为简单。该指标计算的关键在于方位向和距离向理论分辨率的计算,往往根据实际应用差异有所不同。例如,在考察成像处理算法本身引入的分辨率损失时,需要严格计算不同加权函数(包含天线方向图加权)下的分辨率作为理论分辨率,而某些不规则加权函数的理论分辨率难以直接获得显式解,也需要通过数值仿真等方式获得该理论分辨率。

7.2.3.2 等效分辨率与扩展系数

1. 定义

等效分辨率是另一个衡量 SAR 系统分辨目标能力的指标。等效分辨率用点目标冲激响应总能量与主瓣峰值能量之比来表示,即把总能量等效为以主瓣峰值能量为高,以等效分辨率为宽的矩形区域的能量。

扩展系数是等效分辨率与空间分辨率之差在等效分辨率中所占的比例。

等效分辨率和扩展系数体现了点目标冲激响应与理想情况的偏离程度,图 7-1 给出了它们的示意图。与空间分辨率相同,等效分辨率和扩展系数也包括方位向和距离向两种指标。

2. 数学描述

对应于点目标距离向和方位向冲激响应,等效距离向分辨率 ρ_{er}、距离向扩展系数 f_{er}、等效方位向分辨率 ρ_{ea}、方位向扩展系数 f_{ea} 的计算公式分别为

$$\rho_{er} = \frac{\int_{-\infty}^{\infty} |h_r(\tau)|^2 d\tau}{|h_r(\tau_0)|^2} \tag{7-33}$$

$$f_{er} = \frac{\rho_{er} - \rho_r}{\rho_{er}} \times 100\% \tag{7-34}$$

$$\rho_{ea} = \frac{\int_{-\infty}^{\infty} |h_a(\tau)|^2 d\tau}{|h_a(\tau_0)|^2} \tag{7-35}$$

$$f_{ea} = \frac{\rho_{ea} - \rho_a}{\rho_{ea}} \times 100\% \tag{7-36}$$

式(7-33)~式(7-36)中:$h_r(\tau)$ 和 $h_a(\tau)$ 分别为距离向和方位向的冲激响应函数。

3. 计算方法

与空间分辨率的评估方法相同,取出点目标局部数据,并进行插值处理,分别提取方位向序列和距离向序列,则等效分辨率和扩展系数的计算方法为

距离向等效分辨率

$$\rho_{er} = \frac{c}{2f_s \cdot m \cdot \sin\theta_i} \cdot \frac{\sum_{i=1}^{M} g_r^2(i)}{g_r^2(i_{max})} \tag{7-37}$$

距离向扩展系数

$$f_{er} = \frac{\rho_{er} - \rho_r}{\rho_{er}} \times 100\% \tag{7-38}$$

方位向等效分辨率

$$\rho_{ea} = \frac{v_g}{f_{PRF} \cdot n} \cdot \frac{\sum_{j=1}^{N} g_a^2(j)}{g_a^2(j_{max})} \quad (7-39)$$

方位向扩展系数

$$f_{ea} = \frac{\rho_{ea} - \rho_a}{\rho_{ea}} \times 100\% \quad (7-40)$$

式(7-37)~式(7-40)中：n，m 分别为方位向和距离向的插值倍数；N，M 分别为方位向和距离向插值后所取的点数。

4. 影响因素

由等效分辨率和扩展系数的定义可以看出，它们主要由点目标冲激响应的主瓣特性决定，反映的是点目标冲激响应与理想情况的偏离程度。影响等效分辨率和扩展系数的因素很多，主要有：天线方向图、处理器加权系数、处理器参数误差、各次相位误差、随机相位误差等，相位误差的影响尤为明显。

等效分辨率和扩展系数是反映点目标冲激响应对理想情况偏离程度的指标，从总体上反映了 SAR 系统的性能，体现了 SAR 系统中非理想因素的影响。这些非理想因素中有些由不希望的系统畸变引起，特别是非线性相位误差的影响；有些因素是在处理过程中为提升其他性能指标而人为引入的，如成像处理中的加权等；另外一些是系统固有误差造成的，如信号的高次相位误差和随机相位误差。

7.2.3.3 目标绝对定位精度

1. 定义

目标的绝对定位精度表征根据图像实测坐标换算的点目标位置坐标与其理论坐标位置(或真值)的偏离程度。

2. 数学描述

目标的绝对定位精度可以分为某个坐标系下三个方向的绝对定位精度 σ_x、σ_y 和 σ_z 以及合成定位精度 σ。

$$\sigma_x = \sqrt{\frac{1}{N} \sum_{i=1}^{N} (x_i - x_{i0})^2} \quad (7-41)$$

$$\sigma_y = \sqrt{\frac{1}{N} \sum_{i=1}^{N} (y_i - y_{i0})^2} \quad (7-42)$$

$$\sigma_z = \sqrt{\frac{1}{N}\sum_{i=1}^{N}(z_i - z_{i0})^2} \qquad (7-43)$$

$$\sigma = \sqrt{\frac{1}{N}\sum_{i=1}^{N}[(x_i - x_{i0})^2 + (y_i - y_{i0})^2 + (z_i - z_{i0})^2]} \qquad (7-44)$$

式中:(z_i, y_i, z_i) 为第 i 个点目标的测量坐标;(x_{i0}, y_{i0}, z_{i0}) 为目标在相同坐标系下的实际坐标。

3. 计算方法

对几何校正前的 SAR 图像,需要根据目标的实测峰值位置 (x_{pi}, y_{pi}, z_{pi}) 以及由多普勒定位方程组计算得到某个坐标系(如地固坐标系)下的三维坐标来计算;对于几何校正后的 SAR 图像产品,可根据目标的实测峰值位置和对应点的真实位置进行比对,得到各个方向的位置误差,并进行统计分析获得绝对定位精度。

7.2.3.4 目标相对定位精度

1. 定义

相对定位精度是 SAR 图像中任意两个点目标之间的测量位置坐标偏差与真实位置坐标偏差之间的偏离程度。

2. 数学描述

目标的相对定位精度可以分为某个坐标系下三个方向的相对定位精度 σ_{Rx}、σ_{Ry} 和 σ_{Rz}。

$$\sigma_{Rx} = \sqrt{\frac{1}{C_N^2}\sum_{i=1}^{N}\sum_{j=1}^{j<i}(\Delta x_{ij} - \Delta x_{ij0})^2} \qquad (7-45)$$

$$\sigma_{Ry} = \sqrt{\frac{1}{C_N^2}\sum_{i=1}^{N}\sum_{j=1}^{j<i}(\Delta y_{ij} - \Delta y_{ij0})^2} \qquad (7-46)$$

$$\sigma_{Rz} = \sqrt{\frac{1}{C_N^2}\sum_{i=1}^{N}\sum_{j=1}^{j<i}(\Delta z_{ij} - \Delta z_{ij0})^2} \qquad (7-47)$$

式中:$(\Delta x_{ij}, \Delta y_{ij}, \Delta z_{ij})$ 为图像中第 i 点与第 j 点三维测量坐标的差值;$(\Delta x_{ij0}, \Delta y_{ij0}, \Delta z_{ij0})$ 为图像中第 i 点与第 j 点三维真实坐标的差值;N 为参与评估的目标数目;C_N^2 为从 N 个点中任意选出两个无序点对的次数。

3. 计算方法

与目标绝对定位精度计算方法类似,根据 SAR 图像上各目标的测量位置坐标计算出对应的空间测量坐标值,并对其中任意两个目标的测量坐标做差,得

到 $(\Delta x_{ij}, \Delta y_{ij}, \Delta z_{ij})$，再按照选取目标点对的顺序对各目标的真实坐标做差，得到 $(\Delta x_{ij0}, \Delta y_{ij0}, \Delta z_{ij0})$，最后根据式(7-45)~式(7-47)计算出各方向的相对位置误差。

7.2.3.5 目标相位保持精度

1. 定义

SAR 图像目标相位保持精度是指 SAR 图像中点目标的复数相位与其真实相位之间的误差。由于复图像的相位值是缠绕相位，为此需要将真实相位进行模 2π 处理。

2. 数学描述

$$\sigma_\varphi = \sqrt{\frac{1}{N}\sum_{i=1}^{N}(\phi_i - (\phi_{i0})_{2\pi})^2} \qquad (7-48)$$

式中：ϕ_i 为点目标的测量相位；ϕ_{i0} 为点目标的真实相位；$(\cdot)_{2\pi}$ 为对括号内的数据进行 2π 求模处理，处理后的相位值范围为 $(-\pi, \pi]$。

3. 计算方法

点目标的测量相位可以根据插值后点目标峰值位置对应的复数相位得到，真实相位则根据点目标峰值位置精确计算出对应点目标的斜距信息 R_{i0}，并由此推导其真实相位 $\phi_{i0} = -\dfrac{4\pi R_{i0}}{\lambda}$，式中 λ 为波长。计算出多点目标的相位差，并利用式(7-48)计算得到最终的目标相位保持精度。

7.2.3.6 图像动态范围

1. 定义

图像动态范围是整个图像灰度的跨度范围，它反映了图像区域地面目标后向散射系数的差异。图像动态范围定义为图像最大值与最小值之比，通常用 dB 表示。从图像动态范围的定义可以看出 SAR 图像的动态范围和光学图像对比度的定义以及描述的物理意义类似。

2. 数学描述

若图像最大值和最小值分别为 $I_{\max}$ 和 $I_{\min}$，动态范围可表示为

$$D = 10\lg\left(\frac{I_{\max}}{I_{\min}}\right) \qquad (7-49)$$

SAR 图像的动态范围与地面场景的地形、天线波束入射角、成像处理算法以及多普勒参数估计精度等因素有关，不同场景图像具有不同的动态范围。

3. 计算方法

搜索图像区域中的最大值和最小值,根据式(7-49)很容易得到图像的动态范围。

7.2.3.7 绝对辐射精度

1. 定义

绝对辐射精度是衡量辐射定标后 SAR 图像反演场景/目标的后向散射系数与真实后向散射系数的偏离程度,单位取 dB。

2. 数学描述

绝对辐射精度 A_{abs} 的计算公式为

$$A_{abs} = 10\lg\left(1 + \frac{\Delta\sigma_{ij}}{\sigma_{ij}}\right) \qquad (7-50)$$

式中:σ_{ij} 为像素点 (i,j) 处的真实后向散射系数;$\Delta\sigma_{ij}$ 为根据 SAR 图像灰度均值 μ 和绝对定标常数定标后的实测后向散射系数 σ'_{ij} 与真实后向散射系数 σ_{ij} 之差。

3. 计算方法

通常可以选择亚马逊雨林作为均匀场景,或者通过布设可精确计算后向散射系数的角反射器作为参考目标,使用定标常数得到绝对定标后的角反射器后向散射系数,作为目标后向散射系数的测量值,通过计算其与理论值的差值,并利用式(7-50)计算绝对辐射精度。由于定标常数不是每次成像都进行测量的,在绝对定标过程中还需要考虑定标常数随时间的系统漂移。

7.2.3.8 相对辐射精度

1. 定义

相对辐射精度是衡量辐射定标后 SAR 图像反演场景/目标的后向散射系数与真实后向散射系数比值(即归一化后向散射系数)随时间和空间的相对稳定度。

2. 数学描述

相对辐射精度 σ_{res} 的计算公式可表示为

$$\sigma_{res} = \sqrt{\frac{1}{N}\sum_{i=1}^{N}(\sigma_{si} - \overline{\sigma}_{si})^2} \qquad (7-51)$$

式中:$\sigma_{si} = \dfrac{\sigma_i}{\sigma_{i0}}$ 为第 i 个目标区域或者时刻的测量后向散射系数与真实散射系数之比(归一化散射系数);$\overline{\sigma}_{si}$ 为归一化系数的均值。

3. 计算方法

短期相对辐射精度的测量,主要利用足够均匀的热带雨林地区或者成像场景内布设的角反射器或有源定标器成像,测量以及根据定标常数计算得到不同区域目标的后向散射系数,通过与各自真实后向散射系数比对得到归一化的后向散射系数,并根据式(7-51)计算相对辐射精度。长期相对辐射精度的测量,侧重对同一目标进行多次测量。

7.2.3.9 等效视数

1. 定义

SAR图像等效视数是衡量一幅图像斑点噪声相对强度的一种指标,定义为图像均值平方与方差的比值。

2. 数学描述

若一块均匀区域SAR图像的均值和方差分别为μ和σ^2,等效视数M_{ENL}可表示为

$$M_{ENL} = \frac{\mu^2}{\sigma^2} \tag{7-52}$$

斑点噪声是SAR系统固有的原理性缺点,严重干扰了星载SAR图像的解译、判读、特征提取和景象匹配。单视SAR图像空间分辨率最佳,但斑点噪声最严重,等效视数为1。为了降低斑点噪声,必须进行斑点噪声抑制,从而提升图像的等效视数,通常情况下,要求图像的等效视数大于4视。

3. 计算方法

检测均匀目标区域的均值和方差,根据式(7-52)计算得到SAR图像的等效视数。

7.2.3.10 辐射分辨率

1. 定义

辐射分辨率是衡量SAR系统灰度级分辨能力的一种量度,更准确地说,它定量地表示了SAR系统区分目标后向散射系数的能力。

2. 数学描述

辐射分辨率的计算公式为

$$\gamma = 10\lg\left(\frac{1}{\sqrt{M_{ENL}}} + 1\right) = 10\lg\left(\frac{\sigma}{\mu} + 1\right) \tag{7-53}$$

式中:μ为均匀区域SAR图像的均值;σ^2为均匀区域SAR图像的方差;M_{ENL}为SAR图像的等效视数。

辐射分辨率的好坏直接影响 SAR 图像的判读和定量化应用。为了改善 SAR 图像的整体质量,通常采用斑点噪声抑制技术来提升获得图像的辐射分辨率。例如,单视图像的辐射分辨率不会好于 3dB,而四视图像的辐射分辨率为 1.8dB,即经过四视处理后,图像的辐射分辨率改善了 1.2dB。

3. 计算方法

检测均匀目标区域中的均值和方差,根据式(7-53)计算得到图像的辐射分辨率;或者直接根据等效视数计算辐射分辨率。

7.3 星载 SAR 图像质量指标评估方法

图像指标体系以点目标指标体系和面目标指标体系为主,其中点目标指标涉及点目标的峰值、位置,方位向以及距离向的空间分辨率、等效分辨率及扩展系数、峰值旁瓣比、积分旁瓣比等;面目标指标涉及面目标图像的最大值、最小值、均值、方差、动态范围、等效视数、辐射分辨率等。

7.3.1 基于点目标的图像质量指标评估方法

对点目标指标的分析是从 SAR 系统对单个点目标的二维冲激响应(图7-2)入手开展讨论,方位向和距离向的分辨率等指标根据其典型一维剖面开展讨论。图7-3 给出了基于点目标的 SAR 图像质量指标计算流程。

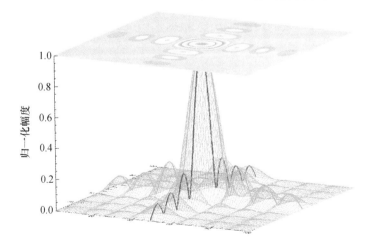

图 7-2　点目标二维冲激响应示意图(见彩图)

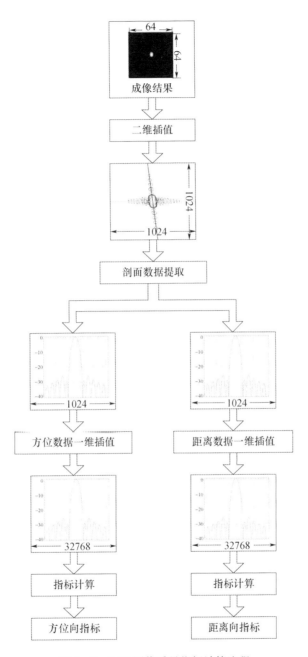

图 7-3 SAR 图像质量指标计算流程

7.3.2 基于面目标的图像质量指标评估方法

SAR 图像的面目标指标评估方法主要是对待测量区域的像素强度进行基

本统计量(最大值、最小值、均值、方差等)测量,在此基础上按照各指标的定义式进行计算,获得各指标的评估值。测量过程不涉及插值等处理,公式计算也较为简单,因而测量过程较点目标指标评估更为简单。

需要注意的是,由于测量等效视数、辐射分辨率等指标时,需要选择均匀区域进行测量,但实际情况下完全均匀的区域较少,进行定量化分析和计算时,往往可以选择海面、草原、大片热带雨林等近似均匀的区域进行测量。图像区域太大,很难保证区域的均匀特性;区域太小,又无法反映图像的统计特征。对于仿真图像而言,则比较容易实现选择足够大的均匀区域进行面目标测量。

7.4 星载 SAR 图像质量评估软件设计与实现

在进行 SAR 图像质量评估时,要利用各种 SAR 图像数据作为指标测量的输入数据。SAR 图像质量评估方法虽然并不复杂,但由于 SAR 图像数据的特殊性(如复数数据、高动态、大尺寸等),SAR 图像数据往往是不可视的,而实际操作中要求能够十分方便地对点目标和面目标进行各项指标测定,这就对图像质量评估系统的可操作性提出很高的要求。为了解决上述问题,需要开发一个 SAR 图像质量评估可视的、具有良好用户界面的综合系统,使 SAR 图像质量评估具有可视化操作功能。目前主要实现系统包括基于 IDL、C++、Matlab 等语言开发的评估软件[181-184]。SAR 图像质量评估系统应具有以下基本功能:

(1)能够读取并显示多种 SAR 图像数据以及通用图像。

(2)当显示大幅图像时,可以显示采样图以观察整幅图像,同时可以显示局部区域以及区域细节。

(3)在每一幅量化图像与其不可视的 SAR 图像数据之间建立起一一对应的关系,当用户选中可视图像的某一区域时,系统可自动映射至 SAR 图像数据,并对该区域的数据进行相应的指标测量等操作。

(4)可以对用户任意指定的点目标进行质量评估。

(5)可以在用户指定的任意大小区域内进行点目标检测。

(6)可以由用户指定任意大小的面目标,并测定其相应的各项图像质量指标。

(7)具有良好的可视化用户界面,使用户只需简单的操作即可获得想要的结果,结果应形象、直观、易于比较,并且可以将结果数据保存成文件。

为此,SAR 图像质量评估系统的软件结构是按模块化的设计思想组织的。整个系统由两个大模块组成:点目标图像质量评估系统和面目标图像质量评估系统,两个模块又包含多个子模块,部分子模块功能相似,系统设计时做了复用。

7.4.1 基本方案设计

根据 SAR 图像所要分析的各项指标,图像质量评估软件系统可分为以下 6 个模块:①参数设置模块;②SAR 图像读取模块;③图像交互显示控制模块;④点目标评估模块;⑤面目标评估模块;⑥指标导出模块。整个系统的结构框图如图 7-4 所示。

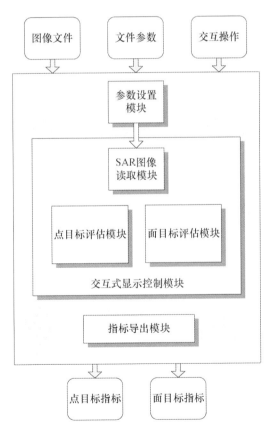

图 7-4　图像质量评估软件系统结构框图(见彩图)

7.4.2 星载 SAR 图像数据与可视化

7.4.2.1 参数设置模块

参数设置模块的主要功能是选择待评估的雷达图像数据,并选择或输入对应的文件属性参数以及评估参数设置。参数设置模块要完成图像文件选择、文件参数读取、文件参数显示、文件参数输入以及软件配置参数输入等任务。图 7-5 给出了参数设置模块设计流程图。

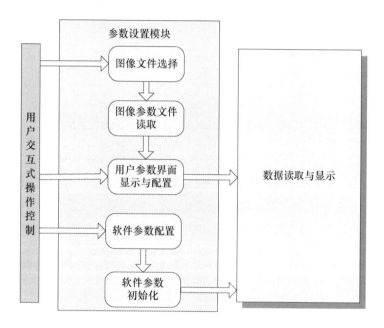

图 7-5 参数设置模块设计流程图(见彩图)

7.4.2.2 SAR 图像读取模块

SAR 图像读取模块的功能是根据文件读取参数设置直接将数据文件读入内存,并根据输出数据类型参数将文件数据类型转化为指定的数据类型,供量化显示或者指标评估使用。如果图像尺寸过大,将全部数据读入并转化为全精度复数数据会产生诸如内存不足等一系列问题,而实际上在评估点目标或者面目标时,只需要局部区域的全精度复数数据即可。为此,量化显示时将全部数据做 8bit 量化,指标评估时再读取原始数据可以较好地解决这一问题。图 7-6 给出了图像数据读取模块流程图。

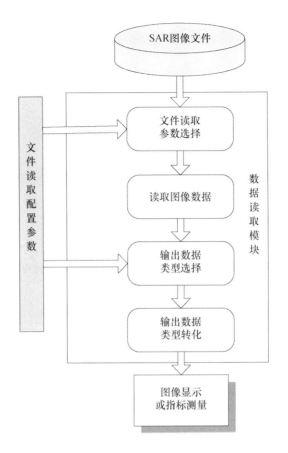

图 7-6　图像数据读取模块流程图(见彩图)

7.4.2.3　图像交互显示评估模块

图像交互显示评估模块是图像质量评估软件的核心模块,首先要完成雷达图像数据的可视化,并在可视化雷达图像的基础上进行点目标和面目标的交互选择与评估。可视化图像包括采样图、本地图,其中采样图可以方便全局观察雷达图像,快速查找感兴趣的目标区域;本地图主要用来选择点目标和面目标,显示效果可手动调整。图 7-7 给出了图像交互显示评估模块流程图。

7.4.2.4　指标导出模块

指标导出模块的主要功能是对点目标或者面目标测试结果以文件的形式导出。该模块首先要根据用户界面进行配置选择需要导出的指标项目,再按照设定格式生成数据文件。图 7-8 给出了指标导出模块流程图。

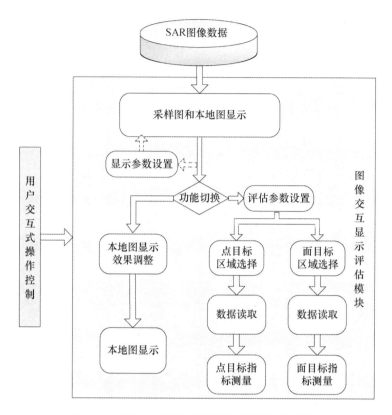

图 7-7 图像交互显示评估模块流程图(见彩图)

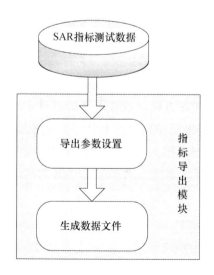

图 7-8 指标导出模块流程图(见彩图)

7.4.3 星载 SAR 图像质量指标计算与实现

7.4.3.1 点目标评估模块

点目标评估模块主要针对点目标进行各种用户指定的操作,包括对各不同点目标进行质量评估,测定各点目标冲激响应性能的各项指标,并将结果通过用户图形界面报告给用户。

评估软件分别将方位向和距离向插值后的图形、二维插值后所得到的等高线图以及三维图,以图形窗口的形式显示,使用户可以直观地对点目标冲激响应的性能进行分析。同时,系统还将点目标冲激响应的各项指标以报表的方式显示给用户,并在点目标指标图形界面显示部分主要指标。点目标评估模块的设计流程如图7-9所示。

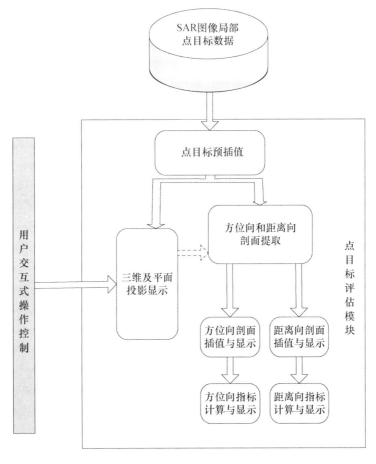

图7-9 点目标评估模块流程图(见彩图)

7.4.3.2 面目标评估模块

面目标评估模块主要针对面目标或图像的局部进行各种用户指定的操作。面目标质量评估模块的功能是对图像中用户指定的任意大小或者是选定的固定尺寸区域进行各项指标测定,并将结果以报表的方式报告给用户,同时显示目标区域的直方图统计信息。

该模块首先在用户指定的区域中对各像素的功率值进行直方图统计,即统计不同功率值所对应的点数,并将所得到的直方图统计结果以图形窗口的方式进行显示,使用户能够直接掌握该区域的 SAR 图像分布规律。面目标评估模块的设计流程如图 7 – 10 所示。

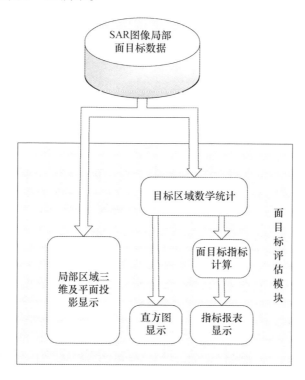

图 7 – 10　面目标评估模块流程图(见彩图)

参考文献

[1] 张澄波. 综合孔径雷达:原理、系统分析与应用[M]. 北京:科学出版社,1989.

[2] Sherwin C W,Ruina J P,Rawcliffe R D. Some Early Developments in Synthetic Aperture Radar Systems[J]. IRE Transactions on Military Electronics,1962(2):111-115.

[3] CurlanderJ,Mcdonough R. 合成孔径雷达:系统与信号处理[M]. 北京:电子工业出版社,2014.

[4] Cutrona L J,Vivian W E,Leith E N,et al. A High-Resolution Radar Combat-Surveillance System[J]. IRE Transactions on Military Electronics,1961(2):127-131.

[5] Cutrona L J,Leith E N,Porcello L J,et al. On the Application of Coherent Optical Processing Techniques to Synthetic-Aperture Radar[J]. Proceedings of the IEEE,1966,54(8):1026-1032.

[6] 魏钟铨. 合成孔径雷达卫星[M]. 北京:科学出版社,2001.

[7] 刘永坦. 雷达成像技术[M]. 哈尔滨:哈尔滨工业大学出版社,1999.

[8] Bayir I. A Glimpse to Future Commercial Spy Satellite Systems[C]. Proceedings of the 4th IEEE International Conference on Recent Advances in Space Technologies,Istanbul,2009:370-375.

[9] 杨海燕,安雪滢,郑伟. 美国"未来成像体系结构"关键技术及失败原因分析[J]. 航天器工程,2009,18(2):90-94.

[10] Pitz W,Miller D. The TerraSAR-X Satellite[J]. IEEE Transactions on Geoscience and Remote Sensing,2010,48(2):615-622.

[11] Breit H,Fritz T,Balss U,et al. TerraSAR-X SAR Processing and Products[J]. IEEE Transactions on Geoscience and Remote Sensing,2010,48(2):727-740.

[12] Weber M. Terrasar-Xand Tandem-X:Reconnaisance Applications[C]. Proceedings of the 3rd International Conference on Recent Advances in Space Technologies,Istanbul,2007:299-303.

[13] Taini G,Panetti A,Spataro F,et al. Sentinel-1 Satellite System Architecture:Design,Performances and Operations[C]. Proceedings of the 2012 IEEE International Geoscience and Remote Sensing Symposium,Munich,2012:1722-1725.

[14] Potin P,Bargellini P,Laur H,et al. Sentinel-1 Mission Operations Concept[C]. Proceedings of the 2012 IEEE International Geoscience and Remote Sensing Symposium,Munich,2012:1745-1748.

[15] Townsend W. An Initial Assessment of the Performance Achieved by the Seasat-1 Radar Altimeter[J]. IEEE Journal of Oceanic Engineering,1980,5(2):80-92.

[16] Jordan R L,Huneycutt B L,Werner M. The SIR-C/X-SAR Synthetic Aperture Radar System[J]. IEEE Transactions on Geoscience and Remote Sensing,1995,33(4):829-839.

[17] Evans D L,Plaut J J,Stofan E R. Overview of the Spaceborne Imaging Radar-C/X-Band Synthetic Aperture Radar(SIR-C/X-SAR)missions[J]. Remote Sensing of Environment,1997,59(2):135-140.

[18] 孙佳. 国外合成孔径雷达卫星发展趋势分析[J]. 装备指挥技术学院学报,2007,18(1):67-70.

[19] 高庆军,宋泽考. 美国"空间雷达"计划发展动态[J]. 国际太空,2007,5:5-8.

[20] United States Government Accountability Office. Assessments of Selected Weapon Programs[R]. 2008:159-160.

[21] 朱良,郭巍,禹卫东. 合成孔径雷达卫星发展历程及趋势分析[J]. 现代雷达,2009,31(4):5-10.

[22] Thomson G H. Evaluation of Russian Arkon-2 earth observation satellite[J]. Journal of Photographic Ence,2013,53(3):163-173

[23] Interfax. Kondor-E Satellite Launched from Baikonur Reaches Orbit[J/OL]. (2014-12-19). https://interfax.com/newsroom/topstories/38760.html.

[24] 魏雯. 俄罗斯调整2020年前遥感卫星系统发射计划[J]. 中国航天,2013,1:21-25.

[25] Sanfourche J P. 'SAR-lupe',an Important German Initiative[J]. Air and Space Europe,2000,2(4):26-27.

[26] Günther H. Germany's First Satellite-Based Reconnalssance System now Completed-SAR-Lupe 5 Successfully Launched [EB/OL]. (2008-07-22). https://www.ohb-system.de/press-releases-details/germanys-first-satellite-based reconnal ssance-system-now-completed-sar-lupe-5 successfully-launched.html.

[27] 徐冰. 欧洲雷达成像卫星系统最新进展[J]. 国际太空,2017,6:49-53.

[28] Lehner S,Schulz-Stellenfleth J,Brusch S,et al. Use of TerraSAR-X Data for Oceanography[C]. Proceedings of the 2008 European Conference on Synthetic Aperture Radar,Friedrichshafen,2008:1-4.

[29] Boerner W. Launches of Pol-In-SAR Satellite Sensors and Results of Satellite Tandem-SAR TanDEM-X[C]. Proceedings of the 9th IEEE International Symposium on Antennas,Propagation and EM Theory,Guangzhou,2010:533-535.

[30] Janoth J,Gantert S,Schrage T,et al. Terrasar next Generation-Mission Capabilities[C]. Proceedings of the 2013 IEEE International Geoscience and Remote Sensing Symposium,Melbourne,2013:2297-2300.

[31] Janoth J, Gantert S, Koppe W, et al. TerraSAR-X2-Mission Overview[C]. Proceedings of the 2012 IEEE International Geoscience and Remote Sensing Symposium, Munich, 2012:217-220.

[32] Covello F, Battazza F, Coletta A, et al. COSMO-SkyMed an Existing Opportunity for Observing the Earth[J]. Journal of Geodynamics, 2010, 49(3):171-180.

[33] Calio E, Bussi B, Nicito A, et al. COSMO-SkyMed: Operational Results and Performance[C]. Proceedings of the 10th European Conference on Synthetic Aperture Radar, Berlin, 2014:1-4.

[34] Caltagirone F, Spera P, Vigliotti R. SkyMed/COSMO Mission Overview[C]. Proceedings of the 1998 IEEE International Geoscience and Remote Sensing Symposium, Seattle, 1998:683-685.

[35] 马楠,徐冰. 意大利下一代雷达成像卫星发展概述[J]. 国际太空, 2020, 1:56-60.

[36] Chabot M, Decoust C, Ledantec P, et al. RADARSAT-2 System Operations and Performance[C]. Proceedings of the 2014 IEEE International Geoscience and Remote Sensing Symposium, Quebec City, 2014:994-997.

[37] Brule L, Delisle D, Baeggli H, et al. RADARSAT-2 Program Update[C]. Proceedings of the 2005 IEEE International Geoscience and Remote Sensing Symposium, Seoul, 2005:9-11.

[38] Flett D, Crevier Y, Girard R. The RADARSAT Constellation Mission: Meeting the Government of Canada's Needs and Requirements[C]. Proceedings of the 2009 IEEE International Geoscience and Remote Sensing Symposium, Cape Town, 2009:II-910-II-912.

[39] Igarashi T. Alos Mission Requirement and Sensor Specifications[J]. Advances in Space Research, 2001, 28(1):127-131.

[40] Ozawa T, Miyagi Y. Results from ALOS and Expectations to ALOS-2 in Earthquake/Volcano Research[C]. Proceedings of the 2013 IEEE Asia-Pacific Conference on Synthetic Aperture Radar, Tsukuba, 2013:185-187.

[41] Kankaku Y, Suzuki S, Osawa Y. ALOS-2 Mission and Development Status[C]. Proceedings of the 2013 IEEE International Geoscience and Remote Sensing Symposium, Melbourne, 2013:2396-2399.

[42] Sharay Y, Naftaly U. TECSAR: Design Considerations and Programme Status[J]. IEEE Proceedings-Radar Sonar and Navigation, 2006, 153(2):117-121.

[43] Naftaly U, Levy-Nathansohn R. Overview of the TecSAR Satellite Hardware and Mosaic Mode[J]. IEEE Geoscience and Remote Sensing Letters, 2008, 5(3):423-426.

[44] 祁首冰. 韩国遥感卫星系统发展及应用现状[J]. 卫星应用, 2015, 3:52-56.

[45] Wu C, Liu K Y, Jin M. Modeling and a Correlation Algorithm for Spaceborne SAR Signals[J]. IEEE Transactions on Aerospace and Electronic Systems, 1982, AES-18(5):563-575.

[46] Franceschetti G, Schirinzi G. A SAR Processor Based on Two-Dimensional FFT Codes[J]. IEEE Transactions on Aerospace and Electronic Systems, 1990, 26(2):356-366.

[47] Franceschetti G, Migliaccio M, Riccio D, et al. SARAS: a Synthetic Aperture Radar (SAR) Raw Signal Simulator[J]. IEEE Transactions on Geoscience and Remote Sensing, 1992, 30 (1): 110-123.

[48] 李凌杰, 王建国, 黄顺吉. 基于真实反射场景的 SAR 原始回波数据模拟[J]. 电子科技大学学报, 1996, 25(6): 566-568.

[49] 王睿. 星载合成孔径雷达系统设计与模拟软件研究[D]. 北京中国科学院研究生院(电子学研究所), 2003: 91-104.

[50] 汪丙南, 张帆, 向茂生. 基于混合域的 SAR 回波快速算法[J]. 电子与信息学报, 2011, 33(3): 690-695.

[51] 陈杰, 周荫清, 李春升. 星载 SAR 自然地面场景仿真方法研究[J]. 电子学报, 2001, 29 (9): 1202-1205.

[52] 岳海霞. 合成孔径雷达回波信号模拟研究[D]. 北京中国科学院研究生院(电子学研究所), 2005: 59-78.

[53] 张朋, 张超, 郭陈汀, 等. 建筑物的 SAR 回波信号模拟方法[J]. 系统仿真学报, 2006, 18(7): 1742-1744.

[54] 王敏, 路兴强, 梁甸农. 星载双站 SAR 地面场景回波仿真[J]. 现代雷达, 2007, 29 (11): 22-24.

[55] Kent S, Kartal M, Kasapoglu N G, et al. Synthetic Aperture Radar Raw Data Simulation for Microwave Remote Sensing Applications[C]. Proceedings of the 3rd International Conference on Recent Advances in Space Technologies, Istanbul, 2007: 389-392.

[56] 王新民. 合成孔径雷达原始回波模拟的研究[D]. 北京中国科学院研究生院(电子学研究所), 2007: 15-89.

[57] 张豪杰, 陈杰, 杨威, 等. 基于 FDTD 的高保真 SAR 回波信号仿真方法[J]. 系统工程与电子技术, 2016, 38(1): 45-52.

[58] Bamler R, Runge H, Steinbrecher U. A Distributed Target SAR Raw Data Simulator with Arbitrary Doppler Variation[C]. Proceedings of the IEEE 1992 International Geoscience and Remote Sensing Symposium. Houston, 1992: 287-290.

[59] Khwaja A S, Ferro-Famil L, Pottier E. SAR Raw Data Simulation Using High Precision Focusing Methods[C]. Proceedings of the 2005 European Radar Conference, Paris, 2005: 33-36.

[60] Khwaja A S, Ferro-Famil L, Pottier E. SAR Raw Data Simulation in the Frequency Domain [C]. Proceedings of the 2006 European Radar Conference, Manchester, 2006: 277-280.

[61] 于明成. 合成孔径雷达参数估计及信号仿真新方法研究[D]. 北京: 清华大学, 2006: 81-97.

[62] 文竹, 周荫清, 陈杰. 一种星载 SAR 大规模场景回波信号高精度快速仿真方法[C]. 2006 航空宇航科学与技术全国博士生学术论坛, 北京, 2006: 162-167.

[63] Qiu X,Hu D,Zhou L,et al. A Bistatic SAR Raw Data Simulator Based on Inverse ω-k Algorithm[J]. IEEE Transactions on Geoscience and Remote Sensing,2009,48(3):1540-1547.

[64] 梁毅,丁金闪,别博文,等. 基于逆扩展 Omega-K 算法的非理想轨迹 SAR 回波获取方法:中国,CN106054152[P]. 2016-05-23.

[65] 苏宇. 星载 SAR 原始回波信号并行模拟[D]. 北京:中国科学院研究生院(电子学研究所),2007.

[66] 张超,李景文. 基于机群计算的星载 SAR 回波并行仿真研究[J]. 计算机工程与应用,2007,43(25):98-101.

[67] 易予生,刘昕,刘楠,等. SAR 回波数据并行化模拟研究[J]. 系统仿真学报,2008,20(4):1064-1067.

[68] Christophe E,Michel J,Inglada J. Remote Sensing Processing:from Multicore to GPU[J]. IEEE Journal of Selected Topics in Applied Earth Observations and Remote Sensing,2011,4(3):643-652.

[69] Zhang F,Hu C,Li W,et al. Accelerating Time-Domain SAR Raw Data Simulation for Large Areas Using Multi-GPUs[J]. IEEE Journal of Selected Topics in Applied Earth Observations and Remote Sensing,2014,7(9):3956-3966.

[70] Zhang F,Hu C,Li W,et al. A Deep Collaborative Computing Based SAR Raw Data Simulation on Multiple CPU/GPU Platform[J]. IEEE Journal of Selected Topics in Applied Earth Observations and Remote Sensing,2016,10(2):387-399.

[71] Zhang F,Yao X,Tang H,et al. Multiple Mode SAR Raw Data Simulation and Parallel Acceleration for Gaofen-3 Mission[J]. IEEE Journal of Selected Topics in Applied Earth Observations and Remote Sensing,2018,11(6):2115-2126.

[72] Cimmino S,Franceschetti G,Iodice A,et al. Efficient Spotlight SAR Raw Signal Simulation of Extended Scenes[J]. IEEE Transactions on Geoscience and Remote Sensing,2003,41(10):2329-2337.

[73] Franceschetti G,Iodice A,Riccio D,et al. A 2-D Fourier Domain Approach for Spotlight SAR Raw Signal Simulation of Extended Scenes[C]. Proceedings of the 2002 IEEE International Geoscience and Remote Sensing Symposium,Toronto,2002:853-855.

[74] Franceschetti G,Guida R,Iodice A,et al. Efficient Simulation of Hybrid Stripmap/Spotlight SAR Raw Signals from Extended Scenes[J]. IEEE Transactions on Geoscience and Remote Sensing,2004,42(11):2385-2396.

[75] Franceschetti G,Guida R,Iodice A,et al. Efficient Hybrid Stripmap/Spotlight SAR Raw Signal Simulation[C]. Proceedings of the 2004 IEEE International Geoscience and Remote Sensing Symposium,Anchorage,USA,2004:1767-1769.

[76] Mori A,De Vita F. A Time-Domain Raw Signal Simulator for Interferometric SAR[J]. IEEE

Transactions on Geoscience and Remote Sensing,2004,42(9):1811-1817.

[77] Kalkuhl M,Droste P,Wiechert W,et al. Parallel Computation of Synthetic SAR Raw Data [C]. Proceedings of the 2007 IEEE International Geoscience and Remote Sensing Symposium,Barcelona,2007:536-539.

[78] Wang Y,Zhang Z,Deng Y. Squint Spotlight SAR Raw Signal Simulation in the Frequency Domain Using Optical Principles[J]. IEEE Transactions on Geoscience and Remote Sensing,2008,46(8):2208-2215.

[79] 唐晓青,向茂生,吴一戎. 考虑基线抖动的双天线干涉SAR原始回波仿真[J]. 电子与信息学报,2009,31(8):1856-1861.

[80] 刁桂杰,许小剑. 大斜视SAR原始数据的快速模拟算法研究[J]. 电子与信息学报,2011,33(3):684-689.

[81] Cumming I G,Wong F H. 合成孔径雷达成像——算法与实现[M]. 北京:电子工业出版社,2007.

[82] 张光义. 相控阵雷达原理[M]. 北京:国防工业出版社,2009.

[83] 保铮,邢孟道,王彤. 雷达成像技术[M]. 北京:电子工业出版社,2004.

[84] 杨汝良. 高分辨率微波成像[M]. 北京:国防工业出版社,2013.

[85] 章仁为. 卫星轨道动力学与控制[M]. 北京:北京航空航天出版社,1998.

[86] 黄岩,李春升,陈杰,等. 高分辨星载SAR改进Chirp Scaling成像算法[J]. 电子学报,2000,28(3):35-38.

[87] Mittermayer J,Moreira A,Loffeld O. Spotlight SAR Data Processing Using the Frequency Scaling Algorithm[J]. IEEE Transactions on Geoscience and Remote Sensing,1999,37(5):2198-2214.

[88] Eldhuset K. A New Fourth-Order Processing Algorithm for Spaceborne SAR[J]. IEEE Transactions on Aerospace and Electronic Systems,2002,34(3):824-835.

[89] Luo Y,Zhao B,Han X,et al. A Novel High-Order Range Model and Imaging Approach for High-Resolution LEO SAR[J]. IEEE Transactions on Geoscience and Remote Sensing,2014,52(6):3473-3485.

[90] Huang L,Qiu X,Hu D,et al. Focusing of Medium-Earth-Orbit SAR with Advanced Nonlinear Chirp Scaling Algorithm[J]. IEEE Transactions on Geoscience and Remote Sensing,2011,49(1):500-508.

[91] Wang P,Liu W,Chen J,et al. A High-Order Imaging Algorithm for High-Resolution Spaceborne SAR Based on a Modified Equivalent Squint Range Model[J]. IEEE Transactions on Geoscience and Remote Sensing,2015,53(3):1225-1235.

[92] Carrara W G,Goodman R S,Majewski R M. Spotlight Synthetic Aperture Radar Signal Processing Algorithms[M]. Boston Artech House,1995.

[93] Belcher D P, Baker C J. High resolution Processing of Hybrid Strip-Map/Spotlight Mode SAR [J]. IEE Proceedings-Radar, Sonar and Navigation, 1996, 143(6):366 – 374.

[94] Lanari R, Zoffoli S, Sansosti E, et al. New Approach for Hybrid Strip-Map/Spotlight SAR Data Focusing[J]. IEE Proceedings-Radar, Sonar and Navigation, 2001, 148(6):363 – 372.

[95] De Zan F, Guarnieri A M. TOPSAR: Terrain Observation by Progressive Scans[J]. IEEE Transactions on Geoscience and Remote Sensing, 2006, 44(9):2352 – 2360.

[96] Prats P, Meta A, Scheiber R, et al. A TOPSAR Processing Algorithm Based on Extended Chirp Scaling: Evaluation with TerraSAR-X Data[C]. Proceedings of the 7th European Conference on Synthetic Aperture Radar, Friedrichshafen, 2008:1 – 4.

[97] 文竹,周荫清,陈杰. 星载 SAR 回波信号仿真系统及关键技术研究[J]. 电子与信息学报,2004,26(Suppl):68 – 74.

[98] Chen J, Zhou Y, Li C. Spaceborne Synthetic Aperture Radar Raw Data Simulation of Three Dimensional Natural Terrain[C]. Proceedings of the 2001 CIE International Conference on Radar Proceedings, Beijing, 2001:619 – 623.

[99] Li L, Wang J, Huang S. SAR Raw-Data Simulation with Real SAR Images[C]. Proceedings of the 1996 CIE International Conference on Radar Proceedings, Beijing, 1996:700 – 702.

[100] Franceschetti G, Migliaccio M, Riccio D. The SARSimulation: an Overview[C]. Proceedings of the 1995 IEEE International Geoscience and Remote Sensing Symposium, Firenze, 1995: 2283 – 2285.

[101] Raney R K, Runge H. Precision SAR Processing Using Chirp Scaling[J]. IEEE Transactions on Geoscience and Remote Sensing, 1994, 32(4):786 – 799.

[102] Runge H, Bamler R. A Novel High Precision SAR Focussing Algorithm Based on Chirp Scaling[C]. Proceedings of the 1992 IEEE International Geoscience and Remote Sensing Symposium, Houston, 1992:372 – 375.

[103] 宋曦,周荫清,陈杰,等. 一种星载 SAR 模糊区回波信号仿真方法[J]. 北京航空航天大学学报,2008,34(2):144 – 147.

[104] Burrough P A. Fractal Dimensions of Landscapes and other Environmental Data[J]. Nature, 1981, 294:240 – 242.

[105] Dudgeon J E, Gopalakrishnan R. Fractal-Based Modeling of 3D Terrain Surfaces[C]. Proceedings of Southeastcon 96, Tampa, 1996:246 – 252.

[106] Yokoya N, Yamamoto K, Funakubo N. Fractal-Based Analysis and Interpolation of 3D Batural Surface Shapes and their Application to Terrain Modeling[J]. Computer Vision, Graphics, and Image Processing, 1989, 45(3):284 – 302.

[107] Cascioli G, Seu R. Surface Backscattering Evaluation by Means of the Facet Model for Remote Sensing Applications[J]. Acta Astronautica, 1996, 38(11):849 – 857.

[108] Ulaby F T, Dobson M C. Handbook Ofradar Scattering Statistics for Terrain[M]. Boston. Artech House,1989.

[109] 景国彬,张云骥,孙光才,等. 一种三维地面场景 SAR 回波仿真的快速实现方法[J]. 西安电子科技大学学报(自然科学版),2017,44(3):1-7.

[110] 陈杰,周荫清,李春升,等. 卫星姿态指向抖动与 SAR 成像质量关系研究[J]. 北京航空航天大学学报,2001,27(5):518-521.

[111] 黄捷. 电波大气折射误差修正[M]. 北京:国防工业出版社,1996.

[112] 焦培南,张忠治. 雷达环境与电磁传播特性[M]. 北京:电子工业出版社,2007.

[113] 李力. 电离层对星载 P 波段高分辨 SAR 成像的影响分析及误差校正[D]. 长沙:国防科技大学,2009:5-7.

[114] Ou M,Zhang H B,Liu D,et al. GIM-Ingested Nequick Model Applied for GPS Single Frequency ionospheric correction in china[C]. Proceedings of the 10th International Symposium on Antennas,Propagation & EM theory,Xi'an,2012:652-655.

[115] Dana R A,Knepp D L. The Impact of Strong Scillation on Space Based Radar Design I:Coherent Detection[J], IEEE Transactions on Aerospace and Electronic Systems,1983,19(4):539-549.

[116] 李卓. 星载 VHF/UHF-SAR 电离层效应误差补偿方法研究[D]. 北京:北京航空航天大学,2009:13-14.

[117] Uryadov V P,Maksimenko O M,Boguta X M. Doppler HF Radar Measurements of Backscattered Signals Induced by Small-Scale Field-Aligned Irregularities of Subpolar F-Region Ionosphere[C]. Proceedings of Trans Black Sea Region Symposium on Applied Electromagnetism,Hellas,1996:RSGP_3.

[118] Gordon W E. Incoherentscattering of Radio Waves by Free Electrons with Appliations to Space Exploration by Radar[J]. Proceedings of the IRE,2007,46(11):1824-1829.

[119] Parkinson M L,Devlin J C,Ye H,et al. On the Occurrence and Motion of Decameter-Scale Irregularities in the Sub-Auroral,Auroral,and Polar Cap Ionosphere[J]. Annales Geophysicae,2003,21(8):1847-1968.

[120] De La Beaujardiere O,Retterer J,Burke W,et al. The Communication/Navigation Outage Forecasting System (C/NOFS) Mission to Predict Ionospheric Densities and Scintillation [M]. Leiden:Martinus Nijhoff Publishers,2006.

[121] Helliwell R A. Whistlers and Related Ionospheric Phenomena[M]. Stanford University Press,1965.

[122] Yesil A,Aydogdu M,Elias A G. Reflection and Transmission in the Ionosphere Considering Collisions in a first Approximation[J]. Progress in Electromagnetics Research Letters,2008,1:93-99.

[123] 朱正平. 电离层垂直探测中的观测模式研究[D]. 武汉:中国科学院研究生院(武汉物理与数学研究所),2006:9 – 12.

[124] Belcher D P, Rogers N C. Theory and Simulation of Ionospheric Effects on Synthetic Aperture Radar[J]. IET Radar, Sonar & Navigation, 2009, 3(5):541 – 551.

[125] Smith E K, Weintraub S. The Constants in the Equation for Atmospheric Refractive index at radio frequencies[J]. Proceedings of the IRE, 1953, 41(8):1035 – 1037.

[126] 朱邦彦. InSAR 对流层延迟校正及其在地表沉降监测中的应用研究[D]. 武汉:武汉大学,2017.

[127] Bean B R, Dutton E J. Radio meteorology[M]. New York:Dover Publications, 1966.

[128] Hopfield H S. Two – Quartic Tropospheric Refractivity Profile for Correcting Satellite Data[J]. Journal of Geophysical research, 1969, 74(18):4487 – 4499.

[129] 曲伟菁. 中国地区 GPS 中性大气天顶延迟研究及应用[D]. 上海:中国科学院上海天文台,2007.

[130] Saastamoinen J. Contributions to the Theory of Atmospheric Refraction[J]. Bulletin Géodésique, 1972, 105(1):279 – 298.

[131] Jehle M, Perler D, Small D, et al. Estimation of Atmospheric Path Delays in TerraSAR-X Data Using Models vs. Measurements[J]. Sensors, 2008, 8(12):8479 – 8491.

[132] Marini J W. Correction of Satellite Tracking Data for an Arbitrary Tropospheric Profile[J]. Radio Science, 1972, 7(2):223 – 231.

[133] Davis J L, Herring T A, Shapiro I I, et al. Geodesy by Radio Interferometry:Effects of Atmospheric Modeling Errors on Estimates of Baseline Length[J]. Radio science, 1985, 20(6):1593 – 1607.

[134] 林世斌,李悦丽,严少石,等. 平地假设对合成孔径雷达时域算法成像质量的影响研究[J]. 雷达学报, 2012, 1(3):309 – 313.

[135] Mccorkle J W, Rofheart M. Order N^2 log(N) Backprojector Algorithm for Focusing Wide-Angle Wide-Bandwidth Arbitrary-Motion Synthetic Aperture Radar[C]. Proceedings of SPIE – The international society for optical engineering, Orlando 1996:25 – 36.

[136] Seger O, Herberthson M, Hellsten H. Real Time SAR Processing of Low Frequency Ultra Wide band Radar Data[C]. Proceedings of the 1998 European Conference on Synthetic Aperture Radar, Friedrichshafen, 1998:489 – 492.

[137] Boag A, Bresler Y, Michielssen E. A Multilevel Domain Decomposition Algorithm for Fast O(N/sup 2/logN) Reprojection of Tomographic Images[J]. IEEE Transactions on Image Processing, 2000, 9(9):1573 – 1582.

[138] Jin M Y, Wu C. A SAR Correlation Algorithm Which Accommodates Large-Range Migration[J]. IEEE Transactions on Geoscience and Remote Sensing, 1984(6):592 – 597.

[139] 李春升,杨威,王鹏波. 星载 SAR 成像处理算法综述[J]. 雷达学报,2013,2(1):111-122.

[140] Breit H,Schattler B,Steinbrecher U. A High Precision Workstation-Based Chirp Scaling SAR Processor[C]. Proceedings of the 1997 IEEE International Geoscience and Remote Sensing Symposium,Singapore,1997:465-467.

[141] Moreira A,Mittermayer J,Scheiber R. Extended Chirp Scaling Algorithm for ir and Space Borne SAR Data Processing in Stripmap and ScanSAR Imaging Modes[J]. IEEE Transactions on Geoscience and Remote Sensing,1996,34(5):1123-1136.

[142] 王国栋,周荫清,李春升. 高分辨率星载聚束式 SAR 的 Deramp Chirp Scaling 成像算法[J]. 电子学报,2003,31(12):1784-1789.

[143] Lanari R,Tesauro M,Sansosti E,et al. Spotlight SAR Data Focusing Based on a Two-Step Processing Approach[J]. IEEE Transactions on Geoscience and Remote Sensing,2001,39(9):1993-2004.

[144] Prats P,Scheiber R,Mittermayer J,et al. Processing of Sliding Spotlight and TOPS SAR Data Using Baseband Azimuth Scaling[J]. IEEE Transactions on Geoscience and Remote Sensing,2010,48(2):770-780.

[145] Yang W,Li C,Chen J,et al. A Novel Three-Step Focusing Algorithm for TOPSAR Image Formation[C]. Proceedings of the 2010 IEEE International Geoscience and Remote Sensing Symposium,Honolulu,2010:4087-4090.

[146] 王国栋,周荫清,李春升. 星载聚束式 SAR 改进的 Frequency Scaling 成像算法[J]. 电子学报,2003,31(3):381-385.

[147] 郑义明. 用频率变标算法处理大斜视角 SAR 数据[J]. 系统工程与电子技术,2000,22(6):8-11.

[148] 王建,宋千,周智敏. 适用于低频超宽带合成孔径雷达的改进 FrequencyScaling 算法[J]. 信号处理,2005,21(6):605-610.

[149] Hellsten H,Andersson L E. An Inverse Method for the Processing of Synthetic Aperture Radar Data[J]. Nasa Sti/recon Technical Report N,1987,86(1):111-124.

[150] Ulander L M H,Hellsten H. System Analysis of Ultra-Wideband VHF SAR[C]. Proceedings of the Radar 97,Edinburgh,1997:104-108

[151] Bamler R. A Comparison of Range-Doppler and Wavenumber Domain SAR Focusing Algorithms[J]. IEEE Transactions on Geoscience and Remote Sensing,1992,30(4):706-713.

[152] Vandewal M,Speck R,Süß H. Efficient and Precise Processing for Squinted Spotlight SAR through a Modified Stolt Mapping[J]. Eurasip Journal on Advances in Signal Processing,2007,(1):1-7.

[153] Reigber A,Alivizatos E,Potsis A,et al. Extended Wavenumber-Domain Synthetic Aperture Radar Focusing with Integrated Motion Compensation[J]. IEE Proceedings-Radar,Sonar

and Navigation,2006,153(3):301-310.

[154] Lawton W. A new polar Fourier Transform for Computer-Aided Tomography and Spotlight Synthetic Aperture Radar[J]. IEEE Transactions on Acoustics, Speech, and Signal Processing,1988,36(6):931-933.

[155] Zhu D, Zhu Z. Range Resampling in the Polar Format Algorithm for Spotlight SAR Image Formation Using the Chirp Z-Transform[J]. IEEE Transactions on Signal Processing,2007, 55(3):1011-1023.

[156] 李超,刘畅,高鑫. 基于距离向Scaling原理的聚束SAR极坐标格式成像算法[J]. 电子与信息学报,2011,33(6):1434-1439.

[157] 曾海彬,曾涛,何佩琨. 星载聚束SAR频域极坐标算法研究[J]. 现代雷达,2006,28(1):28-30.

[158] Li F, Held D N, Curlander J C, et al. Doppler Parameter Estimation for Spaceborne Synthetic-Aperture Radars[J]. IEEE Transactions on Geoscience and Remote Sensing,1985, 23(1):47-56.

[159] Jin M Y. Optimal Doppler Centroid Estimation for SAR Data from a Quasi-Homogeneous Source[J]. IEEE Transactions on Geoscience and Remote Sensing,1986,24(6):1022-1025.

[160] Madsen S N. Estimating the Doppler Centroid of SAR Data[J]. IEEE Transactions on Aerospace and Electronic Systems,1989,25(2):134-140.

[161] Werness S A S, Carrara W G, Joyce L S, et al. Moving Target Imaging Algorithm for SAR Data[J]. IEEE Transactions on Aerospace and Electronic Systems,1990,26(1):57-67.

[162] Eichel P H, Jakowatz C V. Phase-Gradient Algorithm as an Optimal Estimator of the Phase Derivative[J]. Optics letters,1989,14(20):1101-1103.

[163] Oliver C, Quegan S. Understanding Synthetic Aperture Radar Images[M]. Raleigh: SciTech Publishing,2004.

[164] Wahl D E, Eichel P H, Ghiglia D C, et al. Phase Gradient Autofocusa Robust Tool for High Resolution SAR Phase Correction[J]. IEEE Transactions on Aerospace and Electronic Systems,1994,30(3):827-835.

[165] Zhu D, Jiang R, Mao X, et al. Multi-Subaperture PGA for SAR Autofocusing[J]. IEEE Transactions on Aerospace and Electronic Systems,2013,49(1):468-488.

[166] Moreira J R. Anew Method of Aircraft Motion Error Extraction from Radar Raw Data for Real Time Motion Compensation[J]. IEEE Transactions on Geoscience and Remote Sensing, 1990,28(4):620-626.

[167] Wahl D E, Jakowatz C V, Thompson P A, et al. New Approach to Strip-Map SAR Autofocus[C]. Proceedings of IEEE 6th Digital Signal Processing Workshop, Yosemite National Park, CA,1994:53-56.

[168] Li Y,Liu C,Wang Y,et al. A robust Motion Error Estimation Method Based on Raw Data[J]. IEEE Transactions on Geoscience and Remote Sensing,2012,50(7):2780-2790.

[169] De Macedo K A C,Scheiber R,Moreira A. An Autofocus Approach for Residual Motion Errors with Application to Airborne Repeat-Pass SAR interferometry[J]. IEEE Transactions on Geoscience and Remote Sensing,2008,46(10):3151-3162.

[170] Zhang L,Qiao Z,Xing M,et al. A Robust Motion Compensation Approach for UAV SAR Imagery[J]. IEEE Transactions on Geoscience and Remote Sensing,2012,50(8):3202-3218.

[171] Chan H L,Yeo T S. Noniterative Quality Phase-Gradient Autofocus(QPGA)Algorithm For spot Light SAR Imagery[J]. IEEE Transactions on Geoscience and Remote Sensing,1998,36(5):1531-1539.

[172] Thompson D G,Bates J S,Arnold D V. Extending the Phase Gradient Autofocus Algorithm for Low-Altitude Stripmap Mode SAR[C]. Proceedings of the 1999 IEEE Radar Conference,Waltham,1999:36-40

[173] Moreira A,Huang Y. Airborne SAR Processing of Highly Squinted Data Using a Chirp Scaling Approach with Integrated Motion Compensation[J]. IEEE Transactions on Geoscience and Remote Sensing,1994,32(5):1029-1040.

[174] Ye W,Yeo T S,Bao Z. Weighted Least Square Estimation of Phase Errors for SAR/ISAR Autofocus[J]. IEEE Transactions on Geoscience and Remote Sensing,1999,37(5):2487-2494.

[175] 王哲远,李元祥,郁文贤. SAR 图像质量评价综述[J]. 遥感信息,2016,31(5):1-10.

[176] 鞠贵林. SAR 图像基础质量评估研究[D]. 西安:西安电子科技大学,2017:20.

[177] 王建国,邱会中,黄顺吉. 合成孔径雷达图像质量的评估指标[J]. 电子科技大学学报,1992,21(5):485-490.

[178] 赵良波,李延,张庆君,等. 高分三号卫星图像质量指标设计与验证[J]. 航天器工程,2017,26(6):18-23.

[179] 黄艳,张永利,刘志铭. 一种基于点目标的雷达影像质量评价方法[J]. 测绘工程,2012,21(1):30-33,38.

[180] 陶满意,纪鹏,黄源宝,等. 星载 SAR 辐射定标及其精度分析[J]. 中国空间科学技术,2015,35(5):64-70.

[181] 李春升,燕英,陈杰,等. 基于 IDL 的 SAR 图像处理及质量评估系统[J]. 电子技术应用,2000(2):48-49.

[182] 朱宁仪. SAR 图像处理与质量评估若干问题研究[D]. 南京:南京航空航天大学,2003:31-35.

[183] 张倩. SAR 图像质量评估及其目标识别应用[D]. 合肥:中国科学技术大学,2011:58-85.

[184] 靳猛,金翼然,王开志,等. SAR 成像质量指标评估软件系统的设计[J]. 信息技术,2016(7):93-95,100.

图 1-1 "长曲棍球"雷达卫星的示意图

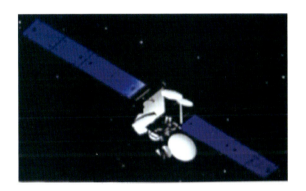

图 1-2 "FIA"系列雷达卫星的效果图

图 1-3 Kondor-E 雷达卫星在轨飞行示意图

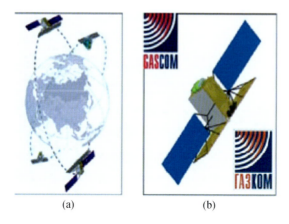

图 1-4 Smotr 雷达卫星示意图

图 1-5 SAR-lupe 雷达卫星在轨飞行示意图

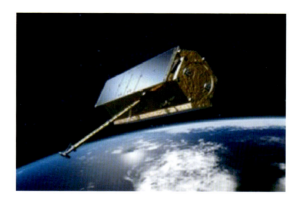

图 1-6 TerraSAR-X 雷达卫星在轨飞行示意图

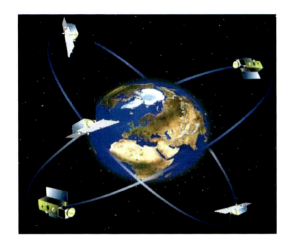

图 1-7 COSMO-Skymed 星座示意图

图 1-8 Sentinel-1A 雷达卫星在轨飞行示意图

图 1-9 Radarsat-2 雷达卫星在轨飞行示意图

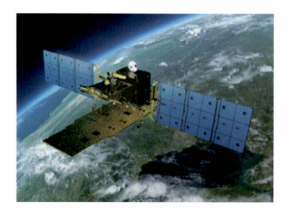

图 1-10 ALOS-2 雷达卫星在轨飞行示意图

图 1-11 TecSAR 雷达卫星在轨飞行示意图

图 1-12 Kompsat-5 雷达卫星结构示意图

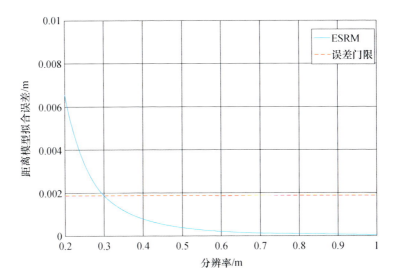

图 3-7 距离模型拟合误差随空间分辨率的变化曲线

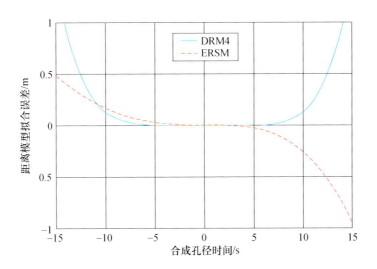

图 3-8 距离模型拟合误差随合成孔径时间的变化曲线

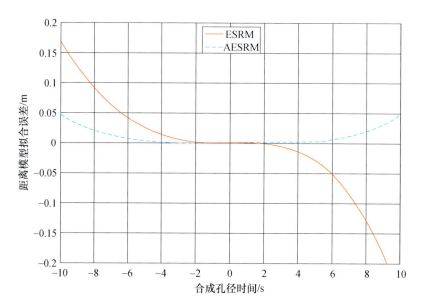

图3-9 距离模型拟合误差随合成孔径时间的变化曲线

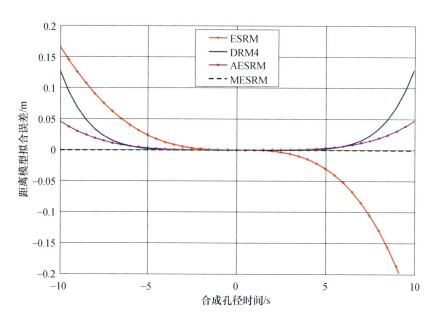

图3-10 不同距离模型引入的距离模型拟合误差随合成孔径时间变化曲线

彩6

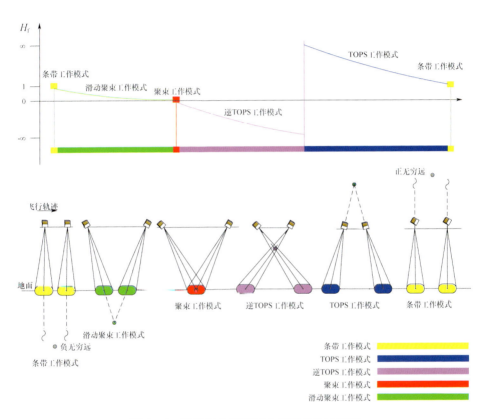

图4-6 星载SAR不同工作模式对比示意图

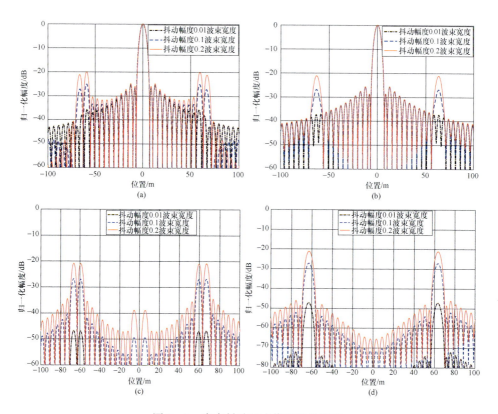

图 5-7 姿态抖动对成像质量的影响

(a)偏航/俯仰抖动对方位向冲激响应函数影响;(b)滚动抖动对方位向冲激响应函数影响;
(c)偏航/俯仰抖动引起的成对回波;(d)滚动抖动引起的成对回波。

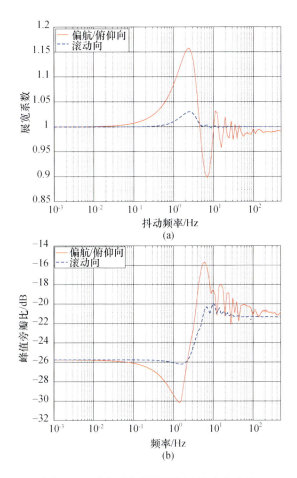

图 5-8 成像质量随抖动频率的变化曲线

(a) 归一化分辨率随抖动频率的变化曲线;(b) 方位峰值旁瓣比随抖动频率的变化曲线。

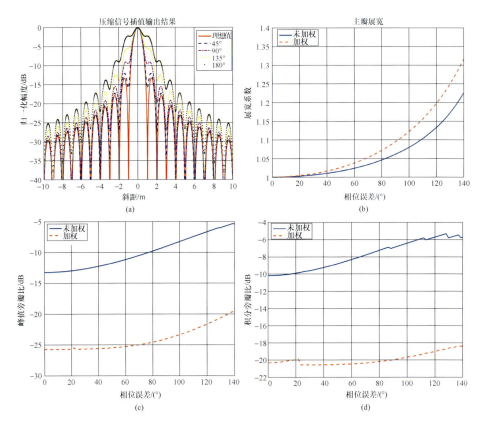

图 5-16 脉冲压缩性能随二次相位误差的变化曲线

(a) 压缩结果的幅度变化曲线;(b) 主瓣展宽随二次相位误差的变化曲线;
(c) 峰值旁瓣比随二次相位误差的变化曲线;(d) 积分旁瓣比随二次相位误差的变化曲线。

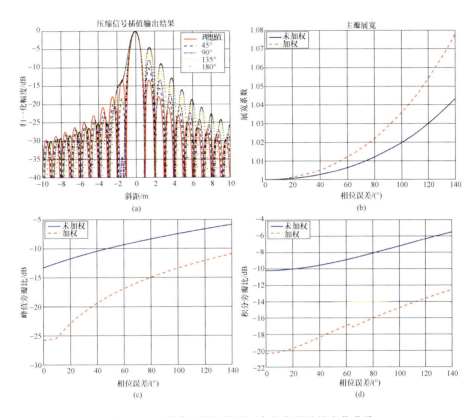

图 5-18 脉冲压缩性能随三次相位误差的变化曲线

(a)压缩结果的幅度变化曲线;(b)主瓣展宽随三次相位误差变化曲线;
(c)峰值旁瓣比随三次相位误差变化曲线;(d)积分旁瓣比随三次相位误差变化曲线。

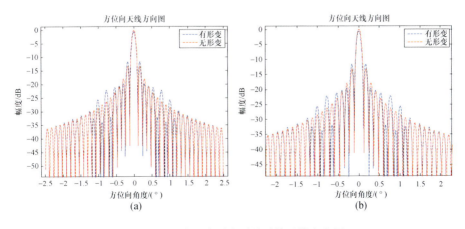

图 5-27 含天线形变误差时的天线方向图

(a)矩形阵列排布相控阵天线;(b)三角形阵列排布相控阵天线。

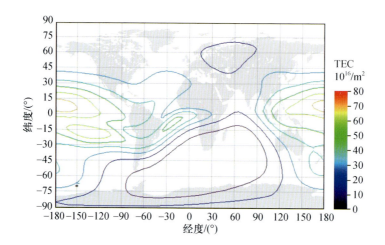

图 5-34 2001 年 6 月 1 日 0：00UT 全球垂直 TEC 值（IRI2001 模型）

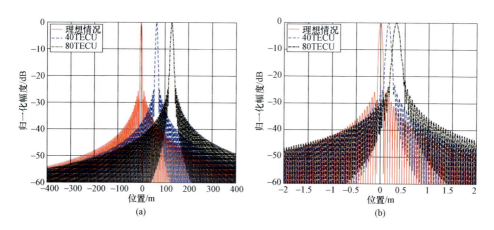

图 5-40 色散效应对距离向信号压缩波形的影响

(a) P 波段；(b) X 波段。

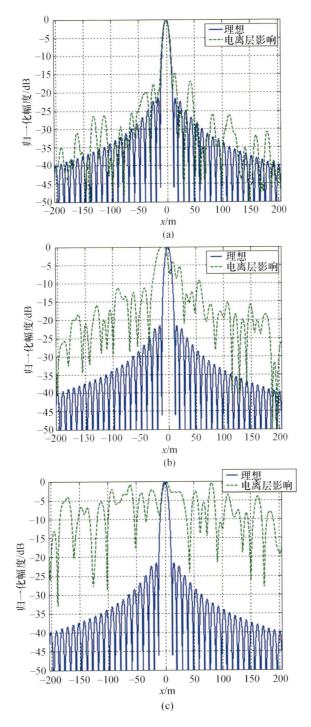

图 5-43 闪烁效应对方位向信号压缩波形的影响

(a) $C_k L = 10^{32}$ (弱闪烁);(b) $C_k L = 10^{33}$ (中等闪烁);(c) $C_k L = 10^{34}$ (强闪烁)。

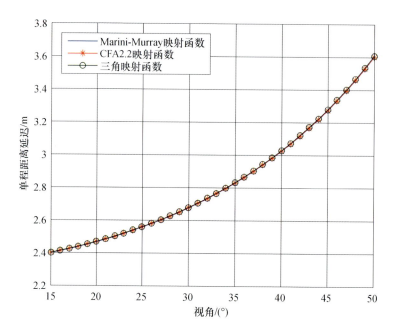

图 5-48 不同映射模型距离延迟误差变化曲线

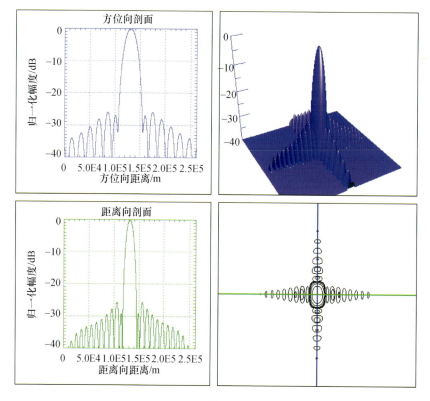

(a)

彩 14

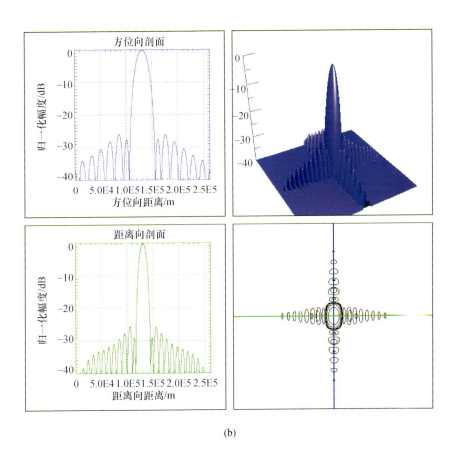

(b)

图 5-50 对流层延迟误差对成像结果的影响

(a) 不补偿对流层延迟误差的成像结果;(b) 补偿对流层延迟误差后的成像结果。

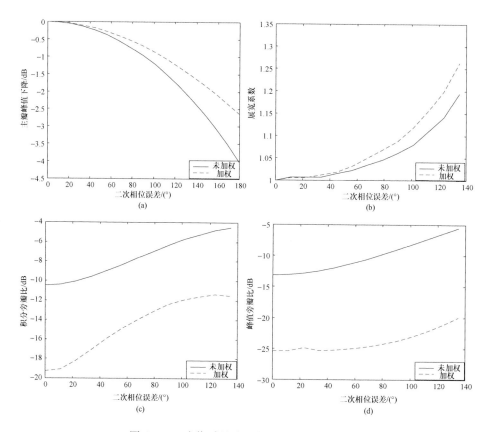

图 6-18 成像质量随二次相位误差变化曲线

(a)主瓣峰值与二次相位误差的关系;(b)主瓣展宽与二次相位误差的关系;
(c)积分旁瓣比与二次相位误差的关系;(d)峰值旁瓣比与二次相位误差的关系。

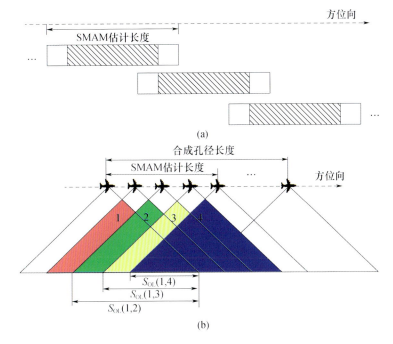

图 6-20 SMAM 算法数据分割示意图

(a) 整段数据被分割为多个 SMAM 估计子块；(b) SMAM 估计子块被分割为多个子孔径。

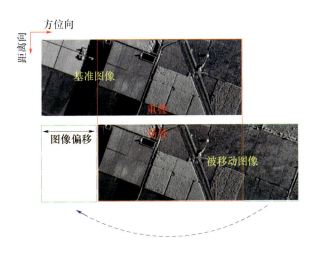

图 6-21 子孔径图像互相关处理示意图

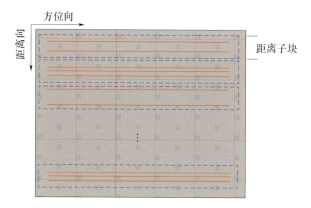

图 6-22 距离向分块示意图

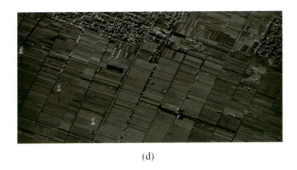

(d)

图6-23 由粗到细的高阶多普勒参数补偿处理结果

(a)直接利用惯导数据聚焦处理的图像;(b)SMAM处理后的图像;
(c)CLML-WPGA处理后的图像;(d)ELML-WPGA处理后的图像。

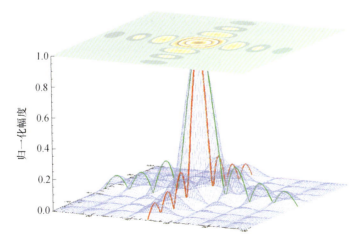

图7-2 点目标二维冲激响应示意图

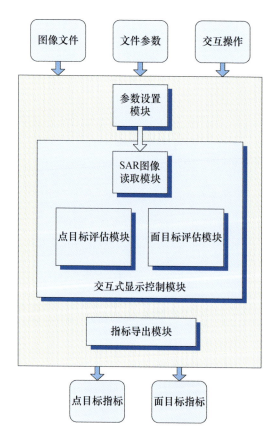

图 7-4 图像质量评估软件系统结构框图

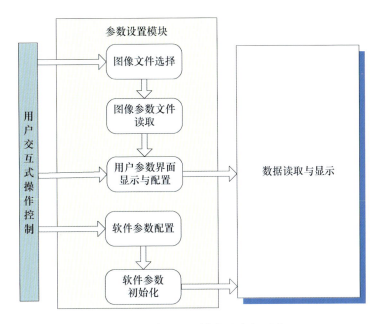

图 7-5 参数设置模块设计流程图

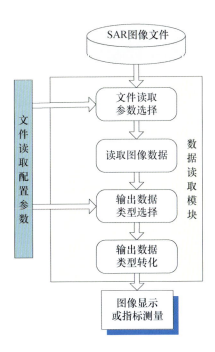

图 7-6 图像数据读取模块流程图

彩 21

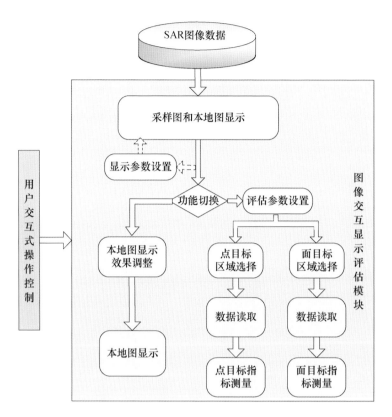

图 7-7　图像交互显示评估模块流程图

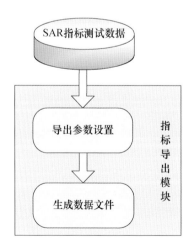

图 7-8　指标导出模块流程图

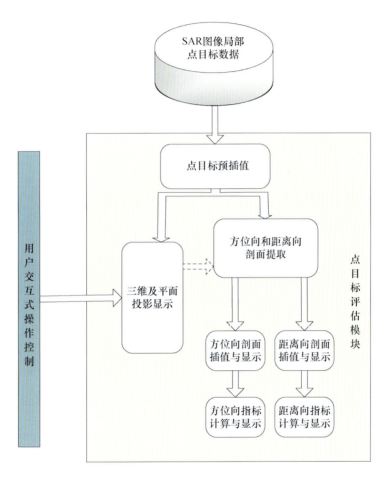

图 7-9 点目标评估模块流程图

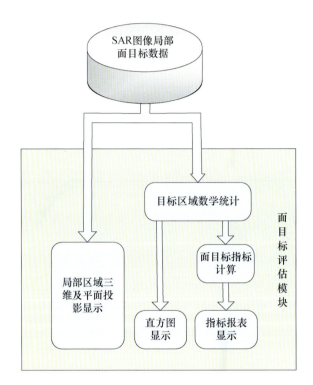

图 7-10 面目标评估模块流程图